U0193439

定量陷阱

定量分析的数据使用隐患

[英]克里斯托弗·纽菲尔德 [英]安娜·亚历山德罗娃 [英]斯蒂芬·约翰 编著
(Christopher Newfield) (Anna Alexandrova) (Stephen John)

李汐 译

LIMITS OF THE NUMERICAL

THE ABUSES AND USES OF QUANTIFICATION

中国原子能出版社 中国科学技术出版社
·北 京·

图书在版编目（CIP）数据

定量陷阱：定量分析的数据使用隐患 /（英）克里斯托弗・纽菲尔德（Christopher Newfield），（英）安娜・亚历山德罗娃（Anna Alexandrova），（英）斯蒂芬・约翰（Stephen John）编著；李汐译 . — 北京：中国原子能出版社：中国科学技术出版社，2024.2

书名原文：Limits of the Numerical: The Abuses and Uses of Quantification

ISBN 978-7-5221-3089-7

Ⅰ . ①定… Ⅱ . ①克… ②安… ③斯… ④李… Ⅲ . ①定量分析—研究 Ⅳ . ① O655

中国国家版本馆 CIP 数据核字（2023）第 212366 号

策划编辑	杜凡如　褚福祎	**责任编辑**	付　凯
文字编辑	褚福祎	**版式设计**	蚂蚁设计
封面设计	创研设	**责任印制**	赵　明　李晓霖
责任校对	冯莲凤　吕传新		

出　版	中国原子能出版社　中国科学技术出版社
发　行	中国原子能出版社　中国科学技术出版社有限公司发行部
地　址	北京市海淀区中关村南大街 16 号
邮　编	100081
发行电话	010-62173865
传　真	010-62173081
网　址	http://www.cspbooks.com.cn

开　本	710mm × 1000mm　1/16
字　数	243 千字
印　张	19
版　次	2024 年 2 月第 1 版
印　次	2024 年 2 月第 1 次印刷
印　刷	北京盛通印刷股份有限公司
书　号	ISBN 978-7-5221-3089-7
定　价	89.00 元

（凡购买本社图书，如有缺页、倒页、脱页者，本社发行部负责调换）

目录

第三部分　糟糕的数字反而引起良好的社会影响

第四部分　数字在定性分析中的应用

引言

数字角色的变迁

无论是私人飞机还是商用飞机，都有各种各样的导航工具。其中一种工具叫作高频全向测距仪（VOR/DME）。这种测距仪可以结合机场跑道等物体测量方位和斜距，用高度详细的量化信息给用户提供精确的测量值，确保飞行员即使在无法看清地面情形的恶劣天气下也能安全着陆。高频全向测距仪是数字力量的有力证明，展示了如何在系统中嵌入数字从而改善日常生活。

1997年8月6日，午夜后不久，韩国大韩航空公司（KAL）801航班使用关岛机场的高频全向测距仪信标降落。当时，飞机和测距仪运行良好，机长飞行经验丰富，飞行时长达8900小时，曾在韩国空军服役、执飞的航班至少在关岛机场降落过8次。其他机组成员也是经验丰富、训练有素的专业人员。飞机降落时虽然有雨，却并不危险，这不过是一次由高素质专业人士执行的常规着陆。然而，在测距仪的指引下机长和机组成员驾着KAL801撞向了旁边的山坡。

该机组并不缺乏最新的技术培训，工作人员对导航系统了如指掌，能在各种环境中熟练运用。1999年，当时的韩国总统宣布KAL的事故率是全国性问题，并将自己的总统航班交给本国另外一家航空公司执飞。根据媒体对该事故的报道，导致KAL801航班坠机事故的罪魁祸首是驾驶舱顺从文化，并就此追溯到韩国语言文化中的等级制度。副机长和航班工程师都不敢抗衡他们的上司。更有甚者，他们竟然不敢与机长直接交谈。飞行工程师察觉航班偏离航线时，本应提醒：“机长，这里的跑道没有高频全向测距仪信标。云层太厚了，看不清楚地面，很难着陆。”而实际上，工程师说的是：“机长，天气雷达太管用了。”

后来，大韩航空为了走出连续坠机事故困境，聘请了一位企业文化专家，专家提出要解决问题首先得克服顺从文化。专家给出的对策是把航班的工作语言从韩语改为英语。人们不需要阅读坠机事故调查报告，也能明白语言的变化足以打破根深蒂固的森严等级模式。在说另外一种语言时，人们更容易表达用母语难以启齿的内容。许多人将大韩航空从坠机事故的恶性循环中走出来归功于其企业文化的变革。从1999年至今，大韩航空的航班再也没有发生事故。

我们希望通过该案例说明一种现象，即数字通过创造和运用它的制度文化发挥作用。大韩航空坠机问题的解决方案不应仅着眼于构建人们对于数字的尊重以及数字化的便利，因为飞行员对于数字的服从性和数字化的便利程度已经足够高了。该方案的焦点既不在于追究某些个体的责任，也不是训练机组成员的向上沟通能力，而是促使全体机组成员在航程中时刻积极参与监测数据细节和异常状况。这种做法甚为罕见。这种罕见性是促使我们撰写本书的动机之一。大韩航空的坠机事故或许会促使个体和组织纠正自己关于数字的错误认知，包括数字的自有意义，因此可以被动处理数据的错觉。但是，社会尚未迈出这一步。各式各样的数字渗透到我们的工作和生活的方方面面。我们需要对身体健康、家庭关系、教育和消费者行为做出一系列的个性化选择，在不同的候选人中做出选择，加入或回避某种团体和社会运动，在不同的社会政策之间权衡利弊。我们往往希望自己和他人都有充分的理由做出种种抉择。我们通常将上述种种数据定为决策依据，而忽视定性解释，因为定性模型通常错综复杂，难以理解。我们并非试图创造某种把定性和定量相提并论的规制，或者本着某种把定性和定量凑在一起的非二元态度，也不认为定量信息应该嵌入文化体系中，并由此决定数字的意义。这些疏漏在所谓的后真相时代可谓是雪上加霜，在这个时代，人们被互联网的“深度伪造”和心理操纵所包围，普遍对事实漠不关心，导致理性在情感之前黯然失色，甚至被情感掩盖。

本卷探讨了数字作为事实性锚点的效应。在刻板印象中，定性论述是语言叙事，是事实与观点的混合体；定量数据则是精确、中立和客观的。在现行的框架中，科学知识是数个世纪前从大量话语和评论中产生的，这些话语和论点通过数据之间的持续数字化形成了自然历史。这种观点产生的结果之一是古老的“两种文化”模式，这种模式演变成STEM（科学、技术、工程和数学）学科和所有非STEM学科，亦即软人文科学之间的割裂。人文学科的结论和地位总是有争议的。

二元对立的模式自然是不合理的，所有的学科都是定性和定量的复合体。二元模型仍是一种文化常识。人们当然可以伪造和操纵数字，但是数字所依存的严格方法论也带来了定性推理所缺乏的精度。数字是科学知识的基础，语言则渗透到信度更低的政治文化中。二元对立的刻板印象影响着社会生活的方方面面。例如，在大学里本科生经常被建议放弃主观且不切实际的人文艺术，转向更加客观有用的STEM学科，这些学科的唯一共同特征就是定量。

定性和定量二元对立的刻板印象也带来了一些政治和社会后果。个人决定和政治决策都必须以数字为起点和依据。

英国国内生产总值（GDP）在2018年的前两个季度间增长了0.4%。（英国国家统计署）

最富有的10%的人口赚取了全球总收入的40%。最贫穷的10%的人口只赚取了全球总收入的2%至7%。（联合国开发计划署）

根据2018年的谷歌学术指数，h5-index为49的《通信杂志》是人文、文学和艺术领域的顶级出版物。（谷歌学术）

截至2015年，全球温度已经比工业化前水平上升了大约1℃，这是

11000多年来的最高温度。（气候分析组织）

类似的数字无处不在。我们日益依赖于数字进行自我认知，用数字指标衡量工作成绩，根据大学排名选学校，围绕数字和目标展开政治辩论。本书编撰之时正是新冠疫情[①]大流行的时候，人们对数字的依赖有增无减。每天更新的病例数字和围绕着病毒基本再生数（R0）的辩论主导了政策选择的公众辩论。在全球应该如何解读这些数字？

事实上，社会与数字型数据的关系在悄然变化，而这些变化构成了本书的主题。

正如前文所述，选择两种文化中量化的部分是最常见的意义构建模式。人们或多或少从表层获取数字的价值。

数字主导着各种评估。例如，保罗在学术评估测试（SAT）中考了1070分，加州大学圣巴巴拉分校在全美公立研究型大学中排名第五，剑桥大学在全英排名第一。对智力成就和机构绩效的衡量和对气温或二氧化碳水平的测量非常相似，因而我们似乎可以把数字视为更为公平客观的形式，至少比定性描述更为公平客观。社会科学和自然科学都认为数字具有解决由来已久的理论分歧（参见经济学中所谓的实证转向）的变革力量。

无处不在的数字也常见诸采用定量研究方法的学术文献。这就是将数字的知识权威自然化以实现去历史化的过程。长期以来数字的本质和社会权利一直备受科学史专家和公共行政学者的关注。数十年以来，学者们致力研究数字和定量在登上现代科学和治理文化中心舞台之前，如何去进

① 国家卫健委于2022年12月26日发布公告，将新型冠状病毒肺炎更名为新型冠状病毒感染。——编者注

行制度和学术的积累和构建。他们对统计学、成本效益分析（CBA）、概率、簿记、审计、度量和风险管理追根溯源，展示了它们的客观可靠与可解读性，否认了它们的社会和制度根源，也排除和抹去了不符合现代数字体系的复杂性和经验背景。虽然这些学者当中少有人明确阐述两种文化框架，但是他们展示了数字的阿尔法文化[①]起源于并依赖于哲学和历史的贝塔文化[②]，却非要超越和纠正后者。

我们应将此探究路线称为原始批判。虽然这个概括性术语范畴中的概念有所差异，但总体而言原始批判讲述的是数字思维的发展历程，并不等同于科学客观性的进步。原始批判追踪了数字对治理和科学的渗透，认为其涉及情境性、非正式和定性的知识缺失和转移。数字破坏了可用于批判它的概念手段。数字预设了分类，在分类中对世界观和历史进行解码，这是个一般性的结论。我们必须带着对历史、筛选、意图和目标的认知，基于背景信息对数字进行解读，这才是数字分类的意义所在。

原始批判非常重要，也很振奋人心。同时，它也暗示了定量知识在和定性知识的竞争中总是大获全胜。虽然，这种观点强调的是量化、是一种社会文化实践，但是量化进程一旦开始就必然会压制自身的起源文化，吞并其他方法的概念和制度路径以实现垄断地位，这些都是无可辩驳的事实。以成本效益分析的兴起为例——这种分析基于一个预设，以“支付意愿”作为福利水平的基础，采用无形的估量方法来衡量难以简化成货币指标的价值，估量这些价值的唯一方法就是量化。然而，数字地位的提升就是全部了吗？

---

① 意指权威。——编者著
② 意指次级。——编者著

与原始批判所暗示的相反，量化并非单向的过程，在很多主题和场景下量化都是可逆的。一些所谓的权威量化模式已经彻底臭名昭著，退出历史舞台。例如，神秘的算术占卜学不再用于指导军事决策，颅骨测量也不再是教育决策的基础。这些例子虽然看着琐碎，却说明了一个道理：当一个数字变得声名狼藉的时候就毫无价值了。对于公众而言，数字逐渐失去威力的过程使得量化的效度受到了质疑，至少对专家来说是如此。

学者们长期致力驳斥科学种族主义等伪科学，这也是原始批判的重要组成部分，这个过程伴随着针对量化的政治、宗教等非专家质疑。这些质疑可能来自左翼、右翼和中立派。例如，对气候科学的否认是典型的右翼模式。这种模式导致了人们对引起全球变暖人为原因的定量证据的否认。2021年2月，得克萨斯州在隆冬时节遭遇了大规模断电，导致数百万人无电可用。州长格雷格·阿博特（Greg Abbott）在面向全国观众的声明中指出，独立的可再生能源系统是“将得克萨斯州推入电力不足境地的罪魁祸首”，无视三分之二的电力损失来自石油和煤炭等传统能源的数据。左翼的质疑通常以揭露生产数字的专家和新自由主义和资本主义意识形态之间联盟的形式出现。

无论是左翼还是右翼的专家对于新冠疫情的说法变化之快令人眼花缭乱，这进一步加剧了公众对于数字的怀疑。在某种程度上，人们或许会担忧这种怀疑是毫无根据的，因为即使是最负盛名的专家也难以把握瞬息万变的形势。无论如何，在公众形象和科学修辞之间存在着明显的张力，尤其是在处理确定的数字和观点的转变之时该依靠什么、如何依靠和为何依靠的激烈讨论时更是如此。

我们进入了一个特殊的脆弱数字时代。2020年美国总统大选之后，特朗普继续“毫无根据地声称，大规模选民欺诈导致他失去连任资格，尽管这种说法已被法官、共和党和政府驳回”，但82%的特朗普拥趸支持上述声明。数字的脆弱性体现在公众对量化客观性的普遍质疑中。最近，在英国一项研究中，60%~70%的受访者认为“官方数据大多是准确的”，约75%的受访者认为政府官员和媒体的数据并不真实。这种对于专业知识量化模式的质疑在盎格鲁–撒克逊人文化中延续了好几代，却甚少像如今一样在政治文化上具有如此突出的地位，它可以在两个站不住脚的立场之间制造两极分化的对峙——对数字全然否定或全然认可。正如敢于和特朗普叫板的佐治亚州共和党州务卿布拉德·拉芬斯伯格（Brad Raffensperger）所说：“作为工程师，我一生都遵循一个座右铭，数字不会说谎。”[1]

目前，定量知识正处于一团混沌之中。前文所述的“两种文化”知识层级仍然存在，数字信息的威权就是表现之一。量化指标依然无处不在，监督绩效，给个人和组织进行分类和排名，影响政策的制定，塑造文化愿景。同时，量化指标的权威面临着近代以来更加多样化的持续挑战，在政治领域更是如此。

公众的怀疑和指责定量的去语境化与去历史化的原始批判背道而驰，使得事情更加错综复杂。原始批判的主要论点是，人们应该带着对历史、筛选和意图的认知，结合具体环境解读数字。这种结论似乎已经被政治化的怀疑主义所淹没，这种怀疑论调主张如果不喜欢数字得出的结论，就忽略它们，如有必要就编造数字取而代之。许多官员宣称自己“相信科学”，暗示数字具有客观的表面价值，从而反驳拉芬斯伯格式的怀疑论。这种观点忽略了原始批判，夸大了科学的价值。随着新冠病毒的传播，科学难以避免的失常和模糊暴露无遗，基于科学的政策建议也难免发生规律性波动。支配和掌控信任，同时作为公共决策基础的数字是否会一直像现在一样摇摇欲坠？难道我们一直以来所忧虑的“量化暴政”是毫无必要的吗？我们能否重新将原始批判与公众怀疑联系起来，或者需要用新的学术观点来取代原始批判？

随着大数据时代的到来，解决上述种种问题显得更加急迫。大数据代表着伴随专业知识新模式而来的全新知识体系。社会学家威廉·戴维斯（William Davies）认为，新型的定量分析通常是非公开的，而且缺乏“固定分析范畴”（fixed scale of analysis）和“明确的分类”（settled categories）。

我们生活在一个用以前所未有的速度和敏感度，追踪和分析我们的感受、身份和归属的时代。然而，这种新能力尚未得到足够的公共关注和论证。现在为谷歌和脸书服务的数据分析师不是专门生产数据以及被谴责的对象。相反，新型数据分析师隐匿在数据之后，他们的工作具有高度的保密性，赋予了他们超越社会科学家的政治影响力。在政治上实现统计逻辑到数据逻辑的转向具有深远的意义，使其在民粹主义抬头的时候得以完美自洽。民粹领袖或许对经济学家和民意调查专家不屑一顾，却对另外一种形式的数字分析言听计从。政客们依赖低调的新精英群体，他们在庞大的数据库中寻求规律，却甚少发表公开声明，更别提公布任何数据了。这些分析师通常是物理学家和数学家，他们的技能根本不是为社会研究而培养的。

随着大数据技术渗透到警务、教育和医疗等公共服务领域，随之而来的针对囚犯、教师和患者的新型数字权威或许会改变民众与国家互动的模式。当前大众倾向于强调过于依赖算法解决方案所导致的无力感和任意性，算法方案和受训专业人员的方案不一样，后者自身带着偏见。而结构性的歧视一旦纳入算法，则有可能无从纠正。例如，美国的种族歧视可能会被纳入算法，而算法作为专门的商业机密使得这种歧视难以纠正。这种趋势是否标志着伊丽莎白·查特吉（Elizabeth Chatterjee）在本书第一章所称的“数字统治”复兴？我们是否已经迈进全新领域，在此领域中量化的实力日益强盛，对于量化的质疑不断弱化？

这就是本书研究的切入点。我们一方面接受原始批判的观点，另一方面另辟蹊径了解在当前的政治和知识时代，数字应该如何在政治和社会生活中发挥作用。在2015年到2019年间，来自芝加哥大学、剑桥大学和加利福尼亚大学圣巴巴拉分校的三个团队，着手研究气候、健康和高等教育三个领域量化的历史和现状：芝加哥大学项目分析了数字预测和目标在解释气候现象和规划气候治理中的作用；剑桥大学团队致力于从更加宏观的视角研究数字在健康监测、医疗效果和社会福利等领域的作用；圣巴巴拉大学团队研究了教研领域成果的量化，对高校的教学成果评估进行了探讨。尽管在研究这些复杂案例时颇费了一些功夫，也尚未完全达成共识，我们还是从中找到了两个关键的研究切入点。

其一，我们很容易把量化和指标的发展混为一谈，认为它们都是单一的同质事物，但这是错误的。“数字”作为一个概括性的术语，涵盖着许多截然不同的实践。用于衡量发展水平的复杂指标体系，例如联合国人类发展指数（FDI）、可持续发展目标或英国国家统计署的国民福祉衡量指标（详见第八章）是数字化的，但是它们在概念上和传统效益分析（CBA）有所差异，虽然后者也用数字表示。联合国人类发展指数（FDI）和效益分析（CBA）的支持者也是数字化的，他们都在寻找简单且易于管理的数字来取代国内生产总值。人类发展指数完全建立在亚里士多德关于存在和行为方面福祉的描述上，和效益分析的功利主义观点有所不同：后者试图通过愉悦或偏好程度来衡量所有价值，反映了其对于人类发展指数方法的厌恶。我们一开始以为把这些案例放在一起研究可能会有所帮助。实际上，当我们对它们采取相同的评估方法时，才发现应当将其区别处理。从表面上看，不同的统计数据，例如第八章的幸福感或第九章的教育价值，看起来都是量化的，这些数据的概念基础却截然不同，虽然这些基础都已经摇摇欲坠。在探究数字之间的差异时，我们发现选择数字技术的理由相互交织，错综复杂，因此需要对“定量”进行更加明确的定义以及更加精确的批判。

其二，原始批判建立在福柯（Foucault）观点的基础上，旨在阐明权力和量化之间的关系。然而，我们都对和原始批判唱反调、强调数字如何化无形为有形从而挑战既得利益的研究感到印象深刻。该研究讲述的是通过数字挑战既得利益的方法，其中一个方法就是化无形为有形。这种传统起源于法国，其中最具代表性的是法国经济学家托马斯·皮凯蒂（Thomas Piketty）的主张“拒绝和数字打交道不符合最贫困者的利益”。或许最强烈和明显的统计主义（即滥用数据的狂热行为）通常见诸通过定量工具评估工业发展对于环境影响的气候科学领域。美国最富有的1%人口占有的财富比所有中产阶级加起来还要多，这一惊人结论可不是空穴来风，其背后有定量数据支撑，推动了占领华尔街运动。数字可以用来掩盖权力运作，也可以用来挑战权力，推动和革新政治运动。在政治决策的诸多领域，我们有充分的理由用量化措施和目标取代“专家研判”，因为专家观点往往是偏见，披着自私的外袍。坚持在认知和伦理层面正确的专业判断虽然是浪漫和理想主义的，事实上却毫无裨益。正因为数字并未凌驾或超越政治，因此可以出于不同目的被重构，问题不在于量化本身，而在于量化的用途。数字可以用于问责，前提是数字对民主制度负责。

所谓知易行难，数字问责制度该如何施行？ 最近，人们用原始批判来解决这个问题。2010年以来，我们经历了数字问责的第二次浪潮——凯茜·奥尼尔（Cathy O'Neil）、弗兰克·帕斯夸莱（Frank Pasquale）、莎莉·安格尔·梅里（Sally Engle Merry）、温迪·埃斯普兰（Wendy Espeland）、迈克尔·尚德（Michael Sauder）、大卫·尼伦伯格（David Nirenberg）和里卡多·L.尼伦伯格（Ricardo L. Nirenberg）已经迈出了关键一步，深化了认知和道德层面的问责指标。在此背景下，本书对于数字同时作为认知和社会问题的研究做出了几大贡献。

第一，我们对量化下了一个更加狭隘和精确的定义：

量化就是运用前所未有的数字表述来描述现实或影响变化的行为。

该定义肯定了数字的描述功能和积极作用，表明量化是一个必须结合目标、背景和历史来理解的连续过程，而且不像其他定义那样限制量化的范畴。[2]

第二，我们从上述矛盾或至少自相矛盾的地方开始研究。在这些地方数字和指标更具影响力，同时也更加脆弱。数字的权威逐渐被弱化，竞争愈加激烈，自然更有争议。它们时而负隅顽抗（例如我们坚信人有五感），时而被弃之如敝屣。这似乎与非数字概念大不相同，后者更加深刻地影响着我们的世界观并通过更大的转变来应对挑战。

第三，根据对不同类型量化的理解，我们对医疗保健、气候科学和高等教育三个领域进行了案例分析研究，认为从一般历史现象的叙事转向特定案例的叙事（或批判）时不宜太急，应该徐徐图之。毕竟，数字经常游离于自己的诞生之地，进入全新的领域是数字叙事的关键特征之一，也是本书研究的重点。在第六章，斯蒂芬·约翰追溯了“一天五次”这个数字是如何从世界卫生组织的报告到国家卫生政策的历程。数字一旦被运用，会失去原有的一些特征，也获得一些新的特征。宏观趋势或许能显示数字会变成什么样，却不一定能预测这些数字会变成什么样、具体如何展开，又或者预测这些变化是否是不好的、是问题丛生的。

第四，我们试图厘清数字的历史和社会构建性。[3]眼下毋庸置疑的是，我们计算的内容、形式和原因总是受到价值和利益的影响，但至少和我们正在计算的东西性质一样。这只能作为研究的切入点之一，而非再次研究的对象。

第五，我们通过显性的构建主义呼吁（重新）使用数字而非将其拒之门外。通过案例研究，我们更加坚信该领域的研究重点亟待改变，这很大程度上是因为引用标准和高校满意度评级等明显的量化错位招致了大量攻击。数字和指标的紧密结合会产生更加令人惊叹的效果。广而论之，我们坚信当人文学者深刻地理解量化局限性而非断然抗拒甚至无知无觉时，他们的声音和批判更有价值。

量化的异质性、目标、效果和用途应该使我们对包罗万象的数字理论保持怀疑的态度。这就是本书通过案例分析对量化进行研究的动机。同时，我们希望加深人们对于量化作为核心的认知、科学和社会进程的理解，拓展量化研究路径和数字在定性实践中应用的理解。

应该如何从个案研究转向一般性研究？为了回答这个问题，我们将支持和反对量化的观点放在一起进行直观的比较，综合现有文献和本书各章节的研究得到表0.1。在表格中，我们有意将一系列的量化实践——学术中的计量分析、科学中的测量、政策服务中的度量和政治领域的政绩统统放在量化的范畴中，旨在通过此表明确指出有必要克服原始批判轻右翼而重左翼的倾向（重申前述的本研究第五个特征）。这并不是说本表格采用的是本杰明·富兰克林（Benjamin Franklin）式“道德演绎”权衡利弊的方法。事实上，任何类似的尝试都有可能受到像表格左边栏目那样的批判。我们也知道许多支持或反对量化的观点本身就是基于颇具争议性的道德或政治理论，例如罗尔斯模型中的公共协商模式。我们希望大家带着目的和批判使用这个表格。例如，对幸福感衡量指标感兴趣的人机敏地意识到如果缺乏度量美好生活的问卷或指标，人们有可能会质疑国内生产总值的可信度，也许会因此引发对国内生产总值的辩论。心系教育和医疗事业，对该两个领域衡量指标随意性保持怀疑态度的人们也该意识到监督官员确保他们对选民负责的目标是不可能实现的，因为在现代社会中面对面辩护的情形不大可能发生。

本书各章节的案例探讨了上述种种复杂现象。表中汇总的一般性词汇使我们得以摆脱对好坏数字过于粗暴的区分。认知上有问题的数字可以发挥对社会有益的作用，而认知上合理的数字反而做不到。表0.1展示了对量化的批判和辩护[4]。

表0.1　对量化的批判和辩护

对量化的批判	对量化的辩护
未能体现商品和服务的非金钱价值，模糊了价值的多维性和异质性导致的扭曲	一旦条件允许就通过精简方式来展示现象
伴随着解释复杂性、局部语境和定性经验的缺失的简化	为科学、政策、服务和医疗的效度建立因果推断标准
数据威权背后的价值判断的隐身	通过创造共同语言来确保身在公共领域的官员承担责任，从而实现公共理性
为了自身利益只盯着数字结果而产生的不当激励	为规则和专业知识提供重要基础
对专业人士自主权和可信度的破坏	允许在科学和治理领域中协调和沟通的可比性

续表

对量化的批判	对量化的辩护
测量指标成本高昂，导致沉重负担加剧全球不平等	改革根深蒂固的行业和传统指标，如国内生产总值
当数字用于绕过本地话、立场或从属知识时，会导致政治机构的失声	用隐藏的数字来揭露不公：统计行动主义
	使过大规模数据方法检索“大量未读”的档案

即使新冠病毒的再生数计算存在不确定性，该数字还是将人们的注意力集中在感染人数的指数增长上。其对新冠死亡病例的精确估量在认知层面无可挑剔，在激励变革方面却远没有人山人海的医院照片管用。有时候我们需要让数字更加直观，例如，把在新冠疫情中的死亡人数和“9・11”事件或者越南战争的死亡人数作对比。在书中我们探讨了在评估量化的局限性时，应该同时关注认知和实践维度，认识到它们之间看似理所当然的关联如何通过其所处背景实现，而且应该视不同的情况采取不同的方式。

现在我们来到本书的第六个重点，那就是致力于推导一个中级或中档的数字理论。我们所提出的既不是通论，也不是零散案例的集合。我们试图对数字进行分类，因为对数字的认知和批判，有可能因为种种原因变得含糊不清。当我们因为某些指标有用而使用它们的时候，有可能会因此制造不当激励，从而破坏指标的效度。这正是希瑟・史蒂芬（Heather Steffen）在第三章讲述的学习成果评估作为高校资源再分配以提升排名手段的叙事。最初，数字只是价值目标的表述，现在却因为实践受到了批判。

从根本上来说，构建数字度量体系可能需要我们做出有争议性的价值判断，为了确保度量的合法化，这些价值判断往往是隐而不露的。例如，用一篮子标准商品的价格衡量通货膨胀。当经济学家决定将哪些商品放入篮子时，他们的选择（隐晦地）反映了对体面或正常生活所需的价值判断。在研究以上假设时，我们认为无论在认知还是伦理上都有充分理由关注通货膨胀措施。

当然，在某些背景下区分认知和实践的关切点无可厚非，理论和实践之间可能存在着很深的分歧。我们试图在其中找到平衡，因为在这个点上诸多关切相互交织，可能会导致小题大做，任何简单的主张都变成大问题。

在整个引言中，我们一直强调数字的异质性和随之而来的量化形式多样性以及对量化的各种批判。诸位读者在摸索所谓“数字的局限”时或许会感觉迷惑不解，因为我们展示的其实是，我们自身分析框架的局限，那就是无数可分析。然而，这本身可能就是谬误的。显然，用数字描述世界的方式异于语言、图像、图形或音乐等形式。值得注意的是，数字表述更加容易受到规范分析的影响，因而带着常规科学客观特质。此外，它们能把迥异的事物等量齐观，对推理形式推陈出新。或许因为其他特征，可以跨越语言或文化边界，在某些辩论中获得权威地位，得以经常取代其他形式的判断和解读。我们并不否认这些特征，而是指出世界上没有哪一个叙事能把量化讲通透，讲明白量化的原理、优劣和影响。任何“一刀切”的叙事都显得过于笼统，反而无法囊括个例。究其原因，正如特伦霍姆·荣汉斯（Trenholme Junghans）在第四章中指出的那样，定性和定量并非对立，而是抽象概念的一体两面。定性和定量都试图减少在同一个标签下的现实成分从而变得更加抽象易于管理。因此，上述表格中许多批判大都是针对语言的。所有的表述，无论是数字还是其他形式，都是有选择性的。一个有趣的推论是，原始批判只是所谓的原始的批判（primordial critique）

的变体，因为所有的表述都被扭曲了。我们更加希望强调的是隐藏的复杂价值判断，错位的专家判断和被歪曲的复杂现实往往正是我们所需要的！

本书的共同主题是方法论而非实质性的效用。我们不打算把量化分析的影响进行量化，也不会颠倒传统的层次结构，一味推崇定性的方法。相反，我们的研究表明，唯有跳出量化的框架，才能更加全面地了解量化的作用、原理以及效果。本书还展示了定性和定量方法交互的多种方式，即通过与历史、制度和哲学分析相结合克服或者至少克服部分数字的局限性。这种分析时而指示我们使用更好的量化方法，时而指示不要使用量化方法，时而没有规范含义，只是为了加深理解。数字指标往往和严谨清晰的概念相互关联。我们希望表明定性路径也可以采用严谨度不亚于定量的方法来探索数字的边界，在探索的过程中寻找更好的评估方法。

在项目刚开始的时候，基于大概的估计，我们说人们普遍认为量化手段在气候科学研究中是正面的，在高等教育研究中是负面的，在医疗保健研究中则是好坏参半。然而随着项目的发展，我们随即发现了叙事的复杂性、气候科学中核心数字的认知问题和弱点、学习成果评估效果的替代方案、解读异常健康指标意料之外的效果。通过和作者们历时三年的沟通讨论，我们逐渐了解到三个领域的共性和差异，以及这些领域在民粹主义兴起等重大政治转向中各自受到的影响。

因此，我们决定将三个领域合而为一，为读者们提供有着主题和维度的完整叙事。可以想象，读者们对于用数字来解决社会、文化和政治问题保持怀疑的态度，虽然这些做法十分普遍。他们或许会质疑通过评估平均生命质量调整年（QALY）花费来决定是否资助一项药物研制或者根据国内排名来选择大学的效果。他们或许会感谢关于二氧化碳水平的量化数据，因为这些数据有助于解释日益严重的气候不稳定性，同时质疑这些数据的准确性及其对公众舆论的影响，或者两者兼而有之。他们在使用数字做出关于健康、教育和环境生存的个人或政策决策时，或许带着废奴主义本能。如果他们把数字当作基本的经验数据，他们可能会坚持结合环境解释数据，并且让位于政治和哲学判断。简而言之，读者拿起这本书，希望看到数字正当其位，定性和叙事能作为定量的替代品。

本章的叙事线索对于读者们而言确实有些曲折。我们从所谓的民粹主义反抗事实、真理、专家和现实本身开始讲述，丝毫不会淡化威权领导和政治文化的崛起，尽管他们通常粉饰太平，仿佛他们嘴里说的就是大实话，也不会忽视他们打压反抗其意志的个人和机构这一行为的严重性。第一章的作者伊丽莎白・查特吉和第二章的作者克里斯托弗・纽菲尔德认为，专家们应该对专业定量知识的名誉受损负责。使用脱离现实的数字而忽略社会成本的后果，就是新的匿名数字在民粹主义的复兴中以复仇者的姿态卷土重来。英国和美国的专家正在为割裂量化主张及其动机和影响付出高昂的代价。类似趋势可以很好地解释其他国家事态发展。将数据放在相关背景中，承认鸿沟和不确定性的存在，维持公众信任度，或许是我们面临的最大挑战。

把数据从背景中剥离会造成一些问题，解决这些问题最合理的方法就是把数字放回背景中。在接下来的三章中，我们将探讨用叙事来进行数字纠偏，利用人文学科优势更好地运用量化手段。正如第三章的作者希瑟・史蒂芬所述，回归定性实际上是对现存定量主张的确认以及合理化，目的是提升其可接受度和用户友好程度而非改善结果。在她的文章中，教学评估者主宰着教学环境并且强加威权主义的评价。一旦评估者创造了评估环境，所有的问题都会重塑，解决方法尽在评估者手中，定性和定量的运用都出于同一个目的。回归个体叙事也反映出企业的操控和证据标准的降低。正如特伦霍姆·荣汉斯在第四章中写道，定性叙事有其自身的真实性光环，这和数字所散发的客观之光一样具有欺骗性。在第五章劳拉·曼德尔（Laura Mandell）的研究中，叙事可以改变和改善数字程序，但主要（也可能仅是）发生在数字程序深入险境时，也就是到时候公然将调查人员的主观性引入调查，而非杜绝其主观性。此举使定性实践同样遭受了人们对定量一样的批判。主观性是定性分析赋予数字的核心力量，也是难以避免的。

考虑到潜在的风险，我们认为有必要尝试另外一种策略，即接受数字解释结果（如果有），专注于优化数字本身。从根本上来说，数据质量非常重要，因此调查人员有义务收集优质数据，采用最好的分析程序，并时常对分析程序进行回顾与批判，不断努力改进。好数字不能保证好结果，同时好结论不一定需要好数字（参见第六章和第七章）。

作为本书的编著者，我们肩负着双重义务。首先，我们需要参与数字程序而非接受既定的结果。这意味着把定性学科沉浸在数字中，这些学科因而需要拓展定量技能。其次，我们需要接受意义解释框架对数字的影响，只有当数据和解释框架都准确精密，而且调查人员对于它们的关联细节处理得当，全球性的核心问题才能通过定量的方法得到妥善的解决。

在第九章中，格雷格·卢斯克（Greg Lusk）阐述了量化极端天气影响的多视角道德思维：相同的数字可能对问责制和受害者的赔偿产生截然不同的后果。安娜·亚历山德罗娃和第八章的作者拉曼迪普·辛格（Ramandeep Singh）以及阿什什·梅塔（Aashish Mehta）和第十章的作者克里斯托弗·纽菲尔德的研究都阐述了这么一个观点：即使调查员承认他们的数字可能没有触及“真正的东西”，即使虚假的指标在实践中被合理化了，关于“真正的东西”的概念性工作仍然是必不可少而且是可以实现的。

本书对重大历史时刻的知识分析有所贡献。双文化层级制度的功能失调无论在理论还是实践层面都显而易见。目前，我们仍然缺乏促进两种文化互动的新范式。新冠疫情吹响了相信“科学”的号角，而人文学科则偏向了另外一边，这说明了旧范式的强大吸引力。科学上的不确定性引起了怀疑，同时也暴露了其自身的弱点。本书的各章节概述内容对于基于定性和定量之间认知对等的新范式都有所涉猎。这要求学者们对自身研究所处的知识体系中的社会和技术要素了如指掌，对于知识体系有明确的立场，为知识体系进行公开辩论，从而促进知识体系的革新。希望本书能为这项复杂的全球性工程做出自己的贡献。

注释

1.《佐治亚州州务卿证实乔·拜登当选总统》（*Georgia Secretary of State Certifies Election for Joe Biden*），PBS NewsHour，2020年11月20日。

2.将此定义与莎利·安格尔·梅里（Sally Engle Merry）在其著作《量化的诱惑》（*The Seductions of Quantification*）中的定义进行比较："量化，我指的是以可靠和可衡量的方式，运用数字来描述社会现象。"梅里的定义提及了可衡量是量化的一个关键特征。该定义涵盖了许多实践：设计指标和推理技术，收集和表示数据，将它们嵌入现有或新机构中，以实现控制、治理以及可视化的目标。该定义对于原始批判的作用很大。学者们能根据定义找到进一步分析所依据的有趣事实和共性。例如，量化的动力并非源自对拥有物理学特质的渴望，而是源自对于公平和善意的需求。即使量化失败了，也能自我复制。然而，它将所有的量化实践都归结为计算，从而忽略了一个事实，即数字显然是重塑世界的一种方式，而非计算已经存在的事物。为了呼应以上作者们的关切，我们希望强调量化有着明确的目标，旨在改变和描述变化。复杂的是只有当数字现实为基础时，它们才能改变世界。

3.简而言之，我们在研究数字的过程中发现了四对区别。

（1）序数与基数。序数仅用于按升序或降序排列项目，而基数表示项目的区间。长期以来，经济学和心理学在关于效用和影响等量是序数还是基数上争持不下。虽然两者都是数字，但只有基数才能进行计算平均值，确定系数和比较差异等的重型量化。仅包含次序信息的序数无法进行此类操作。在社会背景下，有些数字是序数，例如生活满意度和教学质量；有些是基数，例如选票和国内生产总值。人们总是倾向于把序数视为基数。尽管从理论专家的角度来看这是不合理的，但是超脱于现有证据的数字主张却很常见。在第八章亚历山德罗娃和辛格的研究中举例阐述了序数性的调查报告最终用于精准衡量政策对国家福利的影响。因此，这种区别对于理解数字如何负载超出其原始容量的信息大有用处。

（2）实证数字与虚假数字。数字代表着既定的现象。然而，人们有时会采用虚假精确的数字，因为它们能提供比证据本身更加准确的表述。人们有时会带着恶意，通过投机取巧的方式使用虚假精确数字。有时候是因为出于无论如何必须要拿出一个数字的压力才出此下策。这种压力可能来源于对协调、沟通或问责的需求。数字的协调作用多见于饮食（第六章）、经济（第一章和第二章）和医疗（第七章）等领域。数字在社会和政治中的作用/效用足以说明它所扮演的两种角色之间具有更深层次的张力：呈现事实和开展协调。在构建固定的测量系统时，比如标准千克或一蒲式耳（英美制计量单位，1蒲式耳约36.37升）玉米的多少，意味着我们正在构建描述世界和协调社会的新方式。

（3）学术数字与管理数字。有些数字的援引用于表述世界，另外一些用于改变世界，无论是通过鼓励、激励还是规范受众行为实现目的。人们通常将学术和科研数字与学术数字联系起来，把政治、政策和商业领域的数字和管理数字联系起来。然而，这种分类是一种简化。学术上的数字通常嵌入语言行为中，对听众的行为产生影响，管理者必须以实践为基础。一个非常明确但不可实现的目标相当于没有目标。然而，根据数字的首要或预期功能来区分数字，是理解数字的成功和适应性或有不同的关键。史蒂芬（第三章）、约翰（第六章）和卢斯克（第九章）分别展示了上述区别如何在教育、营养政策和气候科学中的作用。

（4）压迫性数字与解放性数字。除了上述三个区别，第四个区别强调了这么一个现实，即无论数字是基数还是序数、实证还是虚假、管理还是学术，它们既能推动进程，也能阻碍发展。原始批判（连同威斯坦·休·奥登发表在1940年的诗歌《无名公民》和其他许多作品中）展示了统计数据的同质化、去个性化、剥夺判断和自发性以及操纵等特质。正如统计学家所展示，正确的数字具有动员、揭发不公、发声和代表的力量。有人将数字的双重角色解读为中立性（数字只是工具，数字被使用之后才能对其进行评估），我们更多地看到人们用基于经验的创新方法运用各种数字，而非仅仅通过历史数据进行预测。数字部署道德效价的变化可见于巴达诺关于质量调整寿命年（QALY）在资源公平分配中作用的叙事（第七章）以及亚历山德罗娃和辛格对渐进式福祉的量化演绎（第八章）。上述区别帮助我们实现了量化标准定义的转向。

4.该表格的另外一个特点也值得思量。正如我们在引言的第三部分所探讨，我们在每列中列举的批判性和辩护性的考虑因素都具有不同的目标。有些人考量的是数字描述现实的能力。支持者指出它们在捕捉细致精确的现象和进行因果推理方面的作用，认为这是科学方法和日常推理的标志。批评者注意到量化对模棱两可、不精确或不同质的扭曲效应。这些都是认知层面的论点。这些观点关注的是数字作为描述和理解世界方式的成败。其他论点关注数字在公共领域的作用。一旦数字成为审计或者特定服务提供机构的一部分时，它就有可能通过自己的能力构建新的权威形式，设定对话条件，揭露或者隐匿事实，我们称为实践性论据。我们将前三类数字归类到认知层面，后四类数字归类到实用层面。这种分类方式的作用是我们可以清楚地看到，在认知层面有问题的数字有可能发挥正向的作用，而在认知层面正确的数字反而无法做到这一点。

第一部分

反专家的专家们

第一章

数字的去专家化

量化的民粹主义政治

伊丽莎白·查特吉

我觉得人们已经受够了所谓的专家们……他们总是声称自己知道什么是最好的，事实上却恰好相反。

——迈克尔·戈夫（Michael Gove），英国司法部部长

“在当代政治中，”后来当选为意大利民粹主义政党五星运动党魁的经济学家洛伦佐·菲奥拉蒙蒂宣称，“数字加强了技术官僚主义，却牺牲了民主辩论。”这是在公共生活中人们对量化的主要认识，技术官僚主义承诺为人们提供客观、透明、合理的政策解决方案，认为自己可超越变幻莫测的个人判断和民选政客肮脏的党派利益。数字这种不偏不倚的持中之态可以削弱政治角逐的影响。这种去政治化正是“数字的诱惑”的体现。无处不在的量化引发了不少末日预言。批判者认为，未经选举形成的精英阶层筹谋了一种定量的知识模式，即量化民主（quantocracy）。该模式左右着诸多领域的决策，其衡量标准在整个社会形成了一种自我监管的亲市场意识形态共识。量化官僚主义的主导地位掏空了真正的民主制度，把它变成了掩盖“后民主”精英政权的外衣。

2016年，英国人民公投脱离欧盟（英国脱欧），特朗普当选美国总统，如此政治态势引起了人们对这些预言的质疑。上述两个成功的民粹主

义[1]运动都试图诋毁那些排着队反对自己的数据专家们，降低统计数据的可信度。例如，特朗普政府宣称官方发布的失业率是“伪造”的，气候科学就是一场骗局。而支持脱欧的政客宣称“只有一位专家是最重要的，那就是选民自己”。[2]他们对国际机构和全球贸易秩序的攻击直接反对的是正统的量化民主主义经济理论。因此，民粹主义的热潮通常被解读为对精英专业主义和专家治国制主义式傲慢的强烈反对。就我们对量化的社会政治力量与声望的理解而言，英美民粹主义的崛起是出人意料的，这也带来了一个重要的问题。如果量化民主当真如上述研究所展示的一样全能，那么它为何在2016年突然变得不堪一击？

本章认为，专家的公众声望不会随着数字政治的发展而波动。正如量化相关经典著作所公认的那样，数字、专业知识和政治权威之间的关系在历史上具有偶然性。这种关系是涉及信任和民主正当性的复杂问题（第一节）。早在2016年之前，这种关系就开始破裂。从20世纪80年代起，数字技术在公共决策中的地位日益突出，在诸多领域都凸显了专家的弱势而非力量。数字绩效指标、公众意见调查和虚假数字是量化对抗而非支持专家的例子，预示着民粹主义对官僚和其他专业人士的攻讦（第二节），这逐渐贬低了专业知识的价值。公众的批判表明，越来越多的民众将政客们运用统计专业知识和机会主义、非理性和虚伪联系起来（第三节）。虽然这并非英国脱欧和特朗普当选的唯一解释，却是达到2016年这个重要关头的一个重要因素。

然而，与传统观念相反的是，民粹主义对量化政治的攻击并非是对后者的全然拒绝。本章后半部分基于政客演讲和特朗普的8825条推文语料库[3]，提出一个观点，英美民粹主义者在没有专家的情况下，开始使用数字扩大自己的影响力。民意调查结果和推特关注者数量等民意数字已经获得了很多的关注。这些指标否定了（可见的）专家的中介作用，声称自身具有一种新的、更加“真实”的合法性，亦即直接的、通常更直观和戏剧化的民意表述。它们通常强调序数定位，秉持相对次序的零和逻辑，而非量化支持者们所推崇的基本指标。尽管特朗普和英国脱欧支持者所提出的虚假数字受到了极大的关注，这些用数字做文章的技巧却不是什么新鲜事物或非凡的技艺。在第二节中探讨的数据仪表板、大数据分析，甚至是公关专家最喜欢的焦点小组在表面上看都运用了相似的逻辑。尽管如此，民意数字让新政治阶层也受到了掣肘，因为新政治阶层自身的失望和不满也在发酵。量化政治和去政治化纽带的断裂与所谓的数字去专家化的崛起都要求我们对公共生活中的数字有更加与时俱进的认知。

第一节　脆弱的数字信任

蛊惑人心的民粹主义只是一种症状，技术官僚主义才是病根。

——迈克尔·林德，《新阶级战争》（*The New Class War*）

从一开始，量化与技术官僚主义的去政治化就密不可分。最早关于量化的社会学研究认为，量化指标的兴起最初是与19世纪欧洲民族国（state-nation）发展以及当时的专家型行政官僚机构紧密相连，正如统计学（statistics）一词所示。[4]尽管如此，量化和专家之间的关系仍是非常错综复杂的。西奥多·波特（Theodore Porter）1995年出版的经典著作《数字信任》（*Trust in Numbers*）提出，新一代理性的专业人士接受了用量化指标来替代传统精英自由决策。与传统专家的（即使经过培训也难以避免的）

主观判断形成鲜明对比的是新生代专家所提供的数字显然更加公平，严格的程序给他们的结果镀上了一层“机械客观性”的光辉。

因此，量化有望提升效率和公平。量化治理主义者承诺可以计算出最优的解决方案，衡量社会经济得失，从而将整个国家的利益置于任何单一利益集团之上。不仅如此，他们还承诺构建更负责任和真正民主的治理模式。他们认为通过构建共同的事实基础，可以“为社会共识与和平奠定新的基础”，尽管奴隶船日志和帝国人口普查的数字治理采取了更加专制的形式。

然而，和该经典文献意见相左的是，对于专家统治的研究往往否定了这种早期的民主潜力。技术官僚主义否认除了“方法意识形态”之外的所有意识形态。所谓的方法意识形态就是通过基于数量信息的决策来提高理性和效率。与竞选政客们的投机行为和短期主义形成鲜明对比，技术官僚主义被视为有明确的反对立场。评论家们敏锐地指出，专家委托的代价越来越高。越来越多的法律法规由匿名的技术专家制定。这些专家或许来自独立监管机构、准自治执行机构和其他远离人民的公职机构。尤其是当经济学家日益把持了主要的决策机构时，他们的量化产品（主要为成本效益分析工具）显而易见的透明度在实践中容易被复杂的统计和建模技术所掩盖。批评者认为专家委托在统治者和被统治者之间划下了一道“民主赤字”鸿沟。量化专家置身于名义上自治的政治机构之外，免受直接的民主问责，而权力移交到上述机构则导致了民众对政治的冷漠，具体表现为投票选举率的下降和政党成员的减少。

后期大部分文献都认为通过量化实现去政治化通常是成功的，或多或少将这个问题从政治辩论的范畴中永久移除了。尽管量化实践的功能障碍与失灵是越发显而易见的，学者们还是自相矛盾地更加倚重量化，依赖排名、审计和紧缩政策。量化治理的力量似乎无法避免，它是通往后民主社会的单行道。

然而，早在2016年民粹主义高涨之前，量化相关经典学术研究就发出提醒，去政治化战略与量化治理的公共合法性和支撑其基础的权力分配下才能成功。真正由专家运营的政府甚为罕见。政府和量化专家之间的关系更多是权宜的联盟关系。在这种联盟中，政客是高级合伙人，技术官僚机构则会设法获得一定程度的自主权。[5] 然而，这种联盟未必能够获得群众的广泛信任。如果联盟无法落实关于效率意识形态的承诺，公众对于所谓量化专家的信任可能会减弱。在其他合法性策略的诱惑下，政客们可能会背弃联盟，重新将专家委托问题政治化，因为这样更加有利于政客们的自身利益。因此，本章把对于量化专家的授权视为政治嵌入的合法化策略。这种策略的成功取决于获得的政治支持、公众关于其胜任力的认可，以及对自身利益的超脱。正如希欧多尔·波特在一百多年前就注意到可以利用量化来制衡传统精英的自由裁量权，数字治理工具也可能用来对抗新一代的量化专家。

当量化治理已经公开可见时，民粹主义领袖可能会群起而攻之。他们把对量化治理的攻击作为对主流政治合法性和现行精英统治攻击的一部分。尽管如此，本章反驳了民粹主义关于其与数字的斗争中，在情感、戏剧性叙事和欲望等方面已经取得全面胜利的宣言。这种宣言和传统派把特朗普称为“真人秀总统”没什么两样。民粹主义者并非完全反对数字政治，毕竟技术官僚主义和民粹主义对于主流政党政治与传统决策的不透明与贪腐问题论断惊人地相似。两者都拒绝主流政治调解、磋商或者审议，声称自己能够提供更加权威的合法性决策。

因此，即使宣扬数字魅力民粹主义横空出世，把作为媒介的“专家阶层”抛诸脑后也不足为奇。它希望通过主导民意，更加直接地获得合法性，而非依赖已经蒙上污点的技术官僚主义。如无严格的量化支撑，数字的可信度是脆弱且短暂的。这些（虚假的）指标声称可以通过无媒介和常识性的数字来表述民意，这在当代英美民粹主义中已经成为被忽视的标志。

第二节　量化治理的重新政治化

专家和政客们的权宜之计

明确希望将权力放在恰当的位置，由各方面都合适的人运用权力，而不是由政客们大权独揽。关键决策的去政治化旨在让人民更接近权力。

——法尔科纳勋爵（Lord Falconer），英国宪法事务大臣

早在英国脱欧和特朗普当选总统之前，通过专家委托实现去政治化目标的策略就已经达到极限。这在很大程度上是因为政客们自己一再破坏这种策略。该策略的脆弱性在于政客们提出量化治理的初衷是反制右翼对于政府效率低下的攻击。这种策略本身就是有问题的，因为专家委托可能导致右翼批评者们所攻击的“行政国家”扩张和失责。为了反驳这些指责，主流政客开始运用量化手段对付专家们，制定了相关的数字绩效指标和公众情绪指标。因此，量化和专家之间的关系从根本上重塑了。其重塑的方式和民粹主义的量化逻辑相呼应。随着量化治理的扩张，专家逐渐被妖魔化了。同时，在政策话语中取得进展的数字目标往往不是来自量化专家，

而是权宜的政治选择。这种投机主义削弱了公信力。基于以上种种原因，量化治理在2016年再度被政治化，其合法性逐渐减弱。

经历了大萧条、战时动员和随之而来的社会福利计划发展，官僚机构的规模呈爆炸式增长。20世纪70年代的滞胀动摇了公众对政客们的信心，公众开始质疑政客的能力，怀疑他们是否足够无私。美国总统里根和英国首相撒切尔对这些问题做出了有力的注解："政府不是解决问题的方案，政府就是问题本身。"[6]这种"不信任政治模式"认为所有的政治参与者都是无能、自私或者腐败的，而国际机器则容易臃肿膨胀，成为被操控的对象。民众对于政府的信任开始下滑，而大西洋两岸国家的政府公信力一直没有恢复。

作为对以上不信任政治模式的回应，政客们开始采用非政治化的策略，借用量化治理的外衣来获取客观的、非意识形态和基于绩效的合法性。和反官僚主义的里根总统相比，美国总统克林顿大幅裁减联邦工作人员。他的"第三条道路"建立在其在自我形象的塑造上，他把自己塑造成一个"自称严格遵守数字准则且对针砭时弊缺乏兴趣的技术官僚"。英国首相布莱尔的执政口号是"行之有效"，政府官员们宣称自己致力于去政治化。在他们的继任者中，卡梅伦自称"全新的布莱尔"，一个务实的集大成者，在其领导下"基于证据的决策"得以蓬勃发展。奥巴马在竞选总统时发表了不少变革宣言，在担任美国总统期间，他却以理性和问题导向的管理风格而著称。上述政客都以出人意料的方式降低了集体审议的概率和他们自己的自由裁夺权，以此增强自己的政治信誉，同时转移决策失误的责任。他们引以为豪的去政治化宣言并不符合后民主主义的论点。因为后者认为这种趋势存在着某种神秘而邪恶的动机：实际上，这是一种面向公众的策略。

然而，将权力委托给专家并没有平息质疑的声音。右翼批判者对政府的糟糕管理和极权国家这两个相互矛盾的概念进行了抨击，并将他们的怒火转向那些涌现大量专家的“字母汤机构[①]”（alphabet soup agencies）。在美国，对臃肿冗余的管理精英队伍的抨击是数十年来共和党的政治主题，在添油加醋的媒体报道的催化下愈演愈烈。在左翼的阵营中，量化专家被妖魔化成了新自由主义的走狗、国家市场化和公司化的工具。对于左右两派而言，量化专家们俨然已经成为公认的新贵族阶层。克里斯托弗·纽菲尔德在本书第二章中称其为专家阶层。他们都受过高等教育，试图通过教育、资格认证和文化资本来划出自身的边界，同时致力于构建服务其自身利益的经济体系，而这种经济体系往往使传统工人阶级陷入困境。因此，政客们试图两面讨好，借用数字工具重新确立公信力的手段，同时攻击令人生厌的专家阶层。

有时量化手段被用来反对专家。政客们试图披着量化治理合法化的外衣对某些不受欢迎的专家阶层表达不满。根据经济合理性的理念，大西洋两岸国家的政府都接受了所谓的“新公共管理”信条，这在绩效指标、排名和目标的泛滥中体现得尤为明显。这些数字工具通常用来对付专家们，包括医生、教师、学者和庞大的国家机构。克林顿政府的“重塑政府”倡议旨在推进政府机构重组以及节省开支的“后官僚主义路线”，自称工商管理硕士总统的乔治·W. 布什（小布什）这方面可以说是再接再厉，将其发扬光大。在英国，布莱尔政府在诸多社会政策领域引入了大量的星级评定和量化工具，其中以医院和公立学校的量化应用最为恶名昭著。最近，

① 字母汤指的是在政府机构中使用缩写字母代表各种机构和组织的现象，例如FBI（联邦调查局）、CIA（中央情报局）、IRS（国家税务局）等。——译者注

随着“新经验主义”循证政策、绩效管理和大数据从环保领域到国际发展等领域的推广，这一趋势也在加速发展。该策略破坏了量化和专家之间原有的联系，试图减少专家的判断和调解，取而代之更加透明和公正的数字。这些数字传达了一个信号，即数字是可信的，但是专家自身必须受到约束。

在数字目标以外，还有一组看似自相矛盾的数字：关于公众意见的定性和定量指标。政客们试图通过这些数字来凸显自己和选民的亲近感，表示公众意愿对决策的影响已经超越了专家建议。克林顿和布莱尔在竞选活动和执政初期都非常重视焦点小组和民意调查。专家认为正是民意调查数据动摇了克林顿对福利政策改革的强硬立场。大数据的崛起加速了这一趋势，在2016年希拉里·克林顿（Hillary Clinton）总统竞选失败时达到高潮。在总统大选前两年，希拉里的团队开始进行焦点小组调研，筛选其总统竞选的“核心信息”，最终用为各种选民群体量身定做的政策清单取代了一个全面性的叙事。她的竞选日程同样由算法驱动的数据分析、模拟甚至随机对照实验生成。

这种基于公众意见的政府可能在短期内能赢得一些选票，但是公众普遍认为这种政府是软弱且没有原则的。借用数学家凯西·奥尼尔的类比，政客们的行为类似于“机器学习”，随着公众情绪变化而变更自己的立场和政策。在英雄主义式的理想决策中，量化治理主义者承诺能精确计算出一个最优解，以舆论为导向制定的政策过于灵活了，与量化治理主义者所承诺的精确计算相互矛盾。近些年来，政客们频繁马失前蹄，其中最常见的原因就是政策的急转弯和临时变卦。此外，民意驱动型政府的民主属性本身就有待商榷。这与民粹主义者青睐的民意调查不同（详见下文），这些捕捉公众偏好的技术倾向于迎合公众意愿，把贴近公众意愿作为其合法性的来源，与量化专家们的超然客观姿态形成了鲜明的对比。民粹主义者倾向于追求能刻画多数人的意愿和偏好，与民粹主义者不同的是，上述研究更加注重争取中间派的立场。焦点小组和数据分析主要用于研究中间选民，又被称为“蒙迪欧”人[①]（Mondeo man）。此外，焦点小组和数据分析也用于研究关键的摇摆州选民群体。然而，核心选民群体却被政客们视为理所当然的囊中之物。希拉里忽视了威斯康星州的选票，因为这个选区作为民主党的核心选区，她认为自己在这个州已经胜券在握。然而，这种疏忽带来了灾难性的后果。在这种主流的“市场民粹主义”式选举活动中，一位新工党评论家尖锐地指出：“所有的选民生而平等，但有些人比其他人更平等。”布莱尔和克林顿等政客们以技术专家自居，拥护数字治理，然而公众却认为他们不择手段，道德水准低下。

更糟糕的是，尽管量化治理主义者声称自己捕捉到了公众的意愿，量化专家的介入仍然难以避免。因为这些调研工具都由民意调查专家操盘。首席民意调查专家菲利普·古尔德（Philip Gould）团队和克林顿总统的顾问斯坦·格林伯格（Stan Greenberg）团队都是大名鼎鼎的民意调查专家。民意调研是新兴“舆论专家”[②]（spin doctors）的反面。这表明了量化治理的过程中存在一种模糊性，政客们是真正关注公众意见，还是将公众意见进行塑造以便更加方便地达成自己的目标，这一点仍然是模棱两可

① 该词最初出现在1992年英国大选期间。当时福特汽车推出了一款名为蒙迪欧（Mondeo）的家庭车型，这款车风靡一时，被认为是中产阶级的象征。这个词后来被广泛应用于英国政治和选民行为的讨论中，代表着那些对选举结果具有决定性影响力的中间选民群体。——译者注

② 所谓的“舆论专家”，亦称“形象打造师”，指的是政界或公关行业中的专业人士，通常致力于通过修饰、操纵和解释信息来影响公众对某个人、组织或政策的看法，以有利于自己的方式呈现信息，使其更具吸引力或更符合特定的政治议程。——译者注

的。这导致政客们对崇高原则或国家利益之外的因素过于敏感，对于传统选民群体的关切却越来越钝感（第二章）。政客们痴迷于政治营销，对于政策本身却糊弄了事。政客们的狂妄自大和民粹主义兴起的叠加效应导致了2016年主流政客们的失利，英国的脱欧公投就是一个典型的例子。

面对难以驾驭的量化治理任务时，政客们甚至会直接创造数据。量化的专业知识并不总是（甚至往往不是）决策的主导因素。相反，专业知识往往被机会主义者操纵利用，在公众较为敏感的领域更是如此。2009年，克里斯蒂娜·博斯韦尔（Christina Boswell）研究了欧盟移民政策的制定过程。她发现政客们往往先做出了决策，再请专家们为自己的政策背书。这种政治上的权宜手段通常影响着目标数值的选择。2010年英国政府制定了一个严苛到近乎荒谬的目标，将净移民数量从几十万减少到十几万，后来变成匪夷所思的整十万。这种目标作为组织管理的工具不甚合理（在欧盟的框架内基本上是不可能实现的），它更像是对公众的解决移民问题的承诺。未能实现该目标成为英国脱欧公投的主要原因，脱欧派认为未能实现的目标会侵蚀公众对政客的信任。正如统计学家、社会学家阿兰·德罗西耶尔（Alain Desrosières）所指出，量化专家们本身就很容易受到意外反馈效应影响，他们所创造或者操纵的数字往往会脱离其掌控。

专业知识和政治之间的权宜关系在英国脱欧运动中得到了显著体现。臭名昭著的“脱欧巴士”的广告承诺每周将从欧盟收回夸大的3.5亿英镑（图1.1）。

同时，留欧派则采取“恐惧计划”，祭出一大串专家名单，认为他们“凭空捏造数据恐吓公众，称脱欧后会遭受经济打击，毫无遮拦地搅动公众情绪”。2016年，民粹主义者利用一些似是而非的数据，比如英国脱

图1.1 “脱欧投票”竞选巴士

注：埃克塞特，德文郡（英国），2016.5.11。

欧巴士上的数据和特朗普声称的数百万张欺诈选票，这些都不是那些谈论“后真相时代”人们所声称的“非同寻常的新鲜事物”。[7]长期以来，政治数据一直试图利用理性的、所谓由专家产出的统计数据来增加其可信度，同时摒弃那些可能带来不便的约束程序。毕竟，有史以来最畅销的统计类书籍仍是达雷尔·赫夫（Darrell Huff）所著的风行七十年的1954年版《统计陷阱》（*How to Lie with Statistics*）。因此，当剑桥大学的一项研究指出55%的英国人认为政府“隐瞒了移民数量”时，我们无须感到惊讶。美国的调查发现大多数人认为全国人口普查系统地低估了本国的人口。

最终，政客们的炮口还是对准了量化专家们。在美国，两党对于量化治理的路线发生的分歧，预示着特朗普对专业知识的公开打击。在英国，专家治理去政治化模式根深蒂固，两个主要的执政党都参与了通过专家委托进行去政治化的进程。然而，政治化的重新崛起之势仍隐约可见。在整个20世纪90年代和21世纪初，无处不在的准政府组织时不时因为所谓的低效和对民主的威胁受到媒体的抨击。在大西洋的另外一边，政客们沆瀣一气，取缔了量化治理的合法性。卡梅伦政府上台后生起了一堆“准政府组织篝火”，斥巨资对一百多个类似的机构进行了清洗合并。卡梅伦首相的诸多保守党同僚都把枪口对准了欧盟。然而，去政治化的努力失败了，将权力委托给专家本身成了一个显而易见且不稳定的政治问题。

早在2016年之前，主流政客和量化之间的权宜关系，通过针对专家们的数字制度、公众舆论的量化、似是而非的数字以及专家的妖魔化，侵蚀了整个政治体系的公信力。绩效管理的数字技术旨在内化反体制的批判，旨在减少而非增加专家的中介作用。主流政客的机会主义行为削弱了量化治理的力量，导致了民粹主义的抬头，从而在主流政治阶层播下了民粹主义反专家批判的种子。主流政客依靠民意调查和大数据作为了解公众舆论的窗口，这种行为和民粹主义者对数字工具的运用相类似，在一定程度上也为民粹主义者的数字化手段提供了先例。主流政客兜售虚假数字和批判政府机构的行为进一步破坏了量化治理的公信力。

在复盘失败的量化治理项目时，人们通常将大半原因归咎于主流政客，数字语言成了政治沦丧的一部分，和其他的政治宣言一样受到了公众的质疑。让我们把目光投向2016年之前，研究英美的民众在当时是否就已经对数字产生了怀疑时，我们发现当时的民众对专家们吆喝的数字大失所望，他们甚至对量化专家们也持鄙夷的态度。

第三节　量化治理的失落

美国人回顾过去五十年的历史时或许会疑惑："专家们究竟为我们做了什么？"

——格伦·雷诺兹（Glenn Reynolds），《专业之死》（*The Suicide of Expertise*）

现在很多研究表明，量化的理性往往是一场虚幻，但是这不妨碍学者们继续强调公众和政界对数字的信任。在这些文献中，普通民众被视为对数字照单全收的消费者，统计数据则被视为一种"迷信"。公众对数字的态度带着某种"虔诚的宿命论"。他们对"统计专业知识"有一种"信仰"，并且倾向于"神化"审计数字。实际上，公众对数字的信任并非一成不变或者无条件的。量化治理主义者承诺带来效率和改变，公众对于数字的信任取决于量化治理的效果。早在2016年以前，量化治理就带来了一系列显而易见的政策失误、惨败和丑闻，以及一场灾难性的经济危机，也未能实现收入增长。数字导向治理体系的无能和非理性有目共睹，量化治理主义者承诺的高效和混乱不堪的现实之间横亘着巨大的鸿沟，因此引起了民众的不满。

许多量化相关的社会学研究表明，数字的生产者和使用者都已经意识到了数字的缺陷和无效性。他们每天都在使用这些数字，同时也擦亮了眼睛，端起了清醒的祛魅态度，虽然和数字彻底划清界限是不可能的。温迪·埃斯普兰和迈克尔·尚德的研究表明，法学院的院长们厌恶高校排名，认为这种排名制度存在深层次的问题，却又不得不围绕着排名开展各项工作。在这种反差之下，"犬儒主义文化"难以避免。已故的人类学家莎莉·安格尔·梅里（Sally Engle Memy）在数字指标的研究领域很有造诣。她曾经指出，“尽管使用者意识到这些简化的数字形式是肤浅且具有误导性的，甚至可能是谬误的，它们仍然被用作政治决策的基础”。二十年前，会计理论家迈克尔·鲍尔（Michael Power）指出，审计仅仅是“验证仪式”，是无休无止、毫无意义的，甚至可能导致组织功能失调，它们合乎逻辑的产物是颇具讽刺意味的“元审计”（meta audit），此概念由英国高等教育拨款委员会（Higher Education Funding Council for England，HEFCE）于2015年7月出版的《指标浪潮：对指标在研究评估和管理中的意义衡量的独立评估报告》（*The Metric Tide*：*Report of the Independent Review of the Role of Metrics in Research Assessment and Management*）提出。该项评估是由大学事务大臣发起的对英国高校系统的大规模研究评估，报告轻描淡写地批评了衡量指标和监测对高等教育和研究的破坏性影响。因此，在受教育程度最高的劳动者群体中，对数字治理的不信任是普遍存在的。

然而，在工作和生活中使用指标可不仅是法学院院长和教授们的特权。公众在日常工作和生活中也能感觉到指标的缺陷。如今，大多数处理琐碎数字的工作人员既不是政府高官也不是富裕阶层，可能只是基层的工作人员，他们每天都做着“无聊的工作”，日复一日地度量、评估、设定目标和制定战略，输出无穷无尽的文字和报告。这种荒谬而单调的文书工作在风靡大西洋两岸的美国情景喜剧《办公室》（*The Office*）中被活灵活现地演绎出来。“电脑说不行”是BBC喜剧《小不列颠》（*Little Britain*）中出现的一句台词，讽刺了小官员盲目遵循算法的荒诞行径。管理中的量化治理制度的虚假性是公认的事实。虽然在操作层面看起来荒诞不经，量化体制却不需要人们真正的信任来确保其效果。正如埃斯佩兰（Espeland）和尚德（Sauder）等法学院院长们的案例一样，量化体制通过共谋得以延续。如果说人们对于工作场所量化滥用的抵制尚未开始，那么在政界对于量化及其缺陷的议论已是甚嚣尘上。像政治讽刺剧《副总统》（*Veep*）就刻画了政客们试图在混乱不堪且荒唐可笑的体系中操纵专家政策建议的丑态。《幕后危机》（*The Thick of It*）刻画了一个混乱的英国政府部门因为数据失误造成的麻烦，如过早公布了拙劣的犯罪统计数据和删除了含有17万移民数据的硬盘驱动器，而忙得天翻地覆、疲于奔命。BBC推出了伪纪录片情景喜剧《2012》，戏仿伦敦奥组委筹备奥运的全过程，嘲讽了政策规划的缺陷和政治营销的荒谬。更加黑暗的是美国犯罪电视剧《监听风云》（*The Wire*），警察部门为了政客坚持攻克的关键问责指标“破案率”，拒绝接手调查棘手案件，甚至对尸体视而不见。20世纪80年代播出的英国情景喜剧《部长大人》（*Minister*）则更为久远，刻画了一个令人震惊的冥顽不化的世界。《白宫风云》（*The West Wing*）中展现了完美的量化治理，剧中的美国总统是一位获得诺贝尔奖的经济学家。虽然我们不能直接将戏剧、影视作品中的表现简单地等同于公众的观点或现实生活，但是我们可以观察到在当代大众媒体中普遍存在的恶意政治模式。这种模式往往涉及对数字、数据和统计信息的滥用和歪曲，反映出公众对更广泛的、以数据和统计为主导的决策和管理体系（数量主导体系）产生了一种信任危机，开始质疑和担忧这种依赖于数字和统计的体系是否能公正、准确和有效地运作。

人们对于去政治化量化解决方案的信任危机是持续发酵的。幻灭的迹象早就出现了。尽管克林顿和布莱尔都成功连任，但选民的投票率显著下降。他们各自的政府深陷丑闻，大多数选民认为他们不值得信任。两者都急于迎合自由贸易和金融资本主义（体现在北美自由贸易协定、伦敦金融城和欧洲一体化中）的量化治理体制，在此过程中，把努力争取一致认同的其他政党抛在身后。在所有关于政党两极分化的讨论中，两党的拥护看起来更像是政党之间的卡特尔联盟。虽然精简政府的承诺不绝于耳，但是“9・11”事件之后，政府却比之前更加臃肿。回想起来，早在2008年之前，量化治理就已经黯然失色。

当时全球金融危机爆发，这是自大萧条以来全球经济遭受的最严重的一次打击，人们对量化治理的不满集中爆发了。这标志着经济学专家的灾难性失败。伊丽莎白二世女王悲痛地质问经济学家：“为什么没有人注意到危机的到来？”同样，危机的解决方案也揭示了独立机构强调纪律、理性和可预测性的量化治理模式的虚伪之处。随之而来的大规模国家干预，比如，量化宽松政策以及对大型银行和保险公司的财政援助，似乎“难以避免地政治化了”，未能约束贪婪的企业寡头。但至少美国经济开始复苏，欧元区在早期财政援助的基础上，坚持采取严格的量化治理手段，导致欧洲大陆的大部分地区陷入了经济寒冬十年之久。

批判者们哀叹这是一场“现状危机”，这种危机没有对现有的状态产生明显的冲击或改变。即使在这种情况下，专业经济学家们和他们所在的机构和解决方案看起来比以往任何时候都更具有影响力或者说更强大，尽管政客和量化专家之间的契约已经摇摇欲坠。事后看来，公众对量化治理的信任显然没有恢复。脆弱的经济复苏揭示了常见的经济指标（尤其是国内生产总值）和常识之间的脱节。这正是原始批判所强调的，量化难以避免的简化形式与对复杂世界的准确描述之间存在冲突（详见本书引言部分）。特朗普指出了数字和生活经验之间的鸿沟，认为“仍有数百万优秀公民生活在贫困、暴力和绝望中，并不觉得‘已经很棒’”（特朗普推特，2016年7月27日）。特朗普三分之二的支持者和四分之一的民主党人都不相信联邦政府公布的经济数据。虽然，量化承诺精确地反映现实，但这与隐藏在宏观数据下的个人和社区经验不符。

不出所料，部分选民开始表现出不满。在美国，共和党因经济援助计划产生了分裂。国会僵局为特朗普的当选奠定了基础。1958年，73%的美国人表示相信政府总是或大部分时间在做正确的事。2011年，由于工资涨幅多年来停滞不前，这个数字下降到了17%。英国政府对于紧缩政策的拥护标志着政府组织中量化专家对于紧缩政策的共识已经达到了巅峰，而这种共识越来越不符合公众的利益。2014年，苏格兰独立公投出人意料地胶着，表明反抗力量蓄势待发，利用恐惧或不确定性来影响公众决策的经济学预测和论点对民众的吸引力也有限。支持苏格兰独立的选民把“对威斯敏斯特体系的不满”，亦即对英国政府和议会的不满当作自己公投脱欧的最大动力。第二大动力是社会民主党对国民保健制度的支持。2016年的民粹主义胜利标志着民众对量化治理的抗拒已经达到顶峰，并非突如其来的胜利。

比戏剧性的失败更具有破坏力的或许是量化治理技术和近乎闹剧的低效总是相伴而行。指标体系和“经济理性”之间缺乏逻辑的案例比比皆是。没有什么比在英国流传多年、虽然荒诞不经但也有几分写实的轶事奇闻更能体现这一点。例如，欧盟对香蕉曲度的规定和量化主义者所承诺的高效背道而驰，在这个案例中量化治理等同于毫无意义的规定。量化治理主义者痴迷于无意义的测量而违背了所有的常识，显得荒谬愚蠢。在美国也有类似的案例，年度纳税申报就是一种荒谬的形式，凸显了政府机构的巨大成本和低下的效率。在这个充斥着文书工作的世界里，量化治理所承诺的理性治理是再明显不过的谎言。《办公室》和《副总统》通过讽刺的方式表达了对量化治理的批判。

回顾历史，关于量化治理的现状基本完好无损的判断恐怕为时过早。2016年美国总统大选的结果显示，选民在教育程度上存在明显的分化。没有接受过大学教育的人特别倾向于拒绝经济学家们支持的方案。调查发现，支持英国脱欧的选民相对不容易相信专家，无论是什么类型的专家。只有14%的人信任经济学家（相比之下，留欧派中这一比例是35%，也不算高）。经济学家的支持率低于历史学家、天气预报员、体育评论员和营养学家。在美国，2016年之后，人们对银行的信任度下降了22%，对历来被视为公共传播知识守门人的主流媒体信任度也下降了。选举结果本身加剧了人们对量化治理的危机意识，民意调查专家们自鸣得意的预测和经济学家对于大选结果的末日式预言都被证明是错误的。这两种选择的根本原因是阿兰·芬利森说的“某种消极的平均主义”，不是“我们共同面对这个问题”，而是“你和我一样无知”，暗示“既然我们知道我们不知道什么，你才是更大的傻瓜”。

政治学家们继续争论民主对于主流政治的不满是否更多来源于政府绩效或结构（供给侧）层面的不足，或者虽然不断上升但尚未得到满足的公众期望（需求侧）。量化治理将这些维度联系在了一起。它过度承诺的理性治理拉高了人们的期望，最后却无法兑现这些承诺，而且对自己的失诺完全不负责任。因此，这种分析认为民粹主义抬头的关键原因在于量化治理的营销主义理想和幻灭的现实之间存在明显且不断扩大的鸿沟。与量化治理的承诺相反的是，2008年经济危机和各种日常经验都揭示了一个无能的、依赖政治干预和充满精英偏见的治理体制。

第四节 民粹主义量化治理：公民表决数字

“把老特朗普的废话告诉他们，”他在1980年的一次新闻发布会上介绍特朗普大厦时告诉建筑师德尔·斯卡特（Der Scutt），“告诉他们这将是一个百万[①]、六十八层的建筑”。

——玛丽·布伦纳（Marie Brenner），《淘金热后》（*After the Gold Rush*）

两次选举结果公布后的几个月，评论员指出关于脱欧公投和特朗普竞选活动的一些抓人眼球的数字，称新的“后真相”时代已经来临。正如前几节所述，民粹主义量化的苗头早在2016年之前就已经出现。英美民粹主义者并不是虚假数字的发明者。特朗普和英国脱欧派可能高频且狂热地使用了明显具有误导性的数字，比如说英国独立党前党魁奈杰尔·法拉奇（Nigel Farage）声称自己已重新开始吸烟，因为他不相信专家们的健康警告。尽管如此，一系列著作都指出公共生活中的“数字欺诈的黑暗艺术”有着悠久的历史。对移民数字的痴迷并不是从2016年开始的，英国的净移民目标和伊诺克·鲍威尔（Enoch Powell）富有争议性的旧言论都证明了这一点。民粹主义者也不是第一次攻击专家们的群体。对量化专家们的不信任由来已久。主流对于数字绩效管理和舆论监测的接纳已经内化了对专家能力的攻击，公众对于专业量化的不信任已经显而易见。脱欧公投和特朗普竞选活动的反专家攻击是量化治理衰落的症状而非病根。

那么，数字的民粹主义政治有何新意？在两场投票活动中，可以看到

---

① 1平方英尺≈0.093米。——编者注

两个群体都接受了量化独特的指导原则。民粹主义者拒绝过度关注中间选民和摇摆选民（第二节），将公民投票数摆在前台。他们关注基于人群的指标，例如集会规模、公投、民意调查、推特粉丝、收视率，甚至股市，并把这些数据作为模糊的普遍意愿及其合法性的来源。相对于中间选民理论，这种逻辑更像是纯粹的多数主义，加上了大剂量的自吹自擂。

全民投票数字在特朗普的话语中尤为明显。特朗普在2015年6月16日至2017年5月28日发布的8825条推文中，有502条明确提及民意调查和投票，是迄今为止特朗普语料库中使用最多的数字。除了民意调查数字之外[8]，还有表明特朗普所谓的受欢迎程度的指标。例如，和他相关的电视节目经常号称为相关节目或网站带来创纪录的收视率或浏览量。特朗普将自己描述为“收视率机器”（特朗普推特，2017年1月6日）。人群、集会和多个集会在推特的数据集中出现了311次[9]。此类引用通常和较为模糊的度量形容词一起出现，通常是最高级的形容词，例如“大的”、“大规模的”、“有史以来最大的”和“创纪录的”，或者伴随着对具体人数的大概估计。他还采用了强调人群规模的量化手段，例如队伍的长度、售罄的门票以及需要寻找更大场地的努力。不出所料，这种吹嘘式的量化在社交媒体上反复出现，他不时吹嘘自己不断上涨的推特粉丝数量或转发数量。对于脱欧派而言，关键数字是公投本身52：48的结果。48%的抗议者被告知要闭上嘴巴，尊重民主。

特朗普用显示自己受欢迎程度的指标来和对手对比：“昨天晚上我在新罕布什尔州的演讲有数千人参加！@HillaryClinton（希拉里·克林顿）的集会只有68人参加。#SilentMajority（#沉默的大多数[10]）受够了美国正在发生的事情！”（推特，2015年7月17日）。这种倾向在特朗普对媒体的批判中尤为明显。从纸媒《纽约时报》到电视媒体福克斯新闻（Fox News），在后者犹犹豫豫、扭扭捏捏地倒向特朗普阵营之前，都被特朗普放弃了，因为这些媒体的受欢迎程度日益下降。这些批判通常不涉及具体的指标，更多涉及对销量或收视率下降的指控："目前，我在@HuffingtonPost（赫芬顿邮报）（票数）损失榜上排名#1，而且幅度很大，这不是很滑稽的事儿吗？傻瓜@ariannahuff（赫芬顿邮报主编亚丽安娜赫芬顿）一定激动坏了！"（推特，2015年7月25日），意在讽刺赫芬顿邮报才是第一名的赔钱货。特朗普的其他推文大多数标榜自己的财富和效率。在特朗普式的成功神学民粹主义模式中，财务上的成功代表着受欢迎程度与合法性。

然而，此类数字的使用方式和依赖专家生成的统计数据截然不同。如果说专家产出的事实型数值的经典范例是复式记账会计技术，在这里等效的比喻可能是股票市场。股市是特朗普最喜欢的指标之一，这也许并非偶然。例如，在竞选期间他指责梅西百货因歧视非裔美国人被罚款时谴责他的反移民言论的言论是虚伪的。他在推特上说："@Macys梅西百货股价下跌了。真有意思。很多人打电话跟我说他们正在剪碎自己的@Macys信用卡。"（特朗普推特，2015年7月2日）。自2016年以来，不断攀升的股市是特朗普声称经济正在改善的底气（对于脱欧派而言，更谨慎的说法是英国经济没有坠入深渊）。截至2020年10月12日，特朗普定期在推特上发布股市的最新进展："股市又上涨了300点——最重要的领先指标！！！不要和瞌睡乔一起毁掉它！！！"[①]

会计通过一丝不苟的记账和一定水平的技能，也就是通过长时间应用一套公认的技术来积累可信度，最接近的类比可能是为专家计算GDP提供信息的一整套会计惯例。相比之下，股票市场是融合了参与者"动物精

① 美国总统乔·拜登被媒体拍到当众打盹，被嘲为Sleep Joe（瞌睡乔）。——译者注

神”的王国。股市所提供的信息实际上是众包式的[11]。新冠疫情大流行期间股市和实体经济的分歧，所谓的K型复苏，表明了所谓的“群众”能力是多么有限。但股市数字得到了足够重视，以至于早期的股市困境促使政府推动了美国有史以来最大的政府刺激计划，即联邦冠状病毒援助、救济与经济安全（CARES）法案。随着市场相应的提振，政府对于可能真正帮助到劳动群众的后续行动不大感兴趣。

这种逻辑和克林顿、布莱尔等人所委托专家开展的收集和定制信息的舆论研究大不相同。虽然特朗普极为关注民意调查，但是他强调自己不依赖民调公司：“其他候选人每月向这帮人支付20万美元，让他们告诉自己‘别说这个，别说那个’。”相反，众包式的指标提供了另外一种外部的合法性来源。如果量化学术研究认为数字的合法性和客观性相关，是通过学科专家论证和自我监管来保证的，那么民粹主义的合法性就是一种没有那么精确但是同样基于数字的类型。统计学意义上的专家共识可能会被衡量受欢迎程度的指标推翻。特朗普对于在2016年和2020年大选中失去的普选票耿耿于怀，并将其归咎于大规模选民欺诈，认为2016年参加就职典礼的人数不实，由此产生了“另类事实”一词①。这些表述必须在特定的语境中进行解读。正如人们经常嘲弄地指出，这不仅是自恋问题，还是其政治权威的基础。

正如以上案例所示，相对受欢迎程度对英美民粹主义者的自我定义至关重要。有种学术共识认为，民粹主义者的特点是其将“人民”作为统一整体，拒绝替代的代表性主张，他们的宣言“我们代表100%的人民”，

---

① “另类事实”是美国总统特朗普的总统顾问凯莉安·康威在2017年1月22日接受与媒体见面访问时，为白宫新闻发言人辛·斯派塞对特朗普总统就职典礼上参加人数的不实说法辩护所用的词语。——译者注

正好印证了这一论点。这一说法与特朗普对支持率的敏锐或英国首相鲍里斯·约翰逊等脱欧派精英政客的机会主义策略并不相称。对于这些游离于意识形态束缚之外的政治玩家而言，“获胜”就是一切。竞争和狭义上的胜选是塑造某场政治活动的特征和认同方面发挥着核心作用。出于这个原因，来源于民众的数字是必不可少的，因为这些数字可以轻松直观地按照只论输家和赢家（特朗普最喜欢的词汇之一）的逻辑进行排名。

和专业的统计数据甚至市场研究相比，这种全民投票数字的问题在于它们能提供的政策相关信息非常有限。推文和人群规模给予了其“基本盘”，它们是较小的热衷政治的忠实追随者的社区，并不能代表更大部分的人口。支持率反映了更加广泛的公众意见，但是它们难以指导政策规划和实施的复杂过程。它们只能代表一场无休止的人气竞赛，或者说是一场选美比赛，只对在短期内争夺某个职位重要。庆祝活动结束之后，随后两届政府都陷入了一种不稳定的永久性竞选模式中，它们的政策制定和实施仍旧混乱低效。

幕后的专家介入并未停止，只是形式有所不同，传统的量化专家被据称对政治不感兴趣的数据科学家所取代。英国脱欧派和特朗普的竞选活动都使用了大数据分析技术，挖掘了大量的社交媒体数据，以便为潜在的选民精准推送定制信息，更重要的是阻止对手投票。这种方法的效率容易被夸大。实际上，竞选活动中的数据分析通常依赖于粗糙得令人惊讶的算法和数据集。毕竟在大数据科学家团队的一顿操作之下，希拉里·克林顿仍然落选了。即使他们的政治领袖本身就代表着某种松散和无序，少数民粹主义者仍然希望在通过量化在指导政治实践的同时，削弱专家的权威地位，改变主流的政客和专家联盟。特朗普的女婿贾德·库斯纳（Jared Kushner）在2016年负责总统大选的数字化工作时，被指控试图用大数据来操纵媒体对政府中东战略的报道。英国脱欧派杰出人物、首相顾问多米尼克·卡明斯（Dominic Cummings）试图将大数据转化成一种真正的哲学，计划在唐宁街成立一个数据分析部门，利用执政党政府在议会中的多数席位，将控制权从沉闷乏味、自私自利的“空心”公职人员手中夺走。通过专门的算法技术实现的大数据分析黑匣子，为潜在的统治者提供了更为直接的、将领袖和选民联系起来的诱人前景。在这个愿景中，技术官僚主义和民粹主义在一个摆脱了主流政治体系烦琐的官僚机构的再造社会概念中实现了融合。

然而实践证明这些愿景只是乌托邦而已，就像量化治理关于提升效率的陈词滥调一样，与更加广泛的民粹主义逻辑难以相容。自从本章初稿写好以来发生了很多事情，例如新冠疫情和总统选举。对于这两个历史事件之间关系的研究，仍须做进一步分析。显然，新冠疫情对特朗普支持率的负面影响低于民意调查专家的预期。或许新的数据分析有助于提高“基本面”投票率，创下共和党新高，同时成功地对迈阿密-戴德县的古巴和委内瑞拉侨民和奥格兰德河谷骄傲的提加洛人（美国第一批拉美裔永久居民）进行了精准投放。或许特朗普对往日经济辉煌的呼告和就业率的复苏的直观数字奏效了。部分原因也是因为纽菲尔德的章节中探讨的自由党呼吁进一步封锁的行为，似乎仍沿袭了那种假模假样、高高在上的精英偏见。但是特朗普落选了，他的团队陷入为最终投票总数无休止的争夺，以满足他们的领袖对公民投票自恋式的执着。在英国，多米尼克·卡明斯离开了，首相陷入了困境，利用突发公共卫生事件启动数字治理的机会就此错失。

主流政治的旧秩序激起了民众对理性高效的量化治理的极大不满。鉴于民粹主义对变化无常的人气指标的强调和选民群体的强烈期望，民粹主义更容易受到公众信任危机的影响。新冠病毒的数据面板对特朗普和约翰逊政治生涯的结束起到了推动作用。数据面板以其清晰、直观的方式展示了新冠病毒的病例数和美国和英国的死亡人数。数字不断变化，显示死亡人数持续增加。不过，这种展示方式也掩盖了其背后所依赖的专业知识。

第五节　结论

由于专家的建议长期以来被误解、歪曲或忽视，美国各领域顶级专家于周一集体递交了辞呈。

——《洋葱报》（*The Onion*）

2016年民粹主义的胜利——英国脱欧和特朗普的当选被认为是对量化专家及其定量数据的强烈抵制。量化治理突如其来的脆弱动摇了20世纪末和21世纪初量化专家主导决策的传统观念。表面看起来客观的数字仿佛让很多政策都摆脱了“政治”色彩。这种观点认为量化治理的去政治化力量被夸大了。实际上在2016年前，量化、专家和去政治化的关系就已经开始出现裂痕。

量化治理的英雄主义理想承诺根据“有效的方法”来进行治理，保证高效、理性和客观。这种理想和现实之间的脱节有助于在政治领域内创造对主流专家系统的信任危机。现代版本的量化治理工具与其说是巩固了专家权力，不如说暴露了专家的弱点。政府为了应对右翼对主流政策体系的效率和廉正的攻击，引入了数字绩效指标和舆论检测。这样做的目的不是给予专家们更大的发挥空间，而是压缩专家们自由裁夺的空间。这种量化治理形式对专家们的攻击预示着民粹主义对专家的敌对态度。量化不但没有增强公众的信心，反而越发和虚伪和非理性联系在一起。因此，量化作为一种去政治化的手段是失败的，因为量化专家委托本身就是一个政治问题。这样做的结果是一个悖论：数字在公共生活中比以往任何时候都更加普遍和具有影响力，最近更是以大数据革命的形式出现，而公众“对技术官僚的信心正在削弱”。

至少对部分选民来说，民粹主义者似乎用更加真实的政治形式为量化治理的信任危机提供了解决方案。与刻板的印象大相径庭的是，数字在英美民粹主义话语中发挥了重要作用。民粹主义的数字直接反映民意，无须专家介入其中。尽管如此，民粹主义领袖们没有解决潜在的公众信任危机。事实上，他们的解决方案只会加剧民众对政策实施抱有不切实际的期望。

本章探讨的两种趋势——量化治理和去政治化之间关系的破裂，以及数字在无专家中介情况下的崛起并非英美民粹主义者最新的创造。我们必须重新思考数字在公共生活中的解读。新社会学研究必须考虑政客和专家之间的不对等关系和权宜策略。政客而非专家往往能在政治话语中为最引人注目的数字赋能。我们必须记住一个经典的观点，即公共生活中的数字既不是静态的，也不是必然的。

公众对数字的信任是有条件的，这种信任可能上下波动。数字与专家的关系会随着时间的推移而变化，也有可能产生意想不到的效果。专家量化的地位与合法性构建是个漫长的过程，其解构和重构都将同样复杂和富于争议。

注释

1. “民粹主义”是当代政治中最有争议性的术语之一。在此，我参考了卡斯·穆德（Cas Mudde）影响深远的定义：民粹主义是一种意识形态，认为社会最终被分为两个同质化且对立的群体，即纯粹的人民与腐败的精英。它认为政治应该是“普遍意志”的表达。

2. 脱欧公投的倡导者、工党国会议员吉塞拉·斯图亚特（Gisela Stuart）引用了该文章。

3. 使用可搜索数据库，囊括了特朗普从2015年6月16日宣布参选总统到2017年5月28日之间的资料，覆盖了他作为总统候选人和总统的时间，这些数据包含8825条推文（包括转推和删除的推文）。

4. 关于该研究及量化“原始批判”的进一步探讨详见本书引言和其他章节。复式记账法的发展是一个关键的平行趋势。

5. 关于技术官僚机构寻求自主性的斗争，以及这些技术官僚机构在实施政策或推动其议程时，如何依赖与更大的政治系统中的其他部门或机构建立合作关系，参见Carpenter（2001）。

6. 例如，美国民众估计联邦政府每支出1美元所造成的浪费已经从1986年的38美分上升到2011年的51美分。

7. 详见第六章斯蒂芬·约翰关于无处不在的虚假数字在公共话语和教育领域的深入分析。

8. 这不包括提及总统顾问凯莉安妮·康韦（Kellyanne Conway）的4条推文。康韦的推特账号为@KellyannePolls，但这些推文和民意调查并无关系。如果我们把转发的图片包括在内，或与其他被低估的候选人（难以避免提及里根）比较，这个数字会更高。

9. 它们经常一起出现。此类情况已被排除。

10. 深受共和党喜爱的词语“沉默的大多数”热度在其竞选的头几个月有过短暂的飙升。这个词语和尼克松总统的联系最为紧密，现在特朗普因为种种原因经常被拿来和尼克松相提并论。

11. 类似的逻辑适用于另一个特朗普式的指标。这个指标就是零售额：“2019年节假日零售额比去年增长3.4%，创下美国历史最佳成绩。祝贺美国！”（特朗普推特，2019年圣诞节）。

第二章

数字在专业知识衰退中的作用

克里斯托弗·纽菲尔德

这本书的研究资助从奥巴马总统任期结束时开始，一直延续至特朗普总统任期结束时完成。美国政府的更迭使数字治理变成了一个全国性的问题。奥巴马代表的是理性的专业知识而特朗普代表的是对专业知识的无情攻击。2016年在希拉里·克林顿和特朗普的某一场电视辩论中，当候选人被问及允许用中国进口的钢铁取代美国钢铁贸易协议的效应时，希拉里指出特朗普在建设自家酒店时使用了中国进口钢铁，因而给中国而非美国的钢铁工人创造了就业机会。特朗普回应道："她已经这么做了30年，在过去15年或20年里这个问题为什么没有得到解决？你确实有经验，和我相比，经验是你最大的优势，然而你的经验却是糟糕无比。"特朗普认同希拉里拥有丰富的专业知识，却辩称正是她的专业知识把一切都弄得一团糟。

在这种情况下，似乎应该将专业知识的衰落归咎于特朗普、他的共和党，以及特朗普支持者当中的假新闻传播者。受害者包括惊慌失措的中产阶级专家，长期以来专家们一直投票支持民主党使用数字来治理更加宏大的社会经济模式，解决或者（粉饰）种族性失业。相反，特朗普把这种胡编乱造的风气带进了白宫，很长一段时间之内，白宫都笼罩在各种疑云中，包括所谓的"出生地疑云"，有人质疑奥巴马总统实际的出生地是肯尼亚而非美国。《华盛顿邮报》事实核查员称，自从特朗普入主白宫以来，他撒的谎就超过了世界上任何一位国家元首，创造了某种世界纪录：

“他一共发布了30573次虚假或误导性声明。”

诚然，特朗普及其支持者在其担任美国总统期间主导了关于专业知识未来发展的公众讨论，然而这仅仅是宏大叙事中的一小部分。本章节的目的是关注叙事的其他部分，以奥巴马政府为例分析专家们运用专业知识的作用和效果。我们习惯于抱怨技术官僚治理（technocratic governance）的局限性。它既未能与新自由主义顺利结盟，又未能取悦反智文化，总有诸多可指摘之处。在此，本章节将重点关注民主党如何运用专业知识来削弱公众对自己作为经济社会历史主体的感知，而经济社会最终由专家们以宿命论式的量化方式进行定义。

第一节　民主数字文化?

21世纪20年代的开端因新冠疫情的全球大流行被铭记。人们也会记得在美国，总统罔顾事实，公然发布各种怪诞言论，从而引发一系列稀奇古怪的事件。例如，2020年5月1日在密歇根州州议会的公共卫生命令（如佩戴口罩）遭到武装民兵抗议。2021年1月6日，特朗普支持者围攻国会大厦，试图阻挠民主党总统大选胜利认证。这一系列事件和其他林林总总的事件都是对高层谎言的回应：新冠疫情只是一场流感，新冠口罩令是对自由主义者的攻击，民主党通过大规模舞弊窃取了共和党的总统桂冠。一时之间群情汹涌，指控和不满难计其数。然而2020年发生的种种事件似乎有效地简化了特朗普支持者的行为动机。虽然2016年的总统大选引发了一场围绕特朗普的竞选口号“让美国再次伟大”（make America great again，缩写为MAGA）及该口号所涵盖的多个议题的轻重缓急展开了论战。2020年大选和特朗普对选举结果的否认将这些议题精简到了以下两个：威权主义和白种人至上主义。无论是正式的还是非正式的。其他议题，例如“经济焦虑”或者关于华盛顿腐败担忧，都逐渐淡出了公众视线。

笔者认同以上MAGA议题的优先次序，部分原因是笔者长期以来一直认为正是种族主义和威权主义的相互作用塑造了美国民主的核心特征。但是，即使被识别为基本特征也未能解释这些特征在不同的时期变得更加重要的原因，也难以解释为什么一个政客能煽动大批支持者而其他政客却做不到。特朗普的支持者不但没有减少，反而因为他显然未能履行其竞选承诺或“像成功的商人一样”处理新冠疫情大大增加了。种族主义和威权主义本身并不能解释激发他们的以情绪和感觉为主导的抱怨文化。MAGA支持者们觉得自己的自然合法性和中心地位被窃取了。

笔者在此断言MAGA支持者联盟形成的催化剂是一种受害者心理，特别是被据称是民主党所建立的体系所迫害的感觉。2016年总统大选后，分析师试图解释特朗普胜选的原因，比如，关于失业，特朗普把其归咎为“糟糕的贸易协议”或“非法移民”。分析师们的努力基本以失败告终。我们经常听到的不满是MEGA的观点被自由主义者、精英、专家和主流媒体鄙视和排斥。如果美国当真是名副其实的自由和公正的民主国家，那么MAGA的立场应该是举足轻重、占主导性且备受尊重的。在此，笔者的出发点为白种人至上主义和威权主义情绪是由反对自由主义的认知性怨恨所催化的，这种怨恨还得归因于民主党人。MAGA支持者们不仅反对自由主义思想的具体内容，如移民改革、平权行动或者女性选择堕胎的权利，同时也反对那些赋予自由民主思想社会中心地位的论据和实践。

MAGA怨恨的文化根源，亦即主流自由主义公认的认知效度，是对本书主题的呼应。正如引言所述，对于量化的原始批判界定了知识和权力的问题。量化往往剥离了历史、背景和地方性的知识，因此在某种程度上歪曲了特定的情境。量化还削弱了人们在特定情况下进行自我管理或让他人关心自己观点和经验的能力。因为管理权威容易从某个特定情况滑向其他更大的权威，例如监管者、管理团队、首席执行官、评级机构、资助机构等。数字既具有简化的特性，又具有管理的特性。他们只有通过刻意的努力，才能避免这些效应。

本书拓展并反驳了这种批判。在第一章，伊丽莎白·查特吉发现，虽然数字统治的批判者对于"民主赤字"的担忧不无道理，他们却过于轻易地假设"通过量化实现去政治化的努力通常是成功的"。她展示了在英国和美国，政客们出于政治目的玩弄数字，以及在政策制定和决策过程中大量使用数据和量化分析的专家们，亦即量化治理者沆瀣一气的现状。右翼领袖们的民粹主义立场无论多么反智，仍创造出她笔下的"公投数字"，用以佐证他们的群众基础和受欢迎程度。此外，查特吉概述了右翼政客出于政治目的利用数字的历史，这可以追溯到左翼的新工党和新民主党和包括布莱尔、克林顿、戈尔和希拉里·克林顿在内的党派领袖都为了谋求政治利益欣然接纳了量化治理。因此，她引用了原始批判中的主张，量化可以破坏民主制度，并拓展了这一观点，从而得出结论，通过数字推进的政治化和去政治化都可以轻而易举地实现这一点，信奉专家的中立派和对其强烈抨击的右翼人士以及后者所编造的假新闻同样可以实现这个目标。

在本章中，笔者将与查特吉共同关注支持专家的政客们的数字犯罪，而非关注政客们的反智批判者。这意味着，本章节的研究跨度涵盖美国民主党从克林顿政府到奥巴马政府执政的四分之一世纪。从1930年到1980年，是民主党鼎盛的五十年。在此期间，民主党有两大民意基础，分别是（白种人）平均主义和后来的公民权利和种族正义。虽然，民主党在这些领域成就有限，这些议题作为重大公共事件的地位从未改变。相反，随着共和党变得更加激进，甚至撤销这些年在经济和种族平等领域的所有进步，这些议题反而被赋予了更加重要的意义。在20世纪80年代罗纳德·里根担任总统期间，共和党的激进态度更是得到了鼓舞。然而，这些议题恰恰是新民主党淡化、边缘化甚至反对的问题。里根在1984年的总统大选中压倒亲劳工和后期新政派沃尔特·蒙代尔（Walter Mondale）之后，民主党派出了技术官僚迈克尔·杜卡基斯（Michael Dukakis）竞选总统。杜卡基斯未能借用民权语言来捍卫自己的候选人资格免受对手乔治·布什的种族狗哨攻击。例如，布什的竞选广告《威利·霍顿》（*Willie Horton*）暗示黑种人是潜在的强奸犯，而鼓吹民权的民主党正在助纣为虐。在下一次大选中，克林顿反其道而行之，表现得仿佛杜卡基斯对任何平等议程的支持都不够及时。他1992年的竞选活动以“严厉打击黑种人”的种族信号为特色，在阿肯色州处决了一名心智不全的黑种人囚犯里奇·雷·雷克托（Ricky Ray Rector），对激进黑种人饶舌歌手索尔嘉妹妹（Sister Souljah）进行了无理攻击。克林顿上任后，仍然坚持这种做派，撤回了对黑种人法律学者拉尼·吉尼尔（Lani Guinier）的司法部民事部门负责人的任命。他推动联邦犯罪立法，提高了黑种人和拉丁裔社区的监禁率，拜登在2020年不得不为此道歉。他通过批判人们对于福利的“依赖性”从而削减福利。

总体而言，民主党在经济和种族平等问题上的退让，在政治上为两位杰出的民主党政客——克林顿和奥巴马带来了成功，却未能在国会、州立法机构和地方的司法机构中为民主党争取到多数席位。特朗普在2016年的胜利是在共和党控制两院和大多数州议会的基础上实现的。兼具攻击性和分裂性的特朗普巧妙地运用了共和党长期以来反对的两种平等，强化了在两种平等的基础上推进民主建设的需求，而这种需求已经被忽视了整整四十年。

本书定稿的时候，拜登已经取代特朗普入主白宫，同时不得不应对两党平分秋色的参议院、共和党占多数席位的众议院和共和党占据近三分之二席位的州议会。在21世纪20年代，关注民主党对数字的使用或许特别有用。特朗普在其任期的最后一年的种种作为，加剧了人们对其支持者长期以来藐视事实和思考这一事实的担忧。而特朗普则颂扬和利用了其支持者对于事实和思考的藐视："我喜欢受教育程度较低的人。"这是他在2016年初选获得节节胜利之后说的。然而，这也让人们忽视了民主党的政治和认知弱点。

各方面的选民都希望政治领袖能听见自己的声音。他们认为领袖们并未倾听他们的声音，也不喜欢各种常见的"倾听民意"替代方式。其中一个替代方式是收集和运用数字，用于否认日常经验。数字被用于质疑或者回避民主协商以及用于否认民主协商中的生活经验。专业知识，尤其是冰冷理性的量化知识及其推崇的一种高高在上的优越感，破坏了民主党的历史平等进程。无论各党派的领导们是否明确表示在21世纪20年代带领党派向平等迈进，数字文化都是值得研究的。笃信大数据和根植于专业管理知识的数字文化应如何做出改变才能使这种转向得以实现？

在此快速地对量化下一个定义。简而言之，量化指的是以数字形式描述事物或者事物之间的联系。相比之下，定性或口头的描述可以在不使用数字的情况下实现这一点。数字拥有两个语言不具备的特征。数字是一种比较模式，容易被用于排名；数字主张客观性。总而言之，大多数人都认为定性描述更具表现力或者主观性。即使定性评估看似精确且可以验证，它仍然与特定的观点、情境和人群紧密相连。传统观点认为数字更加可靠，因此比定性描述更具权威性。原始批判认为权威倾向于使用数字话语，有意无意使用数字话语纠正和排除本地性视角，而非探索和增强这些视角。这个问题一直存在。

第二节　美国的种族威权主义

2016年特朗普总统当选美国总统，引发大家对其支持者动机的解读狂潮。性别偏见似乎起到了一定的作用。特朗普在白种人女性选民中的呼声较高，尽管他受到了一系列骚扰和性侵的指控。他炫耀自己可以随意骚扰女性的特权，“如果她们是美女的话”。被曝光之后，这种解释力量被削弱了。

早期有论点称白种人工人阶级倒向特朗普阵营是因为他们感到“经济焦虑”，他们相信这位聪明的成功商人可以解决贸易协议和其他经济问题。然而该论点并未在对民意调查数据进行详细分析时得到证实，因为特朗普的支持者在年收入超过5万美元的白种人中比在低收入群体中要多得多。很快其他研究者就发现，特朗普的胜利很大程度上是白种人中产阶级的胜利。

对特朗普胜利最长效的解释就是白种人种族主义。特朗普在“全国范围内以21分优势赢得白种人选票（比罗姆尼多1分），他的竞选集会不啻偏执种族主义者的伍德斯托克音乐艺术节”。人们似乎达成了一种共识，即种族主义助长了特朗普的胜利。[1]正如民意调查专家尼克·古列维奇（Nick Gourevich）对托马斯·埃德索尔（Thomas Edsall）所说：

经济困难社区中，那些认为特朗普更加有吸引力的人（或者从奥巴马支持者阵营倒戈到特朗普阵营的人）主要受到文化和种族因素的影响。我认为这绝非仅是经济因素，或只是受种族主义或者文化疏离影响，可能是多种因素混合的产物。

特朗普的支持者比其他人更容易将经济问题与移民过度联系起来。他们更有可能大声疾呼，反对“非法移民”，希望在墨西哥边境修建一堵墙。他们比其他白种人选民更有可能通过对“文化取代”的恐惧来看待一切问题，包括经济问题在内。

特朗普有组织地激起了民众的种族仇恨，但是他没有采取种族狗哨之类的隐晦方式，而是通过在公众场合大喊大叫的方式实现这一目标。2020年的大部分时间，特朗普都在暗示“黑命关天”（black lives matter）运动并非合乎情理的表达不满的方式，而是对郊区神圣性的边缘恐怖主义的威胁。他邀请了两名向和平游行者挥舞步枪的白种人业主参加共和党全国代表大会。此外，2018年7月，特朗普政府教育部民权办公室取消了奥巴马政府发布的一项限制在学校招生和高校录取中把种族作为条件的政令，从而进一步证实了白种人的怨愤文化[2]。在招生或录取中，或在“平权行动”中考虑候选人的种族，并非种族政治的附属品，而是其反对者口中针对白种人的“反向歧视”的典型例子。这些反对者仍然占多数：在2017年的一项民意调查中，55%的白种人表示他们“认为当今美国存在对白种人的歧视”。

2016年大选前后的民意调查发现，特朗普的支持者比其他白种人更有可能同意“白种人因为对拉美裔和非裔的偏爱而吃亏”比“偏袒白种人”问题更大。“坚决认为白种人吃亏的人支持特朗普的概率比那些在人口和财务上相似但坚信拉美裔和非裔吃亏或两者都不吃亏的人高出三倍多”。

其他研究还表明，在相似的经济和教育环境下，白种人对特朗普的态度将取决于他们对移民打击、“黑命关天”运动等问题的立场，而白种人的种族受害感是他们共同的纽带。除了收入，是否受过高等教育也可视为特朗普票数的可靠断点。与收入相似的大学毕业生相比，没有受过高等教育的选民对特朗普更加青睐。统计学家纳特·西尔弗（Nate Silver）早前就指出了“大学鸿沟”的存在：

我罗列了981个人口超过5万的郡，并根据至少取得了四年制大学学位的人口比例对其进行排序，得出50个受教育程度最高的郡。其中，希拉里·克林顿在48个受教育程度最高的郡中的表现优于奥巴马总统在2012年的表现。虽然奥巴马在这些郡的表现已经很出色，希拉里在他的基础上把胜率提升了9个百分点。

西尔弗在大学毕业生比例最低的50个郡中发现了相反的情况：

希拉里在47个郡中的表现落后于奥巴马，她的平均胜率低了11个百分点。而正是这些地方助力特朗普赢得了总统之位，特别是相当一部分地方位于俄亥俄州和北卡罗来纳州等摇摆州。

这并非高等教育水平相关的收入差异所导致：

我找出了22个郡，其中至少35%的人拥有学士学位，但家庭收入中位数低于5万美元，且至少50%的人口是非拉美裔白种人……希拉里在22个郡中的18个郡比奥巴马的表现提高了4个百分点。

通过一系列比较，西尔弗得出以下结论：受教育程度低比收入高的选民更倾向于支持特朗普，虽然后者也有一定的影响。简而言之，MAGA群体主要由未完成大学学业的白种人中产阶级组成，他们倾向于用种族焦虑解读所有事件，而这个群体从来未受过审计[3]。到2020年特朗普成为超级特朗普并逐渐结束其“阻止窃取选举”运动时，可见的白种人民族主义和威权主义叛乱的趋同似乎证实了2016年至2017年的观点，即受教育程度低下的人的种族主义是特朗普的推动力。

至此我们的主要分析工作似乎都完成了。到目前为止，我们阅读的相关文献显示，MAGA群体喜欢特朗普重现经济发达和文化繁荣的美国荣光的承诺。在这种荣光之下，白种人种族将再次成为主导。在他们的理想中，再次伟大的美国，民众的安全感并不取决于大学成绩或者任何相关文化或语言技能，因为他们没有义务认同、尊重或者和不同类型的美国人打交道，也不需要和低收入的外国人竞争中产阶级工作岗位。女性不会对性别差异性构成威胁，也没有提出任何异议。妇女不再享有堕胎权和同工同酬，也不会享有几次女权运动浪潮所带来的任何福利。在即将到来的再次伟大的美国，再也不存在解释或认知上的挑战，因为永远不需要对他人做出解释。

这些观点在2017年年底已经基本形成，推高了2018年中期选举中民主党的投票率，因为MAGA模式将共和党的基础变成了政府、可负担的医疗保健、平等、气候解决方案和有色人种等的死敌。2020年，特朗普对两个重大问题——新冠疫情公共卫生危机和反暴力执法种族主义运动表现得轻描淡写，为MAGA模式推波助澜。2020年，特朗普主义加剧了新联邦精神，没有大学文凭的白种人种族主义者的MAGA模式被牢牢确立。

2020年的选举不但没有降低人们对特朗普的白种人父权吸引力的研究

兴趣，这种兴趣反而得到了强化而且加入了心理学研究。特朗普的票数从6300万增长到了7420万。他在任期间每一天都主导媒体，基本上制止了支持者投向对手阵营的可能性。[4]2020年特朗普的选民睁大眼睛投下选票。这一现实为把特朗普主义视为推动对种族主义和教育不足的大规模心理状况分析提供了依据。

对MAGA的威权主义的讨论在特朗普的任期内逐渐形成。2020年选举季期间出现了不少以此为题材的长篇著作，MAGA和威权主义相得益彰的案例更是被大书特书。在《威权主义的噩梦：来自特朗普追随者的持续威胁》（*Authoritarian Nightmare: The Ongoing Threat of Trump's Followers*）一书中，尼克松前顾问约翰·迪恩（John Dean）与社会心理学家鲍勃·阿尔特迈耶（Bob Altemeyer）合作制作了特朗普支持者评估量表。该量表脱胎自20世纪70年代以来一直在使用的右翼威权主义（RWA）量表。他们将此量表与蒙茅斯大学民意调查研究所对特朗普选民的调查相结合，将特朗普支持者的投票定义为具有固定威权人格结构认知障碍症状。以下是他们的结论：

第一，与大多数美国人相比，特朗普支持者群体是高度专制的。第二，与大多数美国人相比，他们具有强烈的偏见。第三，几乎可以用威权主义来解释特朗普支持者的所有偏见。第四，威权主义在美国是一系列组织严密的态度，当白种人福音派教徒和受教育程度低的白种人男性是信奉威权主义且带有强烈偏见时，特朗普的群众基础就难以被撼动。偏见和威权主义与特朗普的支持之间是强绑定的，这种绑定如此强大，导致除此之外再无其他独立因素足以支持他的连任。除此之外很难解释这种现象，这在社会科学中是非常不同寻常的情况，但是这就是数据能带给我们的结果。问题非常复杂：谁是特朗普的忠实拥趸？答案非常简单：带有偏见的威权主义者以及其他一小撮人。

这些过于武断的观点和特朗普支持者的多样性相冲突。这些观点用以解读特朗普的7400万名支持者。他们与对特朗普的支持者的敌对式刻板印象非常吻合，以至于笔者本人都不大愿意相信这些观点。然而，这些观点确实符合笔者对于特朗普主义话语的感知，也和笔者对美国文化中棘手的威权主义元素的研究相吻合。埃特米耶（Altemeyer）的实证研究与MAGA圈子中关于威权主义思维的关键认知和征象相互印证，非常具有说服力。这个关键特征就是偏爱威权而非经验。特朗普的追随者普遍拒绝接受可验证的证据，例如拜登在2020年11月总统大选中的胜利。MAGA的民族志学研究也越来越证实了该群体的种族主义威权标签。

心理学家们对特朗普及其追随者进行了研究。一些心理学家认为特朗普具有反社会人格障碍。心理学家史蒂文·哈桑（Steven Hassan）认为特朗普采用了邪教领袖一样的精神控制手段来获取并控制自己的信众。哈桑的结论是特朗普追随者是值得同情的，因为他们是精神控制的受害者，必须小心引导他们恢复“真实的自我”。

另外一种观点认为我们似乎经历了一系列的演变。2016年特朗普的当选背后是白种人中产阶级的种族主义，尤其是那些没有接受过高等教育的群体。特朗普利用其媒体宣传机构将种族意识形态转化为一种心理麻痹，使人们对种族问题产生一种无动于衷的状态。这种心理麻痹根植于美国文化中被低估的威权主义土壤中。然而这种充满敌意的论断只会将MAGA推向更深层次的愤怒和分裂，因此必须在国家被分裂之前采用治疗性同情态度来引导特朗普的关注者，使其回归善良、有爱心和高度专业的政府。

这就是拜登在2020年大选中发起的“廉正竞选”背后的逻辑：特朗普是坏人，但特朗普的追随者不是坏人，一旦他们有了更加合理的选择，就会转而支持拜登在2021年初系统性打造的富有善良、爱心且高度专业的政府，自然而然地被真正的成功吸引。MAGA将经济焦虑转化为种族主义投射。或许专家们减少经济剥削和不公正现象的能力能实现MAGA种族主义的拨乱反正。大多数共和党人也喜欢美国的邮政服务、医疗保险和富人税，民主党专家们的工作成果或许会让他们失望。

在此，我们再来看那个关于专家及其对美国政治文化影响的话题。专业知识的哪些方面可以真正吸引那些在美国生活的、被种族威权主义模式洗脑的民众？

第三节　数字宿命论

早些时候，笔者曾将特朗普2016年大选胜利背后的经济因素放在一边，现在将重新以一种特定的方式提及经济因素，将其视为通过使用量化数据来合理化个人代理权的剥夺。在此背景下，种族主义和资本主义并非相互独立和竞争的因素，而是密切相关且相互作用的因素，正如“种族资本主义”所希望我们看到的那样。

民意调查发现，特朗普的中产阶级支持者担心他们的经济地位和生活水平受到威胁。最关键的是，他们认为民主党不会帮助他们。在一项研究中，从奥巴马阵营转向特朗普阵营的选民有着一个非常重要的观念：民主党比共和党更有可能偏袒富人，因此他们相信特朗普所谓的平等主义。

这是一个惊人的发现。更多从奥巴马阵营倒戈的选民倾向于将民主党而非共和党视为富人党，认为民主党人具有亲富豪倾向的选民是认为特朗普亲富豪的人数两倍之多。

许多共和党人想要投票反对富豪政治这一事实让情况变得更加复杂。在出口民调中，几乎同等数量的民主党和共和党人都认为“大企业对美国政治的影响太大”。一项研究发现，历来支持民主党后来转而支持特朗普的郡当中，除了其中一个郡，其余的郡都曾经至少投票给奥巴马一次。几乎所有的郡都在选举期间倒闭了一家工厂，这是一种令人痛心的提醒，预示着“奥巴马繁荣”正与他们擦肩而过。另一项研究的作者之一、《纽约时报》的专栏作家托马斯·伯恩·埃德萨尔（Thomas Byrne Edsall）称，倒戈到特朗普阵营的奥巴马支持者认为政治制度腐败对于像他们这样的人毫无益处。民主党民意调查专家斯坦利·格林伯格（Stanley Greenberg）详细阐述了这段历史：

在民主党执政期间，奥巴马总统坚称经济将会再度繁荣却未能兑现承诺，普通民众收入暴跌，陷入财务困境。当时，奥巴马政府出手援助了不负责任的精英阶层，美国工人阶级对民主党产生了疏离感。在竞选的关键阶段，希拉里的竞选团队选择无视（尚未投票的）工人阶级、民主党，尤其是少数族裔、千禧一代和未婚女性的经济压力。

特朗普似乎已经在许多奥巴马支持选区取得了真正的进展。特朗普承诺恢复就业岗位，争取曾经给民主党投过票后来却对民主党心生不满的选民。根据这种逻辑，选民投票给奥巴马，但是奥巴马却偏袒富人阶级，于是这些选民宁愿选择一个自称“颠覆者总统”的人[5]。

民主党的经济政策令心系稳定和平等的人深感失望，但是在这些方面，民主党经济政策其实不比共和党的政策差多少。我们现在有可能又绕回到了起点：特朗普吸引了那些对华盛顿政府的政策和行为保持怀疑态度的人，而且这些人倾向于将问题归咎于移民和少数族裔。换言之，特朗普得到了对资本主义经济抱着怀疑态度且存在着种族主义观念的选民，而希拉里则吸引到了认同资本主义经济、种族主义倾向较轻微甚至反对种族主义的选民。这已经不是什么新发现，我们不是早就知道了这一点吗？

确实如此。但是民主党和特朗普领导下的共和党还有一个显著的区别。特朗普将经济描述成美利坚的胜利，是意志的胜利。而民主党则将经济描述为数量规律的结果。

在此，笔者提供两个例子，并将其称为数字宿命论。第一个例子来自新民主主义政治经济学的奠基之作、罗伯特·赖希（Robert B. Reich）1991年出版的著作《国家的工作：为21世纪的资本主义做准备》（*The Work of Nations: Preparing Ourselves for 21st Century Capitalism*）。赖希在书中阐述了美国如何让自己的劳动力适应全球经济发展。该著作面世适逢苏联解体，全球劳动力正面临着“大增倍”。赖希凭该著作获聘为克林顿政府的劳工部部长。

赖希提出了一些重要的观点，这些观点巩固了经久不衰的新民主党共识。他在书中写道：“全球经济正在发生结构性变化，逐渐超出了国家政策的掌控范围，最终国家经济将不复存在。”华盛顿新政府试图控制全球经济力量或阻止本国优质工作岗位外流的努力是毫无意义的。新型的企业将成为“企业网络”，从而分散经济力量而非将其集中，“企业高管不再通过掌控企业帝国的传统方式实施自己的决策和意愿，而是通过引导其思想在新的企业网络中流动的方式实现这个目标”“权力和资源将流向拥有专业技能的人，而非现在拥有财富或者产权的人”。赖希将劳动者按照其掌握的技能分为三种类型：普通生产工人、现场服务人员和符号分析师。赖斯在书中写道，第一种工人在福特、美国钢铁公司或开利公司[①]工作。这些人属于过去的经济体，政府的努力也无法挽救他们的工作。第二种工人与特定的地点密切相关，例如必须到达现场的家庭护理人员，他们薪水不会很高，也无法转移到海外。第三种工人是新经济中创造价值的人群，他们“负责解决问题、识别问题和协调战略”，运用符号来刻画现实，通过分析和处理这些符号来实现效率提升、财务安排、资源配置、音乐、设计和广告等领域的创新。政府的主要工作是通过资助教育和培训提升劳动者的技能（以及提升劳动者中符号分析师的比例）。他承认，美国已经显示出“分离主义政治”迹象，其中“收入分化不断加剧”，这将鼓励富人为自己打造“同质化飞地”。但是，他得出了一个结论：这种不平等可以通过共同的“积极经济民族主义”来解决，不需要通过控制贸易和保护本地就业来实现目标，只需要通过加大公共支持，帮助劳动者提升自身生产力，从而在全球竞争中获得成功。他认为“原则上，美国所有的普通工人都能成为符号分析师，他们原有的工作岗位都可以向海外发展中国家转移”。

赖斯所有的关键预测都是错误的，包括其关于脑力劳动者将免受经济动荡影响的预测。在接下来的二十五年里，虽然经济继续增长，失业和分裂也在加速恶化，去工业化和不平等是这一时期的特征。在此期间，财富和权力并未通过“网络经济”实现分散；普通生产工人未能踏上符号分析师的职业道路；公共资金未能慷慨地支持每个人都去学习掌握更高的专业

① 开利公司（Carrier），世界500强企业之一。由空调发明者开利博士创建。——编者注

技能。和其错误的预测同样值得关注的是他关于变革正当性的阐释。在赖希的模型中，就业、生产和薪酬的变动几乎都是自动发生的。去工业化不是首席执行官和董事会等决策者的错，因为他们只是处理全球经济数据网络的符号分析师，在按照数字的要求做事而已。去工业化不是时任通用汽车董事长兼首席执行官罗杰·史密斯（Roger Smith）或其继任者们的错，也不是民主党的错，尽管民主党在1991年至2016年占据了三分之二的席位，当然这不是共和党人的错。民主党人应该做的就是鼓励前生产工人们适应难以避免的情况，并在共和党的反对声中为工人们提供再培训或大学资助。在新民主党模式中，代理机构依赖于全球结构力量，而不是私营或公共部门的高级官员。在他们自己看来，赖希让民主党人摆脱了困境，因为他们被动地适应了对自己的阵地的最强破坏力量。

当然，共和党的经济政策是一种相对积极而非消极的财阀式政策。因此，民主党一直没有停止和共和党的全国大论战。赖希的著作出版25年后，2016年6月1日，在希拉里·克林顿竞选总统期间，美国总统奥巴马在印第安纳州印第安纳波利斯举行了一场市政会议。主持人格温·伊菲尔（Gwen Ifill）试图引导奥巴马总统关注民众的经历而非事实和数字。奥巴马试图努力做到这一点，说了诸如“如今联邦政府的职员也裁减了”之类的话。主持人应和道：“嗯嗯。”他继续说：

一旦人们缺乏安全感，而眼前有个事物可以轻易增强他们的安全感时，人们就容易受到它的诱惑，尤其当他们一遍又一遍地听到同样的故事时更是如此。自从我签署“奥巴马医改”计划以来，医疗保健费用的上涨速度实际上比该计划出台之前有所下降。现在两千多万人拥有健康保险。因此他们提出的论点根本没有事实依据。

伊菲尔引用克林顿对奥巴马的回应："'数百万人看见了您刚刚为美国描绘的美好蓝图'，您刚刚也重新描述了一遍，'但是民众无法在您的蓝图中找到自我，而这正是他们赖以生存的根本'。您认为人们被虚假的叙事迷惑了，"主持人继续说道，"但是您给他们提供的数据也是虚假的，或许抽象意义上是真实的，但是对于他们的实际体验而言却是虚假的"。"为什么存在这样的脱节？"主持人问奥巴马。

奥巴马用那种讲述既定结果的叙事风格继续说道："好吧！让我们来看看过去20~30年经济发生了什么变化……（奥巴马的叙事风格有个显著的特点，就是喜欢使用被动语态）目前，我们经历的变化就是，国际竞争加剧，工会开始瓦解。这很难归咎于任何个体或者行为，因为事情就这么发生了，这就是历史潮流，不是某些银行家、首席执行官、智囊团、反工会律师事务所或共和党参议员使坏导致这个结果，他们也没有做什么十恶不赦、不得不被制止的事情。"

伊菲尔放弃了，说道："让我们听听观众的想法。"提问的第一位观众是来自埃尔克哈特县的果蔬种植农民，他们家一直做这个营生，传到他的时候已经是第五代了。他正在《美国食品药品监督管理局食品安全现代化法案》和"奥巴马医改"计划相关的文书表格中苦苦挣扎。他问道："我们如何能鼓励年轻人进入这种边缘行业？"对此，奥巴马给出了一个长达七段的回答。他说自己也支持监管，反对过时的规定，"我们制订的法案中的一些内容可能给你带来了负担"，但是这都出于好意。

然后第二位观众也提到了同样的问题。

埃里克·科顿汉姆（Eric Cottonham）：我叫埃里克·科顿汉姆，1999年当选了本地钢铁工人工会的代表。我想知道，我们还剩下什么？印第安纳波利斯的就业岗位越来越少。我知道您做了很多事情，但是在印第安纳波利斯，我们什么都没有。我的意思是，下一步会发生什么？

我的意思是，就工作、就业等方面而言，我们未来有什么可以期待？因为本地的工作岗位都已经消失或者正在消失，总统先生。

奥巴马总统：嗯，事实上，自从我担任总统以来，我们可以看到，制造业的就业机会比20世纪90年代以来的任何时候都多。而且你知道，如果仅以汽车行业为例，他们的销售额创下了历史新高。在过去五年中，这个行业提供的就业岗位比以往很长一段时间都要多。实际上，我们今天制造的东西比过去要多，也拥有更大的制造基地。问题一直存在，部分问题与就业岗位流向海外相关有关，这就是我一直在努力进行贸易谈判、提高劳动者薪酬、改善工作环境的原因之一，这样我们才能避免因为工作岗位的外流而被削弱。

但是坦白讲，部分就业问题和自动化的发展相关。今天你走进一家汽车厂，不难发现在过去他们或许有1万名员工，现在只需要聘用1000名员工就能达到同样的产能，就业岗位自然就被压缩了。

奥巴马连续列举了7个例子来证明自己的政绩，每个例子都是一个小段落。他引用了截然相反的量化事实，即制造业的繁荣来反驳科顿汉姆对当地现状的描述。这种对于实际体验的拒绝正是人们讨厌专家的直接原因，但这对于奥巴马而言却是家常便饭。他从来不会直面这个问题，对于印第安纳波利斯人关心的工作岗位问题，他没有给出任何建议。他没有直面就业问题，而是大谈特谈如何支持失业工人再培训上岗。他赞扬清洁科技和其他新技术工作，“比如3D打印，或者，你知道，纳米技术”，继续重申“只要愿意努力工作”就意味着能找到一份稳定的工作，诸如此类。所以，“你不能回头看，有时候这种感觉会让人很不好受……他们不得不为未来的工作接受再培训，而不是盯着已经失去的工作岗位不放”。简而言之，莱斯的宿命论在民主党后来的政策中得以延续：政府和企业都无法主宰经济的基本原则，只能帮助人们适应这些规则。到2016年，这种适应性就体现为去工业化和不平等。在前文所述的调查中，认为民主党的财阀统治程度比特朗普高两倍的选民在根本上是错误的，但是他们对于民主党专家政策趋势的认知却是正确的。这种趋势随着经济数据的大潮浮动。

公众认为希拉里·克林顿和民主党“由大学生指导工作”[①]。面对这样的公众形象，希拉里·克林顿既没有解释其关键经济政策背后的想法，也没有弥补这些政策造成的糟糕结果，也没有提议采取行动修正造成糟糕后果的经济政策。她围绕着诸如北美自由贸易协定、跨太平洋伙伴关系以及特朗普不断抨击的其他贸易协定等严峻的经济问题对自己的观点进行微调。但是，她没有承认克林顿政府长期以来的错误，也没有以人们期待的那样遵循基本的诚信和职业操守，提出切实的解决方案，她选择的是将自己的政策包裹在经济学的保护罩里。2016年5月，克林顿告诉哥伦比亚广播公司的周日节目《面对国家》（*Face the Nation*）：“我的确相信贸易，美国人口仅占世界人口的5%，我们必须与世界上其他95%的人口进行贸易。总体而言，这对我们的经济有益处。”当然，正如特朗普屡次在演讲中指出的，这些数字和贸易与对大部分美国人口的影响无关。如果特朗普的支持者认为他会采取行动，带来大规模的繁荣，那就大错特错了。但是，选民们对克林顿的怀疑倒是没有错。希拉里所在的民主党已经把工厂的倒闭

---

① 暗示克林顿团队受年轻大学生的影响和主导，追求过于理论化且不切实际的政策，忽视了普通劳动者的实际需求和问题。——译者注

和大规模裁员合理化，认为它们反映的是经济全球化的定量规律。民主党已经教化了两代没上过大学的选民，这个以往代表劳动人民的政党拿出统计数据，解释工人们失业或者从领着固定工资制造卡车变成在沃尔玛卸卡车的工人的原因。

民主党的专家治国模式存在三个相互交织的问题。第一个问题是查特吉在第一章中讨论的民主党专家治国模式影响。由克林顿夫妇和奥巴马主导的以市场为基础、以技术为重点的民主党花了二十五年时间推进一种未能使大多数没有受过大学教育的民众受益的经济模式，让其他人觉得需要依赖所谓的二流（非知识）技能才能实现这个目的。民主党人要求民众相信该模型会及时为他们提供帮助，因为这就是数字所讲述的叙事，这个前提是把自己也变成知识工作者。民主党领袖们对定性的、个人的、本地的和基于社区的体验统统不屑一顾，而正是这些体验表明民主党的模式行不通。民主党将专家和金融科技等部门青睐的政策用于劳动人民，通过量化的方式将这些政策合理化。特朗普杀入竞选战局，将白种人至上主义政治嵌入对赖斯–克林顿–奥巴马式的全球化路径的抵抗中。特朗普允许自己的支持者做三件事：拒绝民主党的政策，报复民主党的化身希拉里·克林顿，拥护似乎是唯一能经受专家及其量化技术挑战的特朗普。选民们投票给一位铁腕人物，这位人物主张个体有权拒绝接受所谓的事实，他本人也日复一日地践行这一主张。希拉里的竞选团队从来都抓不住特朗普否认事实和满嘴谎言的精髓。特朗普一旦推翻希拉里的自由贸易“量化治理”，推翻所谓的工业化“真相”似乎也指日可待。拜登和哈里斯从特朗普手中夺回了白宫的主导权，他们是否会在经济政策中实现专业知识民主化？

第四节　专业知识的民主化

对于民主党人来说，这个问题似乎仅有一个肯定答案，因为非民主的专业知识未能将特朗普挡在白宫之外。2016年，为了和特朗普抗衡，民主党人不得不反思自己在去工业化和对结构性种族主义的政策和立场。民主党需要和那些幸存下来，甚至得以发扬光大的本土智慧增强互动与合作。即使在21世纪20年代，他们仍然需要通过和掌握地方性专业知识的人通力合作，更好地了解和回应当地的需求，从而制定更加具体和具有针对性的方针政策。

民主党人应该积极倡导和实施定性和定量论证的认知平等原则，对于两者的观点给予同等的重视和对待。对于所有的专家和研究人员群体也应如此。因为这种认知平等将会提升社会文化知识的质量，这种质量提升的广度将远远超过本章节讨论的范围。平等原则要求将声称具有定量客观性的论证纳入民主讨论的范围进行审议和讨论，数字将会面临来自不同社会层面的定性论证的反驳。这个过程将不再将以贸易经济学为基础的主流话语中的论证看作是理所当然的或自然存在的。平等原则要求对这些论证进行审视和讨论，而不是将其视为不可争议的真理。不同类型的论点，无论是定性的还是定量的，将会以相对平等的姿态交汇。关于经济和学术表现的一般原则和历史研究结果应该由专家提供，而关于实际结果的经验、对现有模式的批评以及替代模型应该来自公民。公民和专家应该就企业税收政策、警务预算或高校招生标准等议题展开讨论，并探讨它们在多大程度上是政治选择，而不仅是受金融流动或生物表现的规律所决定。专家们会认真对待民间观点，不能因为它们在方法上的不足或落后，就把它们视为需要修正的观点。本章假设了一种可能性，即政治主体将会更加强烈地感受到自己的政治能动性，因而更加频繁地和专家们展开合作与互动。

为了论证这个假设，本章将运用上述认知平等原则重写2016年6月奥巴马和科顿汉姆在印第安纳波利斯的对话，重写从科顿汉姆提问的结束处开始。笔者试图在模拟保留奥巴马口吻的同时去掉他话语中的量化色彩（详见第九章），构建一种定性和定量知识之间的认知平等。

1.承认认知差距和专家的盲区，认可当地定性认知

先生，你比我更了解印第安纳波利斯的就业情况。得知你所在的社区一直在苦苦挣扎，我感到非常抱歉。我们在白宫进行了很多次关于宏观形势的研讨，却未能触及工人和社区的真实经历。你的提问传达了重要的讯息，我将永远铭记于心。

2.认识到自己的专业知识非常重要，却不完整

当你提到失业时，我不由自主地想开始一场关于知识经济和全球化的标准讲座。在某些时候，我标准答案一样的话语可能会让你很恼火，‘很多那样的工作已经一去不复返了’仿佛我自己是一名教授，有义务向你解释一些在全球竞争中保持制造业优势的困难。但是，我知道这不是整个故事的全部。

3.在听众有自身政治立场的前提下，援引自己的政治立场

所以这就是宏观形势。但是这并不意味着我们除了接受和适应现实之外就无计可施了。这正是政府应该介入的地方。作为民主党人，我们将政

府视为集体主义机构的工具。政府是你的、是我的、是我们所有人的。我们通过不同的方式共同商议决策，解决问题，尽量减少赢者通吃的零和竞争。当这些竞争伤害我们的人民时，我们利用政府资源改变市场、经济和种族关系的发展进程。我们不允许印第安纳波利斯或其他任何地方遭受附带损失。

4.谴责利益集团的代理人

我们从金融危机中恢复元气的诸多努力都被共和党削弱甚至阻止了。如你所知，他们在地球上的使命就是诋毁政府，然后将战利品提供给他们的大企业主赞助商。如果我们对你伸出援手，就会显得他们的观念特别不正当，所以他们要跟我们打擂台。他们还要打击政府给你提供的福利。在印第安纳州也面临着同样的问题。州长迈克彭斯在为民众获得联邦医疗保健支持而不懈努力。让我们共同努力扭转局面，无论是面对民主党还是共和党人，我都是这句话：不要让自私的共和党领袖伤害人民。投出你们神圣的一票，让他们下台。

5.提出具体的补救措施，把分歧摆上台面，通过建立专家与民众的对话加以完善

你认为印第安纳波利斯的哪些方面有助于留住就业岗位？你已经知道通过薪酬和福利制度难以实现这个目标，因为它们本身就是不平等的，也没有付出足够的努力留住企业。以下是我的解决方案。我和政府班子一直在讨论对离岸公司的税收处罚方案。格温提到你曾在开利工作。如果我

们告诉开利公司，你们可以把位于印第安纳州的工作岗位转移到海外以节省成本，但是我们会计算差额，相应地增加等额的税收。特朗普想通过恫吓的手段阻止开利向海外转移，虽然我不赞同他的做法，却认可他的目标。但是，通过削减税收优惠、增加企业转移成本的方法是把就业岗位留在本地的一种更好的办法。当然，这个解决方案面临着一些问题，我的一些咨询顾问很不赞成这种方法。但是我对你们本地钢铁工人的想法很感兴趣，当然我也会从开利公司的高管口中听到他们对于这种方案的看法。所以让我们一起打造这么一种途径，将你们的想法纳入白宫的分析工作中。

6. 强调自己也是旅途中的普通人（让公民奥巴马参与其中）

数十年来，印第安纳波利斯人民经历了许多苦难。虽然这听起来像是政治演讲，但事实如此。这里的人民遇到了很多问题，有的问题尚未解决，有的问题却已迎刃而解。你们通过极具本地特色的民主协商和政治行动解决了很多问题。大家都知道我曾经是一名教授，也是一名社区工作者，我知道这个过程是如何运作的。我们拥有联邦级别的数据和知识，可以向你们提供援助。在本地也有足以解决问题的知识。我知道大家已经成功解决了一些具体的失业问题，还驳斥了彭斯州长的观点，他签署的《宗教自由恢复法》将为对性少数群体的歧视大开方便之门。在和困难做斗争的过程中，有时候难免会被羞辱甚至压垮，就像我在2010年中期选举中，在得失之间来回拉锯，这种感觉很可怕。但是在此过程中，我们会赢得一些重要的东西。我们的力量和知识将帮助我们渡过难关。

7. 我们为你们而战

你们会挺过去的，这也正是民主党的目标，我们将通过政策和资金支持，让我们一起将专业知识转化为把事情做得更好的政治行动。

如果专家们能实现定性和定量话语之间的平等和互动，就能有效降低政治阻力，取得更好的成果，改善因为认知不平等导致的专家和公民中间的紧张关系。认知平等和知识带来的权力感将有助于实现日常政治生活的重新民主化。

1. 新闻的分析解读基于数据等相关证据以及历史，预测相关事件的发展。

2. 被撤销的奥巴马政策（美国司法部和教育部，2011）是对特朗普上台前平权行动共识有限的一个有力注解。

3. 媒体继续报道特朗普的中产阶级白种人选民（Carnes and Lupu，2017；Sasson，2016）。

4. 例如，近一半选民在特朗普富丽堂皇的粉饰之下看到了他幼稚的长篇大论、灾难一般的政策、对各种形式的民主的蔑视。但是，选民们决定自己还是想要更多的民主。他们再也不能以希拉里・克林顿的腐败为借口，或者在纸上谈兵的政治新秀身上孤注一掷。他们再也不能假装不知道特朗普未来的执政风格。这些他们都知道，却还是接受了他。

5. 历史学家迈克・戴维斯（Mike Davis）提供了一个关于“特朗普王国”的例子。位于美国北部和南部山区的最大贫困白种人聚居地不仅在华盛顿成了不受待见的孤儿，在煤炭说客和大型能源公司一直主导立法的法兰克福、纳什维尔、查尔斯顿和罗利也遭遇了同样的命运：

煤炭游说者和大型电力公司一直在这些地区制定立法优先事项。传统上，他们的追随者是各郡民主机器和一开始不情不愿地从阿巴拉契亚消失的民主党。1996年，卡特赢得了该地区68%的选票，克林顿赢得了47%的选票。数十年来，在领导委员会和方兴未艾的纽约/加利福尼亚国会强有力的领导下，矿工和钢铁工人在20世纪90年代和21世纪初为一项重大的政治倡议奔走呼告，捍卫当地的工业和采矿业，都被民主党拒之门外。更具讽刺意味的是，希拉里在本次竞选中确实有个煤炭郡相关的计划，却被深埋在她精美的个人网站下，而且因为缺乏宣传，罕为人知。在这个计划中，她主张为行将倒闭的煤炭公司工人提供重要的健康福利保障，提议通过提供联邦援助，缓解该地区学校的财政危机。除了这个计划，她的竞选方案也落入了传统的窠臼：新投资的税收抵免；鼓励精品创业项目；清理采矿用地，转化为商业场所，并为此提供津贴（在此提到了谷歌数据中心和船货崇拜[1]）。然而，克林顿的方案没有解决该地区最重要的问题，既没有提出大规模的就业计划，也没有提出针对该地区毁灭性的鸦片类药物大流行的公共健康倡议和干预方案。

① “船货崇拜”一词来源于殖民时代和“二战”后一些太平洋岛屿社会中出现的宗教或文化运动。这些文化的特点是模仿与西方世界，尤其是与物质财富和技术相关的行为。他们相信通过模仿西方世界的行为，就可以吸引到来自西方世界携带有价值货物的飞机或者船只。——译者注

第二部分

叙事能修正数字吗？

第三章

审计叙事

使高等教育在学习成果评估话语中更易于管理

希瑟·史蒂芬

20世纪80年代以来，学习成果评估（LOA）已成为美国高校理解和评估本科教育的主导模式。学习成果评估试图通过衡量学生的特定学习成果从而评估教育质量。这些成果包括学生在完成一门课程后应该掌握的知识和技能。学习成果评估的作用主要体现在课程、项目或制度层面。在大多数情况下，它不能评估个别教师或学生的表现。不同于以成绩或学生评价为主的教学评估，其制定的综合措施旨在指导教育质量提升，同时展示高校对学生、赞助人和公众的负责态度。由美国教育资助委员会开发的美国高校学习成果评估（CLA和CLA+）、由鲁米娜基金会开发的学位资格档案、高校学习衡量项目、通识教育和美国承诺倡议、英国卓越教学框架等都是影响深远的学习成果评估工具。

自从开始以来，美国的教学评估发展一直在“改进范式”和“问责范式”的核心张力之间挣扎。在改进范式中，教育评估是内部使用的工具，主旨是为相关部门和机构提供数据以改进课程和项目。这种评估的范式往往是因地制宜的，其评估的方法反映的是当地关注的焦点，评估结果通常不会对外发布。在问责范式中，相关的评估往往需要产生公开透明且可以比较的数据，供外部的利益相关者使用。学习成果评估的核心悖论主要来源于两种范式之间的脱节：联邦政府和各州出于问责目的进行学习成果评估，寻找进入高等教育“黑箱”的途径。教职工理想中出于提升目的进行的学习成果评估产生的信息对行外人而言用处不大。这一核心悖论引发了问责导向评估者的激烈争论。他们将学习成果评估视为一种监督方法和治理模式，而改进导向评估者则相对轻视结果公布，更加强调教学成果评估给学生和学科带来的效益。

美国的高等教育学习成果评估之争持续了三十五年。鉴于在许多高校中学习成果评估尚不完整且充满争议，该定量评估的案例可以作为探索社会测量倡导者修辞和叙事的试验田。研究量化的社会科学家研究了量化理性的历史及其获得跨社会领域认知优势的历程，深入研究了其对个人和组织的影响，并分析了定量指标和措施被商定或者被抵制的过程。[1]

目前，尚未完全解决的问题是，如何建立和维护社会测量制度？根据相关评论，量化理性似乎是集大成且普遍成功的。实际上，绩效、度量、指标、读数和目标远比现有相关的商定、抵制和结果所描述的更加脆弱和容易失败。数字作为主导的认知方式，其局限之一就是量化必须不断地自证。迈克尔·鲍尔和温迪·纳尔逊·埃斯佩兰（Wendy Nelson Espeland）等学者已经关注修辞和叙事在维护审计文化中发挥的作用，对于围绕和维护社会测量制度叙事的表现和修辞特征的研究却仍然寥寥无几[2]。下文将采用文学和文化研究的方法来解决几个消弭社会学和人类学领域量化差距的问题：使用何种修辞策略来构建和维持社会测量制度？叙事在审计文化中扮演什么角色？问责制、透明度和审计实践的倡导者所提出的叙事具有哪些表现和修辞特征？笔者将阐述自己提出的“审计叙事”观点。所谓的审计叙事，指的是社会测量项目相关的修辞表现中审计本身、审计人员和被审计者的显性或隐性的叙事，而这些叙事也为学习成果评估的倡导者所颂扬。值得一提的是，该观点基于国家学习成果评估研究所（NILOA）委托出版的白皮书、《文学分析、衡量和升华：学科评估》（*Literary Study, Measurement, and the Sublime: Disciplinary Assessment*）相关章节和美国教育部长玛格丽特•斯佩林斯（Margaret Spellings）签署的高等教育未来委员会2016年报告。上述资料涵盖跨学科和相关学科论点和示范性政策评估报告。国家学习成果评估研究所的报告大多不区分学科，主要面向参与评估的专业人士、管理者和教职工。相比之下，《文学分析、衡量和升华：学科评估》等刊物则主要面向人文学科，尤其是文学研究的学者。他们对学习成果评估能否评估人文课堂的全部经验和知识保持怀疑态度。斯佩林斯签署的报告则展示了联邦政府层面的政策制定者的评估话语。

笔者在本章中讨论了围绕和充实学习成果评估辩论的审计叙事如何定义高等教育，研究了如何描述关键参与者，如何在高等教育中建立作用模式，将学习成果评估作为常识性的解决方案呈现出来。

叙事和量化是两种截然不同的沟通模式，这是一种常见的预设，而本章则展示叙事如何将定性和专业知识重构为渗透着量化理性的审计文化。第一节通过详细描述审计文化概念，展示了本章分析背后的机制，回顾了量化专家如何在审计和问责文化中构建修辞和叙事的角色。第二节对上述资料进行了修辞和叙事分析，展示了审计叙事如何将组织行为者重塑为审计人员和被审计者，建立问责关系，并重新定义专业价值观。笔者认为，审计叙事通过以下表述重塑主观性、组织关系和机构使命：审计是一种普遍的解决方案；审计人员是中介者；被审计者既是不良行为主体，也是责任主体。最后，本章讨论了评估话语中的审计叙事如何影响美国的本科教育，从人文学科的角度考虑了本研究对更广泛的定量文化研究的影响。

第一节　审计社会中的叙事

迈克尔·鲍尔的《审计社会：验证仪式》（*The Audit Society: Rituals of Verification*）于1997年出版，开创了把审计作为关键文化理念进行研究的先河。该理念远远超出了审计是用于检验“某项活动的有效性以及其是否实现目标”的技术实践的日常定义。在鲍尔撰写该著作的年代，审计已经是一种知识形式，通过审计不仅可以了解经济组织和供应链，也可以了解社会、政治和教育的发展进程，在英国更是如此。鲍尔将这种状态称为“审计社会”，将其定义为“以某种特定的形式化问责制为统治原则的社会”。审计作为在金融和质检领域形成的组织实践，承诺改进、效率和责任。为了确保审计结果比定性分析或专家评估更加确定和客观，审计基于历史学家西奥多·波特所谓“对数字的信任”而非对人类判断的信任。然而，根据鲍尔的说法，审计得到广泛应用的原因在于其促进提升、效率和问责层面的成功。虽然人们认为审计应该具有某种认知层面的力量，审计却甚少满足这种期望，因为它的技术和实践在其所依托的宏伟而理想的政策中难以施展。鲍尔解释说，“审计的发展源于某种观点的爆发。这种观点已经成为控制个体和渗透组织生活的特定风格核心”，在审计社会的各领域风行的不仅是一种特殊的会计模式，更是了解社会组织和进程的概念模式，以及“一系列用于解决问题的态度或文化承诺”。

对于鲍尔和后来的审计社会研究者而言，审计作为主导的“知识范式”有多种含义，不仅是“一系列测试和证据收集任务”还是“嵌入官方计划中的价值观和目标体系，因为官方计划需要这些价值观和目标体系”。审计拥有改变制度和组织文化的力量，而这种能力却不是立刻显现的。审计部门对程序和技术中立的主张削弱了其重塑组织机构的重点、目标和价值的权力。如此一来，这种计算实践确实可以促进反民主的管理和治理制度。他们“重塑了政治程序，将其定义为需要由专家们处理的日常行政和技术事务”，人类学家克里斯·肖尔（Cris Shore）和苏珊·赖特（Susan Wright）写道，“从而掩盖了意识形态内容，将其从有争议的政治领域中移除”。肖尔和赖特以高校为例，对“审计文化”进行了探讨，研究了审计对公共部门服务和组织的影响。他们提出，当审计技术和程序“进入新的组织环境”时，新环境“反映审计技术中嵌入的价值观和重点”，从而产生了新的主题。换言之，审计和问责体系是可视性的：它们构建了一个世界，在这个世界中劳动过程、组织关系和制度结果，是可见、可衡量且受到问责制约束的。

学者们对审计文化中创造的环境和主体众说纷纭，却鲜少有人关注审计文化的构建和执行方式。温迪·纳尔森·埃斯普兰（Wendy Nelson Espeland）和迈克尔·尚德关于高校排名对美国法学院影响的人种学研究却是该主题相关的少数研究之一。该研究成果题为《焦虑的引擎：学术排名、声誉和问责制的影响》（*Engines of Anxiety: Academic Rankings, Reputation, and Accountability*），基于对数十名未来的法学学生、教授、院长、招生人员和职业顾问的访谈，埃斯普兰和索德定义了法学院对于排名的四种“反应机制”：可比性，亦即将定性差异转换为可比较的数量从而进行排名；自证预言，名列前茅的高校倾向于保持高排名；逆向工程，高校通过调整其运作方式、策略或实践使排名上升；叙事，前三种机制[3]相对简单，埃斯普兰和索德也对其进行了详细的论述，但是在高等教育和其他更为宽泛的审计社会研究中，叙事作为一种反应和表现机制，则需要进一步检验。

在鲍尔的《审计社会》中，关于叙述和审计之间的互动偶尔出现，但没有进行理论化的阐述。作者隐晦地表示，叙事在审计社会中发挥着两种支持作用。第一种作用是通过完善审计技术背后的程序从而消弭预期差距。鲍尔写道，“技术实践无法脱离关于其能力和可能性的叙事”，因此叙事的产生是“将具体技术路线和赋予其价值的思想联系起来的中介和必要环节”[4]。在鲍尔的框架中，叙事所发挥的第二种作用是使合法的审计成为认知和管理的方式。把审计定义为政策制定与决策的核心，通过鲍尔所谓的“元会计”过程传播审计的成功和可能性叙事。元会计是赋予审计社会意义和承诺的叙事和修辞，虽然它们可能是“混乱和不一致的”，但是它们同时也是“富有表现力的，展示和实践着审计的能力理念，从而实现整个领域的知识合法化”。换言之，叙事性元会计刻画了一个所有的问题都可以通过完善的审计工作来解决的世界。

定量文化中叙事的第三种作用在埃斯普兰的《数字叙事》（*Narrating Numbers*）中有所体现。她解释道，我们在一定程度上可以理解通过量化实现简化，即通过叙事消除系统地抹除人物、地点和轨迹。随着可比性的出现，相关细节、因果关系和背景信息都被消除，但是一旦指标和度量开始“流动并重新受到被评估者的接纳或抵制，就会引出新的叙事，讲述它们有什么意义、如何展开、它们是否公平公正、它们是谁出于什么原因创造的等”。量化抹去了旧的叙事，根据数字创造新的叙事，用它们来取代旧的叙事。这些新叙事构成了我们对于数字的反应，允许那些对数字结果提出异议的人这样做，而且当被告知需要对糟糕的表现做出解释时，可以缓解被审计者对未来和竞争的焦虑。笔者同意埃斯普兰的观点，认同叙事能发挥上述作用。但是有证据表明，叙事所能做的远不止于此。正如埃斯普兰和索德在《焦虑的引擎：学术排名、声誉和问责制的影响》中所写的那样，人们通常认为量化是叙事的反面。但是，这种数字和叙事之间的二元对立并未完全反映其复杂程度。本章的其余部分将在学习结果评估的语境下探讨二者之间复杂的相互关系。

第二节 学习成果评估话语中的审计叙事

笔者的假设是，审计的许多文化工作并非通过审计技术和实践来实现的，而是通过围绕和维持审计工作的修辞表现以及审计本身的修辞表现来实现的。在这些表现中运用了一个强大的策略，也就是所谓的“审计叙事”，即解释审计如何促进提升和问责的叙事，并传达相关人员应如何适应审计方案。审计文化中的叙事是复杂的、持续的，而且常常是不完整的。审计叙事必须构建一个世界，同时提出改变世界的建议，正如政策领域的大部分叙事，必须“创造某种表明它已经存在的社会现实”。同时，审计叙事催生了新的社会关系，传播全新的或已被修改的一系列优先事项、价值观和目标。用鲍尔的话来说，审计叙事是一种将技术与政策程序联系起来、将审计作为特定领域实际解决方案地位合法化，并定义参与者和其他利益相关者之间的责任关系的元叙事。

当审计叙事出现在政策、媒体或灰色文献中时，既可以是显性的，也可以是隐性的。显性审计叙事多见于审计专家中流传的专业文献以及相关审计案例成败结果的建议、宣传和新闻。隐性审计叙事通常通过特定领域的现有文化和媒体叙事来发挥作用。理查德·阿鲁姆（Richard Arum）和约西帕·罗克萨（Josipa Roksa）2011年出版的《学术漂泊：大学校园里的有限学习》（*Academically Adrift: Limited Learning on College Campuses*）一书中指出，术语“有限学习”和“脱离紧凑”很好地解释了学习在高等教育中的式微及其原因，亦即师生们默认可以降低自己的期望和标准。换言之，审计叙事的概念不仅涵盖审计人员、审计倡导者和评论家们的叙事，还包括大量真实或虚构的叙事，这些成为审计大辩论的修辞资源。审计叙事往往围绕有争议的审计形式和地点展开，学习成果评估可以说是审计叙事论战的沃土，关于高校学习成果评估、高校共治、教师的课程决策权和其他利益相关者的争论不绝于耳。本章对学习成果评估话语进行分析后发现，审计叙事具有以下三种主要的表述和修辞特征：审计作为普遍解决方案；审计人员作为中介者；被审计者当作不良行为主体和责任主体。

第三节　审计作为普遍的解决方案

在对美国教育部政策叙事进行分析时，塔蒂亚娜·苏皮特辛娜（Tatiana Suspitsyna）发现此类叙事的主要功能是“产生‘显而易见的、常识化’和正常化的环境，在这个环境中，所提出的改革措施看起来是最合适的解决方案”。在学习评估和其他社会测量话语中，审计叙事倾向于将审计作为解决高等教育问题的普遍解决方案。这种叙事塑造了审计作为唯一可行解决方案的形象，用以定义社会和组织问题，审计叙事塑造了我们对社会和组织权力结构的认知，让我们认识到谁具备专业知识、谁应该拥有决策权，以及社会和组织变革是如何发生的。

正如鲍尔所确认的，“审计的想法”在选择任何特定的审计策略之前“塑造了对它是解决方案的问题的公众概念”。如果需要通过审计来解决一个问题，这个问题必须具备某些特征。因为审计主要是一种定量模式，所以手头的问题必须包括可衡量的因素，或者必须创造可衡量的因素。由于审计是一种监督和问责的工具，所以问题必须被定义为由于缺乏监督或透明度，或者由于未对管理者的见解采取行动或不充分回应对透明度的呼吁而产生的。审计解决的是那些可以自上而下解决的问题，并设定了明确的目标，且定义了未能达到这些目标的标准。可审计问题的领域中，需要明确审计人员和被审计人员的特定群体，并确定这两个群体对利益相关者负责。

在美国高等教育体系，自20世纪初智力测试问世以来，个体学生学习能力的可衡量性就被广泛接受，并在大学入学考试和标准化测试（如SAT）的引入和迅速普及中得到强化。科目、专业或机构学习成果的可衡量性是一个较新的教育概念，但在过去四十年中已经成为教育研究界的共识。关于学习评估的长期辩论通常集中在可衡量性的边缘问题上，通常围绕如何衡量“难以言喻”的技能和特质（如批判性思维、韧性和毅力、审美欣赏等）展开。尽管如此，像大学学习评估和加州批判性思维技能测试（CCTST）等考试和评分标准已经被广泛接受为可靠的学生学习评估工具。因此，在当今的学习评估话语中，倡导者很少被要求为学习的可衡量性进行辩护。

相反，在学习评估的审计叙事中，我们发现审计倾向于将其呈现为高等教育危机的普遍解决方案，特别是作为美国校园有限学习和低毕业率的唯一解决方案。这种表述得到了美国联邦教育政策的支持，在过去三十年中，该政策将学习评估与其他形式的问责一起作为改善教育体系的主要手段进行推广。1983年，美国国家教育卓越委员会发布了《危机中的国家：教育改革势在必行》（*A Nation at Risk: The Imperative for Educational Reform*）报告。这项重要的联邦研究，揭露了美国教育的全面溃败。立法者终于将批判的目光转向了国内的学校。1992年，美国《高等教育法》作为联邦教育立法之一，首次要求高校展示其对学生成就的承诺。该政策的改变导致大多数高校采用了某种形式的学习成果评估。即使这些结果只在认证审计中展示，学习成果评估项目也满足了相关的要求，保障了高校获得联邦资金的机会。2001年，乔治·布什总统签署了《有教无类法案》[*No Child Left Behind*（*NCLB*）*Act*]，2002年该法案成为联邦法律。NCLB将中小学公共资金与学生的标准化考试成绩联系起来。成绩亮眼的学校得到了更多资助，带出高分学生的教员获得更高的薪酬，而“糟糕的学校”学生考试成绩持续低迷，面临着被关停的命运，这往往和社区的意愿背道而驰，这个法案也因此备受争议。2015年国会终止了该项受到严厉谴责的法案。学习成果评估则作为提升教育质量和促进学校问责制的方法在NCLB被取缔之后得以幸存，人们对其重塑高等教育潜力仍保持着忧喜参半的态度。

审计得以成为高等教育问题的普遍解决方案的关键时刻出现在2005年。当时，布什内阁的教育部长玛格丽特·斯佩林斯（Margaret Spellings）召集工作组对美国高等教育进行评估并提出改进建议并签署了《领导力考验：美国高等教育的未来蓝图》（*A Test of Leadership: Charting the Future of U.S. Higher Education*）报告。该报告通常被称为“斯佩林斯报告”，呼吁在学习成果评估项目的帮助下，重新关注高等教育中的录取、成本、财政支持、学习、创新和问责。尽管加强问责制只是该报告提出的六项建议之一，但斯佩林斯委员会将学习成果评估和其他高校审计确定为高等教育提升的基础和先决条件。“高等教育必须从基于声誉的体系转变为基于绩效的体系，”该委员会称，“我们敦促在整个高等教育中建立强大的问责制和足够的透明度。如果高等教育机构接受并实施严格的问责措施，我们的每一个目标，从入学率到负担力，再到提升质量和创新，都将更容易实现”。该报告明确呼吁问责制的前提是美国高等教育的一系列问题。委员会的主要关注包括全球教育卓越性的竞争、知识经济的劳动力需求，以及通过文化素养调查、毕业率以及基于阶级和种族的成绩差距来衡量学习成果的下降。任何一个对美国教育的普通研究者都知道，这些问题错综复杂，成因非常明确，而且往往由来已久，历经数十年甚至几个世纪。审计、问责和透明度都是解决这些问题的首要方案。

同样的事情也发生在《生活水平评估研究》（*Living Standards Measurement Study*, LSMS）上。学习成果评估被认为是当代人文学科面临的一系列复杂问题的普遍性解决方案，或者至少是一种缓和措施。劳拉·罗森塔尔（Laura Rosenthal）在她的章节中解释道，人文学科面临的困境源于两个原因：人文学科较差的物质条件（教职兼职化、预算削减、招生压缩）和“使倡导本学科成为特殊的挑战”的学科内部的冲突。在罗森塔尔看来，这些冲突的解决方案就藏在近代知识史的文献研究中。20世纪八九十年代，理论成为学术界的焦点，人文学科发生裂变，变得更加倾向于研究新的主题，包括更多元化的文献和新的批判视角，而非简单整合相关文献和观点，通过沉淀促进学科发展。同时，跨学科的文化研究方法为学者们拓展了可解读的体裁和文本。然而，这种文化研究方法不但没有增加学科凝聚力，还为对文化的具体定义带来了阻力。[5]在罗森塔尔看来，现在的文学研究是一门缺乏“观点”的学科，其中文学研究的具体内容尚未得到明确的定义，对于文学与文化教育初衷的解释也不甚分明。罗森塔尔把审计比喻为一种通用的解决方案，在关于学习成果评估的价值、目的和目标的对话中为文化研究找到了潜在的补救措施。她眼中的学习成果评估项目是一个“广泛协作的项目。学科目标、价值和重大贡献因为多个评估项目而获得了关注。在这些项目中，许多教研人员都同意说明他们的课程和项目的基本目标，引领大家对未来学科目标进行更有力和更透明的讨论”。

此处，学习成果评估能力范围是广泛的。为了通过学习成果评估来解决文化研究的内部冲突，需由中央机构来协调一系列跨机构和涵盖不同级别教员的项目，反思其多样化课程和项目的根本目的。在某些时候，他们必须交换意见，确定评估报告和打分的方式，确保磋商的透明度，这将是一项大工程。然而，在审计叙事中，这些关于审计潜力的夸张表述脱离了现实，起到了一定的修辞作用。它们提供了一个解决貌似无解问题的可能性，形成了一套关于最佳的实践、被验证的程序、待完成的计划、待成立的委员会和待咨询的人员等的成熟文献体系，上述种种都加强了审计的效力。从理想的普遍解决方案转向实用的日常评估和审计，快速而简单，它通常伴随着一种话语，不断提醒从业者选择进行评估而非陷入捍卫自己合理、务实和负责的专业人士形象而设的改革模式的辩护中。

第四节 审计人员作为中介者

为了确保审计在新领域内发挥作用，必须在该领域建立鲍尔所指的“问责关系”。首先，问责关系是一种全新或重构的权力关系。组织中的个人或者团体，一旦被指定为审计人员，就拥有制定评估体系和指标、评估他人的表现和业绩的权力，对审计对象，即被审计者做出评估和判断。鲍尔并未详述如何建立问责关系，也未说明当问责关系与现有或过去的权力关系有所冲突时应如何应对。但是，他在审计可执行性的讨论中指出，叙事和修辞，以及政策或法律的变化，在将新领域转变为“可审计性绩效的环境”中起着重要作用，其中包括扮演审计员、被审计者和利益相关者的角色。

由于审计人员的实际操作能力和审计过于宏伟的规划之间往往存在差距，审计人员扮演的角色具有重要意义。“审计是一种技艺知识。”鲍尔解释道。它不是根据产出的明确概念构建的，而是由一系列基于审计人员经验和判断的程序。公众和组织对于审计的信心既来自从业人员的敬业精神，也来自审计的有效性、可靠性和一致性。审计人员的形象构建是审计叙事的重中之重，因为合理的实践标准往往是在审计项目之后才总结出来的。相反，正如鲍尔所解释，基于从业者常识的构建而非推定才是问题所在。在学习成果评估话语中，从业人员的常识是通过审计人员，甚至是评审专家、政策制定者或者管理者的表述构建的。审计人员作为公正无私的中介者，遵循理性并在高等教育的公共和专业话语中追求可用的知识，尽管这些话语错综复杂且情绪化。

文学教授和学习成果评估的倡导者查尔斯·董（Charles M. Tung）在其《生活水平评估研究》中，采用中介者的精神应对学术研究上的冲突，支持自己关于评估实践在重建英语系的力量和韧性中发挥关键作用的观点。从本质上来讲，这个论点是很有道理的，因为他主张避免将焦点放在内容知识或者技能发展的评估上，从而避免陷入数量简化主义。相反，他主张文学研究者和教员们都使用一种他称为“厚读”的方法，将阅读、写作和论证的阐释学方法作为评估讨论的中心，董解释道，教研人员可以采取“逆向计划”创造“课程化课堂”的方法。通过这些方法，评估将不仅是一种审计形式，更是重振陷入困境学科的工具。董关于评估在复兴人文学科方面发挥作用的说法在《生活水平评估研究》的章节中得到了呼应，（尽管他对各种科学方法的反思比大多数作者的章节都要出色），正如贯穿他全篇文章的审计人员作为中介者的道德观念。

从董的角度来看，文学研究最大的威胁是，我们无法把多元化的知识、技能、方法凝聚起来，它们只能作为一堆松散且难以兼容的东西存在。这个问题不仅仅是对该领域未来的“预测”，对于董而言，更是一个“制度问题”。因此，他和评估相关的观点主要基于当时英语系的现实情况，这些英语系不仅有文学研究，还有修辞学和写作课程（例如针对大一新生的写作课程）。董提出审计人员中介定位和谈判精神的第一步就是主张文学研究借用相邻学科的“对评估的开放性”“平衡诸如写作课等低服务和文学研究崇高的目标之间的关系”“而非强调它们之间的距离”。教职工评估者应该更广泛而务实地将该领域理论化，从而弥合学术研究和教学实践之间的差距。

董在将审计员定位为中介者的第二步是让其承担文学课程和课程设置的内容，并提出厚读是刻画学科领域特征的多种方法之间的共同点。董认为，提倡厚读和课程化的可评估课堂是“一种多元化和多派别的立场”，这有利于审计型中介人员在弥合症状学主义、历史主义和形式主义解释学派等学派的分歧中发挥积极作用。学习成果评估通过促使教职工把自己的假设摆到明面上，从而促使各学院就教学分歧进行磋商交流。董解释说：“把避而不谈的事情挑明，我们不得不就我们正在做什么、我们正在理想化什么以及这些理想让我们对什么视而不见等分歧进行谈判，这种谈判体现在许多不同形式的厚读中，这是人文学科探究的基础……可能是文学研究的最理想方式之一。”董将审计人员刻画为参与嵌套式调解和谈判的人，在学科分类（写作与文学）和认知分歧（历史主义与形式主义）之间穿梭，努力抵达某个领域的本质。令人欣慰的是，董“基于话语”“由教职工为导向”的院系层面评估和NCLB式反乌托邦场景大相径庭。然而，他将教职工评估人员视为拯救该学科的关键角色，进一步强化了这样一种感觉，即审计是解决高等教育危机的唯一办法，将审计人员塑造为勇于改革的领导者。

对学术的探索投入是学习成果评估话语中审计型中介者的另外一面。大卫·马泽尔（David Mazell）分享了他在某委员会旗下的卓越教学中心任职时的经验和教训。该委员会希望通过建设卓越教学中心应对来自州议员和高校管理者的压力。马泽尔认为他的经验主要体现了学习成果评估中问责和提升两大张力之间的顽固影响。他在该委员会中的工作是调解以问责为导向的管理者和对此保持怀疑态度的教职工之间的矛盾，从而推进改革，提升学习质量，提升高校排名，同时满足监管的要求。马泽尔指出："我早就知道，不被视为问责制倡导者对于我的信誉而言至关重要。"然而，马泽尔任职的委员会发现，把棘手的谈判任务当作教学探索的学术项目来处理，更加有利于任务的完成。马泽尔意识到，该委员会已经成为发挥关键调解作用的非正式专业论坛，为教职工们表达其传道授业方面的关切发声。如果这些讨论可以通过卓越教学中心与评估实践联系起来，教职工则会出于改善教学现状的目的，支持相关的评估项目。马泽尔认为，学习成果评估是一种"组织学习"的形式，通过这种形式，一个机构对自己的不同部分和它们各自的功能将有更加全面的认识，及时发现自身的提升和改善空间。"当评估被视为学术探索时，"马泽尔解释说，"就成为课堂内外不断扩展个人（和机构）教学认知的方式"。马泽尔的文章主要针对教师群体。他把学习成果评估审计人员塑造成参与教师调研项目的教职工同行者，弱化审计人员的监管权力。

董和马泽尔都提出了最佳的学习成果评估方案。他们以教职工为导向的建议非常实用，彰显了教师为以学习为导向的项目所带来的学科专业知识。然而即使在这种自上而下的模型中，将审计人员塑造为中介者和学术同行人也有问题。因为这种形象可能会混淆教师和管理者之间已经足够复杂的权力关系，掩盖评估方法和数据中的基本问题。大卫·尤班克斯（David Eubanks）是一位很有影响力的评估学者，任职福尔曼大学机构评估和研究办公室的助理副主任。他在一篇文章中指出，许多机构评估项目数据质量较低，导致基于这些数据的判断出现谬误。尤班克斯认为，鉴于全国范围内有大量机构、专业和部门层面的评估项目，加上证明数据被广泛使用的硬性规定，原有的质量评估学术标准就显得不合时宜了。即使教职工审计人员把评估当作某种研究项目，该研究项目的组织、人力和时间等条件有限，也无法严格遵守信度和效度标准。尤班克斯提醒道："如果必须在做出因果推断之前检测信度和效度，并对交互作用进行建模，那么整个评估过程就会分崩离析。"尤班克斯的研究是否会推进人们对评估的组织和知识缺陷的进一步研究仍有待确认。他在文章中明确指出，将审计人员塑造成为中介型学者或许是某种修辞手段，并未明确表示教职工成为评审专家的难易程度。正如埃斯普兰和索德所观察到的，有时"一旦量化，看似理性的和实际理性的同样有力"。在此，笔者希望补充一点，审计人员的地位，"与有纪律的思考和无偏见的美德紧密相关，其象征意义会覆盖甚至取代其技术功能"。

第五节　被审计人作为不良行为和责任主体

借用伊莱恩·斯旺（Elaine Swan）的表述，审计的故事和技术在特定的知识生产和社会关系条件下产生了特定类型的知识者和知识方式。如前所述，在评估叙事中对于审计人员的形象构建可能会掩盖作为高等教育审计基础的专业知识局限。在被审计人员层面也遇到了各种各样的问题。问题的焦点在于高校的工作与生活之间特有的社会关系。当审计进入高校时，难免会遇到一个独特的挑战：潜在的被审计者拥有强大的自治和自我管理传统，那么，如何在高校建立问责关系？审计叙事允许新型问责制倡导者通过采用两种以被审计者为中心的互补表述策略来克服这一挑战。在面向公众的修辞表达中，审计叙事通过将具备自我管理能力的机构和专业人员描述为不良行为主体诋毁他们，从而证明外部监督和改革的必要性，将自治机构和专业人员重新定义为被审计主体；在针对潜在被审计者的辩论中，把审计描述为促进和某个专业或机构现有精神一致的目标和价值观的体现，从而在修辞上将其作为负责任的审计主体纳入问责文化。

面向公众的审计叙事赋予了公众不合时宜的权益和特权感，从而破坏了自治机构和专业人员的信誉。通过破坏专业人员和理性客观之间的关系抹黑专业判断的权威性。例如，斯佩林斯报告把高校描述为不合时宜且罔顾学生的成长的不良行为主体。该报告先是赞扬了美国高校卓越的教育领先世界长达半个世纪，然后话锋一转，开始谴责各高校高卧功劳簿，懈怠创新发展。报告指出：

美国高等教育已经发展成为商业领域所谓的成熟企业，越来越厌恶风险，时不时自我陶醉一番，而且往往过于昂贵。企业化的高校亟待解决学术项目和院系改革问题，以满足知识经济中不断变化的教育需求等基本问题。其在应对经济全球化、技术爆炸、人口多样化和老龄化等问题的过程中，以及在以新需求和范式为表达的千变万化的市场里左支右绌。

该报告的编委采用了克莱顿·克里斯滕森（Clayton Christensen）的颠

覆性创新理论，认为高校必须借助外部指导把自己从自鸣得意和自我满足的倦怠状态中拉出来，进入全球知识经济的美丽新世界。报告中重复出现的“它尚未……”句式标志着高等教育落后于信息更灵通、更入世的联邦审计人员，他们早已意识到“世道更加艰难，竞争更加激烈，对于资源和机会浪费的容忍度更低”。更糟糕的是，斯佩林斯委员会暗示，高校玩忽职守，忽略了对学生的培养，声称“大多数高等院校都拒绝承担确保学生真正获得成功的责任”。委员会称一旦学生记录被添加到排名数据中，高校对学生的兴趣就会减弱。委员会将高校描述为玩弄特权、自我满足、因循守旧、玩忽职守的组织，强有力地表明高校需要作为被审计和监督的不良行为主体，影响了公众关于高等教育的舆论走向，即使该报告仅有部分审计结果被联邦政府采纳。

当学术专业人士，多为教职工，被描述为不良行为主体时，可能会因为与负面、非学术的行为和特征有所联系而名誉扫地。他们对于学习成果评估的抵制被描述为出于情感、品味、偏好或舒适做出的选择，而非基于专家判断或知识分子立场。在美国学习成果评估研究中心的众多研究中，玛格丽特·米勒（Margaret Miller）的文章《从拒绝到接纳：评估的阶段》（*From Denial to Acceptance: The Stages of Assessment*）脱颖而出。该文章是对历时二十五年的鸿篇巨制《变化中的学习成果评估：高等教育杂志》（*LOA in Change: The Magazine of Higher Learning*）的评述。该文就教师和管理者对强制性评估的反应进行了非常尖锐的批评。米勒的描述框架基于对教师和管理者的情感描述，把上述相关人员对学习成果评估的反应和伊丽莎白·库伯勒–罗斯（Elizabeth Kübler–Ross）悲伤的七个阶段反应进行了类比。她首先描述了在弗吉尼亚某个不知名大学举办的大学校长和系主任的评估会议：

他们茫然的目光让我越来越沮丧，最后我问：“面对一个质疑‘为什么让我学一门外语’的学生，你该如何回复？”一位教务长回答道：“我会说，‘因为我这么说了！’。”每当我们在评估上没有取得任何进展时，就会回忆起那次会议的情景。如今，他们的目光可能充满了敌意，但总算不再是一片茫然，再也没有人会说“因为我这么说了”。

从情感变化阶段来说，学者们首先表现为茫然无措和心不在焉，尔后冥顽不化，最后是“满怀敌意”的默许。

后来，米勒反思了这些对评估的情绪和明显非理性的反应，做出了如下假设：对评估的抵制，尤其是来自教职工的抵制，可能由于担心评估结果对个人产生负面影响。考虑到大多数临时教员都生活在不安全感中，这种情感上的解释似乎是合乎逻辑的，甚至对当代高校的就业条件表达了同情。但接下来米勒话锋一转，语气大变：“此外，还有我们集体的认知傲慢。我们非常震惊！任何人都能质疑我们的工作。”这些话语模拟了高校教师对外部问责要求的反应。同时，人们普遍认为高校教师是公务员，他们抵制公开透明的原因是害怕被公众发现自己的不作为。在像米勒这样的审计叙事中，把教职工和管理者和情感以及自身利益相互联系，从而削弱了学术专业判断的权威，这与协调选民从而进行评估的合理公正的审计人员形成了鲜明对比。

正如评估支持者在《生活水平评估研究》中所说的那样，在直接称呼被审计者时，出于不同目的使用了不同的修辞方式。在这些文章中，作者们呼吁高校同行发扬专业和学科精神和价值观，不再把参与审计或评估定义为出于迎合某种管理要求不得不做的事情，而是一种负责任的专业实践，甚至是代表社会正义行动模式。因此，评估的倡导者指出了把不良行为主体改造为负责任的被审计主体的路径。

杰拉尔德·格拉夫（Gerald Graff）和凯西·柏肯斯坦（Cathy Birkenstein）是著名的评估倡导者和必读教材作者。他们在《生活水平评估研究》相关章节中指出了这样的路径："教育标准化的进步案例——忽略共同标准的呼吁"。格拉夫和柏肯斯坦称，斯佩林斯报告发布时，受到了高校和教职工的一致抵制，认为它的要求过于标准化，难以在多元化的美国教育体系推而广之。这些过于标准化的要求是不恰当甚至是破坏性的。相反，他们认为民主公平的教育倡导者应该将标准化应用于设计让所有学生都能理解的课程。格拉夫和柏肯斯坦敦促对此保持怀疑态度的同行承担起被审计者的责任。他们提醒，在大多数情况下，改革派们支持某种标准的实施，正如他们支持环境、健康和安全法规的实施一样。两位作者强调教研人员的核心职责就是通过包容的方式教育多样化的学生，从而实现有教无类，充分发挥标准在"帮助学生协调"课程与学科传统的作用。格拉夫和柏肯斯坦认为，在标准和评估缺位的情况下，只有"少数高成就的学生能成功穿越脱节的课程，习得有效学术工作基础的基本思维技能"，从而获得成功。他们关于成为负责任的审计主体的呼吁成功地打入顽固的被评估者致力于消除结构性不平等和实现高等教育民主化的道德承诺中。

他们通过诋毁专业人员和机构的自我管理，将其纳入"绩效可审计环境"，学习成果评估相关修辞表现令审计成了学术工作者和机构的一种治理模式。和传统的高校官僚机构不同，这种治理体系避免通过法令强制推行新的控制和行为体系。相反，它致力于通过激发个人和组织的潜能和动力并将这些动力引导到特定的目标上。泰勒科学管理理论[①]决定工人铲掘的具体方式，而审计治理模式则允许工人用他们喜欢的任何方式铲掘，只要他们铲掘得足够多。组织的任务是测量工人的成果，确保他们得到恰当的激励，从而不断提升工作质量和效率。审计叙事符合工人现有价值观和目标体系。审计作为一种治理模式，应当把个体和组织的注意力引导到有意义的目标上，而非被当作某种费力的（甚至是剥削的）评估手段。

第六节　审计的影响

目前，审计和评估已经渗透到高校日常教研和学习的方方面面，因此学者和批评家们不得不认真审视审计文化及其叙事对学习和教学工作的重塑作用。本章以学习成果评估话语为例，引出了高等教育审计叙事的几个关键修辞和表达特征。在学习成果评估案例中，审计是解决高等教育问题的普遍方案，审计人员作为学术中介者，其出场有助于在学科与制度的冲突中突破困局。被审计者被要求重新认识自己关于学生和学习的责任，成为评估文化中的积极主体。

学习成果评估最重要的影响或许在于其对教育、教育学和高校改革论述有意无意地限制，它可以终止关于高等教育问题原因的对话，限制对创新教学策略的想象力。迈克尔·班内特（Michael Bennett）和杰奎琳·布雷迪（Jacqueline Brady）指出，评估可以带领那些追求高等教育的民主、平

---

① 科学管理理论，由科学管理之父弗雷德里克·温斯洛·泰勒（F. W. Taylor）在其著作《科学管理原理》（1911年）中提出。弗雷德里克·温斯洛·泰勒是美国古典管理学家，被誉为科学管理之父。——译者注

等的人们走出思维困境。这些人模糊了决定学生成败的重要物质因素，将高校设想为学生能完全将自身阶级、种族、公民身份和其他所有决定性社会因素留在校门之外的净土。“对结构性不平等视而不见，”他们写道，“保守或新自由主义学习成果评估话语忽略了不同社会阶层的学生的学习背景，掩盖了需要通过根本性社会变革获取更好的教育机会的事实”。对学习成果的过度关注或许会掩盖规划和决策过程中对资源、投入和学生背景的考虑，导致教育改革缺乏对构成学习的结构性、经济性和政治性背景的考量。

同样地，在对杰拉尔德·格拉夫的回应中，金·埃默里（Kim Emery）指出，以成果为导向的评估话语限制了人们对认知和学习过程的想象，损害了教育和学习的本质。她写道：“知识探究会带来意外之喜，结果评估则正好相反。”正如埃默里所说的，进入学术王国的真正钥匙并非了解应该学什么和学得多好，而是要抓住“未来充满着未知，研究揭示惊喜，差异防止狭隘，不连贯性创造可能。知识永无止境，变化万千”。当师生们过于关注预先设定的可预测结果，也意味着我们难以加深认知，只能重复现状，鲜有产生新鲜的见解和个性，也难以为推动学术和社会变革所必需的好奇心和创造力的发展留下足够的空间。

反之，如果所有的新想法最终都必须融入评估范式中，那么教研人员的创新或重新激活教学方式的动力是什么？在评估话语中，埃默里继续论证，“知识不是在课堂上创造的，至多只能在课堂上传播”。教育成为产品分配和获取的过程，而非承载人们共同努力、共同进步、共同发展的可持续发展项目。该范式摒弃了基于密集的人际交往和共同创造知识的教学方法。评估的倡导者认为，任何教学方法都可以和学习成果评估相互兼容。因为归根到底，学生要么已经学到了，要么没有学到，但这正是问题所在。预设学习的定义和内容可能导致教育的想象力和创新受到严重限制[6]。

除了分析学习成果评估话语中的审计叙事之外，笔者希望在本章中将人文学科的方法应用于定量研究，从而打开解决问题的新思路。最后，笔者希望为审计文化的新修辞学研究提供以下三个思路：

首先，我们应该探讨将人文学科的方法（尤其是文学和文化研究的方法）引入社会测量研究，从而产生新的研究对象、问题和路径。本研究表明，对审计修辞学的分析和定义仍有很大的空间。审计（包括度量、指标和目标等）不仅仅是意识形态程序与修辞元会计技术的结合。审计本身是为了应对特定情境、目的和受众而构成的修辞表演，应将审计视为修辞表演，理解为一种嵌入社会、文化、政治和经济结构和冲突的叙事模式。学习成果评估案例表明，审计本身及其周围相关的修辞表达有时可能比审计技术更适合用于分析和批评，从而取得更好的效果。当我们了解到其他高等教育度量标准（如大学排名和研究文献计量）的技术缺陷时，也应该密切关注支撑这些认识论上失败但在经济层面获得成功的高校审计的修辞和叙事结构。

其次，我们应该充分利用人文学科的公正性、主体性和交叉性学术研究，以探究审计文化中的代表性伦理。埃斯佩兰德关于可比性的研究为研究度量标准中的价值观、意识形态、偏见和利益提供了一个坚实的起点，这些因素不仅指导了度量标准本身中的显性类别和等价关系的创造，而且也影响了审计叙事和修辞中的人物、组织和过程的呈现。[7]在学习成果评估的案例中，未来要做的是检验高等教育的利益相关者在学习成果评估审计叙事中的表现。学生通常被描述为被动、顺从和亟待帮助的对象，而“公众”通常被描述为一群无知、渴望数据的民粹主义暴徒。以上两个群体的动机都被描述为出于经济层面的考量。学生希望为谋得高薪职业做好准备，而公众在投资教育时希望物有所值。我们可以思考一个问题：审计修辞学对利益相关者狭隘的利益构建将如何影响公共话语、制度决策和对于高等教育未来的共同愿景？

最后，文化和人文学科对量化研究的研究可能指导批评家和各组织找到重获审计社会中的民主代理权（democratic agency）的关键点。这种方法引起我们对潜在干预和抵抗的注意，这些可能性存在于成为可审计性的时刻，当时审计、审计人和被审计者的叙事表达尚未形成，因此可以在公共话语和政策制定领域进行争辩。

所有迹象都表明，学习评估将成为美国大学和高校的永久性特征，但对于那些希望保护我们的机构、学习和劳动免受越来越广泛的有害监视，管理度量衡影响的教师、学生和利益相关者来说，学习评估在高等教育中的角色和政策修辞的教训应该继续接受审计。

注释

1. 了解相关历史，请参见波特（Porter）和鲍尔（Power）的研究。关于定量文化对个体和组织的影响，请参见埃斯普兰和尚德（Espeland and Sauder）以及肖尔（Shore）和赖特（Wright）的研究。关于谈判的过程请参见戈鲁尔（Gorur）和梅里（Merry）的研究。

2. 有关例外情况请参见瑟斯皮茨娜（Suspitsyna）和乌尔乔里（Urciuoli）的研究。

3. 埃斯普兰和尚德将“机制”定义为“描述产生特定影响的因果模式的事件或过程”。

4. 正如我们在下文学习成果评估案例中看到的，叙事的产生在审计文化中似乎是必要的。但我认为，这不仅是在新领域构建审计机制的“中间”步骤。相反，审计话语不断制造和重复关于审计有什么潜力、为什么没有发挥潜力、谁应该对这个后果负责，以及应该如何解决这些问题相关的叙事。

5. 在此罗森塔尔（Rosenthal）引用了威廉·华纳（William B. Warner）和克利福德·西斯金（Clifford J. Siskin）提出的一个论点。

6. 写作评估学者井上浅雄等人在自己的作品中挑战了这一范式。

7. 相关案例请参见埃斯普兰、史蒂文斯（Espeland and Stevens）、尤班克斯（Eubanks）、梅里（Merry）和诺布尔（Noble）的研究。

第四章

“数字的局限”的局限

罕见病与定性的诱惑

特伦霍姆·荣汉斯

社会科学最新文献提醒我们，量化极具诱惑性。数字能化繁为简，增强不同现象之间的可比性，促进等级层次排序，具备跨越时空界限的能力。此外，数字对社会现象的简化表达更是自带科学客观的权威光环，服务于包括对透明度、问责制、循证实践的一系列权益和议程。文献还指出量化也有成本：当我们用数字来描述社会现象时，会导致语境剥离，复杂因素、细微差别和特殊性消失，由此产生的复杂社会现象表达的定性特征剥落，此时数字的负面影响异常持久，甚至取代了它们想要描述的复杂个体和现象，从而产生了新的实体、类别和标准。作为今后衡量和排名的依据，这是现存衡量标准和基础设施持续存在的趋势。“抵制挑战，隐藏自我”通常被描述为路径依赖和惰性。因此，如果量化诱惑了它，亦即违反了它，包括诱导负面影响，它就会显示出明显的固化和不可逆性趋势。

本章旨在呈现一个略微不同的案例。在这个案例中，用于监管和评估罕见病治疗药物的成熟药品规范和评估体系的信度遭到了前所未有的挑战，导致其权威逐渐受到侵蚀，权限逐渐被削弱。这些发展方向和上述以及本书其他章节所讨论的被认为理所当然的许多趋势有所不同，引发我们重新思考和评估一些激活和支撑大部分关于量化动机和效果的批判性思考的规定。

这个案例特别提示我们重新思考量化机制的特征，也就是量化的固化与不可逆的倾向及其对批判无所谓的态度。[1]本章反其道而行之，由最初对罕见病药物评估的量化技术局限与挑战逐渐扩展到药物评估中量化运用与限制的批判，探讨的范围更加广泛。相对而言，许多文献忽视了对现有量化机制进行积极干预的可能性。本章强调了巨大的制药行业利益给现有相关范式和实践带来的挑战及其在推行弱化量化力量替代方案上的不懈努力。

该案例拓展了对量化的批判性分析。上述发展是在生物医学和药物基因组学领域的动态变化中发生的，正是这些变化增加了相关实体和现象的不确定性，这和制造业的量化目标背道而驰，因为制药业的量化旨在令实体和现象更加稳定且易于理解。上述变化带来的不确定性引发了人们对数字表达能力的质疑，突显了数字的巧饰、简化甚至扭曲事实的倾向。对量化权威地位的挑战引发了公众对基因组学和个性化医疗的热情。这些挑战将基于数字的证据、规则和评估模式视为过时且限制性的，认为这些模式不再适应时代的发展，因此他们提倡更加灵活的定性和适应性的替代方式，认为这是未来的发展趋势。这些“元”因素可能会影响特定的量化制度是否稳定、是否被认为是合法的。这些“元”因素包括对特定类别和分类原则的完整性的观念，这些原则支撑着特定的量化技术。另外，也包括了关于稳定分类的可能性和可取性的常识观念。

第一节　“数字的局限”在医药评估中的体现

乍一看，把医药当作探索“数字局限”亦即全书主题的切入点仿佛有些奇怪。首先，通过评估药物的成本和临床效果来确认药品的价值（又称卫生技术评估[2]）是技术性极强的基于临床医学、药理学、卫生经济学、统计学和监管科学等学科的复杂领域。此外，卫生技术评估中使用的数字是显著异质化的，它们还包含支持随机对照组实验（RCT），评估药物疗效的概率评估和用于估算药品成本效益的综合措施等详细统计数据[3]。这意味着医药评估领域的量化是高度多样和多维的，和指标、排名、算法等常见于其他量化研究中的离散形式大不相同的研究对象。

由于定量对于医药评估领域起着决定性的作用，把医药评估当作研究量化局限性的领域最为理想。可以说和其他许多应用数字进行评估的实体和现象相比较，药物的数字编码隐藏着大量药物相关信息。在现行的监管机制和临床实践中，药品的“生命周期”是个重要的量化符号：早期在实验室通过临床试验、获得销售许可、经销商采购、临床医生开药，在全球范围内药物的生命周期受到带有明显量化属性的证据的影响。[4] 从某种意义上说，药品的疗效和数字密切相关。数字足以让药品重新焕发生机（例如令人信服的药品疗效和价值的量化证据、可接受的价格标签等），假如没有数字的加持，某种可能有益的药物难以发挥其应有的疗效。

既然量化在医药评估中发挥着重要的作用，那么它的局限性该从何谈起？作为探索“数字局限”项目的人类学专家，笔者特别希望通过实证的方法来研究该主题，研究一个量化权威频频受到质疑的场景，在此场景内研究量化的局限性在实践中不断地形成和被证实。因此，笔者选择罕见病及其治疗药物作为本研究的切入点。出于某些原因，罕见病相关的生物医学和医药监管评估定量技术和统计操作堪称顽固难驯，相关原因在后文详述。由于病例罕见，罕见病药物的可靠定量数据难以获取，因为潜在市场小，制药厂不愿投资，因此罕见病患者往往觉得治疗无望。大量的罕见病陷入无药可治的困境，已被证实的罕见病治疗起来代价极其高昂[5]。

近年来，罕见病和制药行业联合抵制所谓量化暴政，在这股力量的推动下，许多地区都制定了关于罕见病药物评估的特别规定，采用激励措施促进该领域投资，这种做法催生了一个例外空间。在例外空间中，定量规则有效减少，通常遭到排斥的定性证据则越来越为人所接受。对于笔者而言，这个孤例却是对数字极限进行实证研究的大好机会。笔者花了四年时间研究人种学，研究范围涵盖医疗科技评估、病患群体和行业代表等。这个例外也打开了一个更加广阔的空间，给在药品监管和评估中应用定量证据带来更大挑战。[6]未来，罕见病将会成为人们对定量规则进行更广泛批判的孵化器和试验场，也是设计、试验和推广证据、监管和评估替代方案的试验田。总而言之，这将成为挑战量化权威的重要平台，在此平台上将会创造和推行更多的定性替代方案，提供在量化研究中常被忽视和低估的其他动能的洞察。

第二节　罕见性的挑战

罕见病往往伴随着不确定性，而稳健的量化正是为了消除这种不确定性而存在的。在欧洲，罕见病被定义为在2000人中影响人数少于1人的疾病。[7]罕见病情况异常复杂，易致使患者身体虚弱甚至危及生命。迄今为止发现的6000~7000种罕见病中，70%~80%的疾病被认为是遗传性的。人们对于其自然历史知之甚少。一半病例和儿童相关，三分之一的患儿可能在5岁之前死亡（EURORDIS 2020; Global Genes，日期不详）。由于市场份额小，而且根据循证医学的“黄金标准”，也就是随机对照临床试验，药物的有效性难以证明，医药公司投资研发罕见病药物的动力相当有限。这种情况在20世纪80年代开始发生变化，当时一些辖区开始颁布鼓励罕见病药生产的规章制度，例如授予罕见病药市场排他性（欧盟为期10年，美国为期7年），减少或者免除监管费用，免费提供相关开发实验方案的科学建议；加快监管审计；（在美国）进行人体实验费用50%税收抵免。人们广泛认为这些规定促进了罕见病药的研发。在1983年美国推出首个《罕见病药法案》之前，仅有38种罕见病药获得许可。到2021年年初，已有945种罕见病药获颁许可。[8] 21世纪初其他地方（包括欧洲、日本和澳大利亚）同样引入了旨在促进罕见病治疗发展的规定。

尽管罕见病立法取得了成功，但是让罕见病患者获得医治仍是一个问题，因为可靠的统计数据虽然证明了药物的疗效，却仍带着难以避免的不确定性。罕见病药昂贵的价格和药物的临床效果和成本效益的高度不确定性意味着罕见病药超过人们的支付意愿阈值。国家健康和护理研究所（NICE）在诸如英国等辖区正式设置了支付意愿阈值，在其他欧洲辖区采取了非正式观察的方式。为了消除罕见病患者获得医治的障碍，卫生技术评估机构日益认识到进行罕见病药量化评估的必要性。在很多辖区中，越来越多按照惯例因定量规范性不足而被排除在外的证据被采信，换言之，开始通过随机对照试验以外的方法收集的证据日益被采信。这种替代形式通常被称为实际循证，包括来自不设对照组的试验和涉及极少数患者的证据、从医疗登记处收集的回顾性数据、临床医生的观察和病历记录、病人和护理人员的经验描述。很多人认为这些“软性数据”的科学价值有限，难以替代由随机对照实验产生的证据。有人认为“实际循证”只是一种修辞上的逃避，旨在为不合格的证据大开方便之门。[9]

笔者与英国的评估委员会（英格兰国家健康和护理研究所和苏格兰医药联盟）合作开展的人种志研究表明，紧张和矛盾主要来自定性证据和非标准评估方法。由于人们对个别罕见疾病往往知之甚少，从患者、护理人员和临床医生处收集到的信息被认为对评估某种罕见病治疗具有潜在的“附加值”显得尤为重要，当某个治疗没有接受随机对照实验时更是如此。药物评估所依据的档案主要包括量化的临床和经济数据，通常长达五六百页。相比之下，来自病人和护工的证据往往包含丰富的定性数据和情感丰沛的叙述，这令它们区别于其他的证据。姑且不论这种以病患为导向的数据有多大的潜在价值，来自患者的信息输入可能给评估机构带来一个困境：如何把这些信息和其他形式的证据融为一体，重新呈现且保留其原有的情感和力量。负责制作药品档案的卫生技术评估机构工作人员努力维持一种平衡，虽然这种平衡往往难以捉摸。尽管他们做出了种种努力，负责药品档案评估和决策的委员会成员往往面临如何平衡来自患者的信息和传统证据形式比例的挑战，他们可能会担心被患者最原始的情感力量影响从而动摇自己的判断。

第三节　度量化、定性过剩、问责制和真实性问题

这些动态和其中透露的根本矛盾可以通过量化分析的视角加以解释。度量化是将起初被判断为不同实体进行比较的基本生成过程，涉及的范围涵盖最基本的认知和分类行为，到复杂的监管和标准化、商品化和估值操作等一系列活动。度量化受到典型现代主义理念的影响。典型现代主义理念认为不同实体之间可以相互转化，并且可以通过共同使用的度量标准进行比较和评估，而度量化则是实现这种转化和比较的过程，因而被赋予了积极的意识形态价值。对于度量化的积极评价反映在随机对照实验作为医

学黄金标准的隐喻框架中，这种框架援引和加强了随机对照实验的力量，比较那些被人认为有所差异的事物，通过公认的度量对它们进行评估，从而建立联系。

然而，正如人类学家约瑟夫·汉金斯（Joseph Hankins）和里汉·叶（Rihan Yeh）所解释的那样，度量化带着一种“内在的失败倾向”“正如《牛津英语词典》所强调的，度量化就是被简化为一种共同度量，可以无余数整除。但是余数……难以避免……度量化自身也会产生余数，纳卡西斯（Nakassis）对此的术语是‘过量’（surfeits）”。余数或过量难以避免的原因源于这么一个事实，即度量化需要从对被比较实体定性描述特定的选择性忽视中抽象出来，这可能会破坏度量化所依存的相似性主张。然而定性的“过量”总会再次出现，仿佛一个令人不安的提示，提醒着人们不可通约性的存在。“可度量化的有力主张”，叶在文章中写道：多余的价值……一种定性差异，似乎对比较产生了冲击。因此，计量“始终是一种成就……受到权威认可，并容易遭受可能的失败”，可能的失败“是持久的和结构性的”，而不是例外。

透过度量化的视角，获得罕见病药的“附加价值”的目标是努力恢复用标准评估技术衡量操作而被忽视或抹除的多余（过量）。然而这种恢复的姿态必然与完美度量化理想相冲突，没有余数，也免受不可比较的、差异的影响。完美度量化的理想可以通过更加符合标准证据形式的方法来实现，但是这种方法有可能剥夺患者输入信息的情感能力，又难以完全克服其作为证据的不确定状态。此外，由于缺乏将非传统证据纳入有明确的标识和由规则管理的评估流程的明确指导，评估委员会成员可能会绕开非传统证据，支持定量证据，这就更容易解释了。总之，对于定性的剥夺破坏了平稳长顺，看似自动的度量化，揭示了不可比较的定性方面。问责和信度的棘手问题也就水落石出了。

要理解定量的削弱为什么会导致问责危机，有必要牢记量化在科学和公共管理中的象征意义和道德价值。历史学家洛林·达斯顿（Lorraine Daston）指出，科学的道德经济要求“控制判断，服从规则，简化意义”，所有的这些都通过依赖量化在实际上和象征意义上得到加强。正如泰德·波特（Ted Porter）的有力论证，“统计学在科学中最重要的作用之一，是对信仰的解释”。在19世纪，这种公正的科学理想被注入公共服务伦理，量化也因此成为技术官僚的美德与可靠的象征性保障：

对于缺乏普选支持和神权背书的官员而言，数字的吸引力不言而喻。武断和偏见是对这些官员的最常见批判。根据数字或者其他类型的明确规则做出的决定至少看起来是公平无私的。因此，科学客观性因而为公平公正的道德要求提供了答案。量化是一种在没有明显决策的情况下做出决策的方式。

除了问责制问题，引入定性证据也引发了该证据质量和病患声音可信度的焦虑和矛盾心理。真实性是此类证据信度的保障，但是真实性本身就是一种难以估量的品质。制药行业把罕见病患者当作重要的战略盟友，而监管机构也警惕脆弱的患者及其家属可能被制药利益集团利用，这使问题变得更加糟糕。事实上这些潜在的盟友就好像他们的病一样，是罕见的。为了争夺他们，制药公司从罕见病药开发的最初阶段就把患者当作合作伙伴。这是他们权威的保障，也是关于疾病发展的信息来源和重要临床终点依据。罕见病患者和医药代表都是他们战略同盟级别的重要资产，产业也都围绕着这个主题展开。笔者曾到一所暑期学校参观，该校开展了一个为期一周的课程，对罕见病患者及其代表进行培训。对和医药行业过于紧密合作的种种警示让笔者很是震惊。一年一度的暑期学校由欧洲罕见病组织运营，旨在为学员提供“成为药物研究和开发专家所需的知识和技能”培训。换言之，该课程帮助患者及其家人将他们的个人经验纳入公认的专业知识以进行宣传。然后，与会者会一再受到警告，提示他们与行业密切合作的风险，因为这会损害他们在监管机构眼中的可信度，面临着评审资格被取消的风险。[10]

关于“病人声音”真实性的敏感性问题随后在另外一个民族学案例中也有所体现。那是一场致力于促进罕见病药研发的国际会议，一年一度的会议为期两天，会议的宣传口号是“罕见病行业的战略、倡导与合作”，入场券早鸟价将近2000欧元（约2200美元），学者和监管机构都可以享受折扣。罕见病患者及其代表可以免费入场，甚至在某种意义上被奉为上宾，仿佛是某种高尚品格的化身，彰显了罕见病药物研发的紧迫性。一个会议小组由三个来自北美不同药企的“患者体验官”组成，他们在发言时提及罕见病患者及其家人，语言夸张，态度谄媚，将患者及其家属称为最了解这个病症的专家，在罕见病药研发的全生命周期发挥着至关重要的作用。回想我所听到的给所谓患者专家的警告，当麦克风传递到我手里时，我带着某种战略性的冒失，提了这么一个问题：“如果患者专家被认为与行业过从甚密，受到影响和腐蚀，从而丧失评审资格会出现什么后果？”麦克风很快被从我手里抢走，一个会议小组成员草草回答了几句就开始了下一个问题。“那个，”她厉声说，“不是我们在这种场合谈论的内容！”

如果罕见病患者被摒除在监管和评估过程，仿佛一种尴尬的难以融入的“过剩”，那么我在这种情景中的质疑同样是一种不受欢迎的“过度”，一种可能会玷污某个崇高企业的赘生物。我是个挑剌的外人，不是温顺的病人，我的干预引发了愤怒的否认和象征性的驱逐，而不是定义罕见病特权精神的同情和包容。

在前面几节中，笔者描述了一种监管的例外空间，其中定量规则被删减以适应不容易被现有定量技术控制的罕见情况。本章已经解释过罕见病相关的条款如何在重视规律性、一致性及可比较性的领域中引发的问题和分歧。这些条款还能满足人们对问责制的担忧和对病人发声真实性的焦虑。下一节，本章将描述罕见病例外论如何引发表现为对罕见病和相关药物真实性质疑的平行焦虑：何为真正的“罕见”？某种治疗方案要多独特才足以用于治疗罕见病？正如我们所看到的，现在制药行业正在经历一场淘金热，掘金者纷纷涌入“罕见病空间”，从而产生了监管罕见病空间边境、确认罕见病身份和揭发伪装者的需求。这是在药物基因组学发展背景下发生的事情。药物基因组学使治疗靶向常见疾病的基因组亚型成为可能，也导致了“罕见”疾病数量的上升。在此过程中，现有的疾病类别和分类惯例正在被颠覆，为论战和操纵创造了较大的回旋余地。

综上所述，这些发展对于关键的量化研究具有双重意义。一是关于真正稀有性的冲突和争论把人们的批判引向分类模式和惯例在量化工作中的重要性。二是这些发展提醒我们，如果事物必须被“量化”，且已通过量化和分类进行了一定程度的描述和处理，它们仍然可能具有一些特征或者属性，使进一步的量化操作变得更加困难，具体表现为抵制进一步的量化或者难以被准确地量化。

第四节 移民罕见病空间：罕见病组织、单一战略与切香肠战术

罕见药的商业和监管利益促使制药企业生产可以获取罕见病空间移民资格的产品。2017年，咨询公司Evaluate Pharma在一份咨询报告中指出“罕见病药市场增长稳定，势不可当”，透露罕见病药行业销售额预计将每年增长11%，是传统药物销售的两倍之多。罕见病患者在药物上的平均成本是非罕见病患者的5.5倍。到2022年，全球罕见病药销售额达到2090亿美元左右，占处方药销售额的21.4%。美国食品和药物管理局（FDA）收到的罕见病药研发申请创下历史新高。2020年，FDA批准的53种新疗法中有31种（58%）用于罕见疾病治疗，到2022年罕见病药累计占据欧洲药物研发的55%左右。制药行业会议的主题通常是大写加粗的“最大限度发挥罕见（孤儿）病优势”和“打造全球罕见病治疗领导力，促进生物健康产业增长与发展”，这些信息来源于2016年9月在波士顿举办的Fierce Biotech生物技术药物研发论坛和常被引用的《罕见病药研发：生物医药研发的经济可行战略》（*Orphan Drug Development: An Economically Viable Strategy for Biopharma R&D*）和《罕见病药的经济力量》（*The Economic Power of Orphan Drugs*）。

在实践中，追求罕见病优势往往被称为罕见病化：通过产品定位使其被合理地认为可以用于治疗某种罕见疾病，被认为与现有产品有明显的区别，因而获得市场排他权。上述策略被认为是单一化战略的实际案例，引发了关于“罕见”疾病界定、命名和分类标准的讨论。一些知名的案例显示，制药公司根据罕见病药条款申请获批，研发生产的药品比最初获批生产的药品应用范围更加广泛。讽刺的是，治疗罕见病的药品因此非常走

俏。[11] 此外制药行业通过将常见疾病细分为各种亚型，把这些亚型归类为新的罕见疾病并从中获利。监管机构将这种将常见疾病细分为各种亚型的策略称为“切香肠”战略，谴责这种做法是对罕见病条款的滥用。

随着在药物基因组学技术的进步，切香肠战略的应用机会大大增加，因为疾病类别可以被分割为颗粒更细的基因组亚型。用一位法律分析师的话来说，药物基因组学的发展使切香肠战略的应用达到了新的高度，如此一来“每种基因变异都可能被认定为一种独立的疾病”。近年来，平均每年“发现”250种新的罕见疾病。欧洲药品管理局高级官员汉斯-乔治·艾希勒（Hans-Georg Eichler）预测，我们正在飞快地进入所有疾病都成为罕见病的时代。[12] 随着“基于基因组学表型同质疾病更频繁地基于基因组而被细分为不同的亚群，在许多看似不同的疾病中，治疗方案的重叠现象日益增长”，这些发展趋势破坏了既定的疾病分类模式。

尽管这些趋势预示着未来高昂的药品价格，但是面对药物基因组学和生物技术的迅猛发展，监管机构和消费者都无计可施。此外，监管机构和制药企业之间存在着严重的资源不对等，因为药企可以提交令人信服的药品稀缺性说明，推进某种他们可以从中获益的药品分类制度。

鉴于上述发展趋势，一些专家得出结论称，罕见病药立法已经名存实亡，亟待改革。[13] 有建议称，罕见病的认定或许不能基于患者群体规模，而应该参考使用同一种药物治疗的患者（可以分为常见和罕见等不同类型）总数。另外一个引发讨论的变化是将某种存疑药物的基因组靶点作为罕见病认定的基础。如果罕见病药的收入超过指定阈值，则有可能导致相关福利政策的取消。尽管采取了一些措施限制滥用罕见病药物法规的行为，但这些措施并没有解决随着药物基因组学和生物技术进步而出现的更基本的问题。例如，何为疾病？何为药物？比如说，在授予一种药物市场排他权之前，如何对其进行评估？最关键的标准是什么？举个例子，是因为药物的某种活性成分，还是全部的化合物？疾病应该根据表型、基因型或其他东西进行分类吗？干细胞疗法等新型的治疗方法是否跨越和破坏了现存的边沿和界限？

最重要的是，制药行业高度关注监管风险，正全力争取从持续的监管冲突中占据有利地位，在这个瞬息万变的领域攫取和保持优势。Evaluate Pharma在2017年的报告中温和地把该行业的增长归因于“目前消费者愿意为罕见病药付出巨大的代价”，但是对即将到来的反弹做出了预警，因为一些消费者开始坚持关于罕见病临床疗效更加狭义的解释。该咨询公司在2018年的一份报告中重申“反弹”已经出现，纳税人和政客们对于罕见病的审计更加细致，并且“质疑大型制药企业利用税收和监管优势开发罕见病药的公平性”。鉴于种种威胁，该咨询公司在2017年的报告中得出结论：“罕见病药行业必须通过持续创新证明罕见病治疗的巨大成本是合理的。”综上所述，以上发展趋势为现有量化研究文献中尚有不足的因素和动态提供宝贵的研究视角，也就是分类在实体或者不太适合进行量化操作中发挥的作用，以及利益相关方可能积极地操纵和干预，以便影响分类的模式，类别、技术和比较的惯例和辨别习惯。由于这些操纵和干预有可能从根本上扰乱或增强量化操作，因此值得特别关注。为了更好地理解这些动态，考虑“量化事物”所涉及的内容很有帮助，因为涉及的内容可以作为路线图，帮助人们思考如何令事物不易被量化。这反过来可以为本章所讨论的内容提供支撑，让人们认清制药行业的参与者是如何通过操纵手段一步步绕过现行的监管制度，实现自身利益的最大化。

第五节　不合时宜的量化：分类、比较和量化处理

历史学家阿尔弗雷德·克罗斯比（Alfred Crosby）提醒我们，计算的倾向和测量的冲动是有历史条件的。克罗斯比通过布鲁格尔的油画发现了16世纪中叶北欧地区对于量化的喜爱：

> 布鲁格尔的画中许多人物形象都通过这样或那样的方式将现实具象化为均匀单位的聚集体：例如里格[①]、英里、角度、字母、基尔德[②]、小时、分钟、音符。西方国家正在下定决心……用一种或多种均匀的计量单位来衡量整个宇宙。

为了呼应达斯顿在历史认识论中的观点，我们可以补充一点，这幅画的标题是《节制》（*Temperance*），强调了在当时量化倾向的伦理权重以及它作为高尚道德的隐义。

克罗斯比提醒我们一个非常关键但经常被忽略的事实：测量需要计算。只有当事物的相似程度足够高的时候，计算才有意义。如果相似度不足，也就是难以将事物归入同一类别的时候，计算纯属白费力气。一个众所周知的例子就是把苹果和橘子混合在一起。由此可见，如果将世界解构为统一的单位不再可信、自然与可取，那么量化操作或许也会失去一些魔力。

我们需要进一步探讨量化涉及的内容，以及量化可能变得不太可信的

---

① 陆地及海洋的古老的测量单位。——译者注
② 荷兰货币单位。——译者注

原因。量化不仅仅是一种技术操作，它还涉及根本的认识论和本体论。不同的时间和空间存在不同的认识论和本体论，不能简单地将其视为理所当然。例如，柏拉图接受了赫拉克利特的持续变化和不断流动的哲学观念，亚里士多德则洞察了测量的诡计与暴力，意识到它只能通过剥除定性的方法实现，剥离所有可观的属性，例如轻与重、软与硬、冷与热以及其他可观测的矛盾属性。正如克罗斯所引用的先贤思想，我们作为具有批判性思维的学者很容易就能分辨那些本体论和认识论的认知。这种认知涉及哲学知识中的量化、分类和比较。类似的认知也存在于日常用语中，通过判别的习惯和意向以及分类和比较的日常行为中体现出来。

这种习惯和倾向值得我们进行批判性探讨，因为它们在构建良性或非良性的框架认知时，笔者脑海中的想法是，首先我们要考虑一个明确的哲学表述“相似性”。美国哲学家纳尔逊·古德曼（Nelson Goodman）曾经用戏谑的夸张口吻说，相似性是“阴险”的，“随时准备解决哲学问题和克服障碍的相似性，仿佛一个伪君子、冒牌货和庸医”。它虽然有自己的位置和用途，却总是在不属于自己的地方，宣示不属于它的权力。古德曼的观点翻译成大白话就是相似性受到认知论和哲学的影响，因为任何关于相似性的计算都难免片面，是选择性关注事物的某些方面而忽略其他方面的结果（其中一些是克罗斯比引述的亚里士多德的观点）。对此，哈恩和拉姆斯卡尔的评述如下：

正如纳尔森·古德曼广为人知的观点，相似性本身或许被认为是一个空白的解释性结构：任何两个事物都可以是相同或不同的，这完全取决于通过它们的哪个方面来描述二者的相似性。我窗外的鸽子、我坐着的椅子、我桌子上的电脑的相似之处就是它们与我的密切联系，以及它们和太阳之间的距离，等等。它们也有许多不同之处，例如，它们是否具有生命，在不在我的办公室里，等等。除非我们具体说明用以描述事物相似性的方面，否则对于相似性的判断就只是一种空洞的陈述。

在非哲学领域，类似的相似性原则和认知也在医学和分类学的历史上引起过争论。人们持有的观点从相信分类系统可以“在关键处雕刻自然”到唯名论观点“物种、属或家庭都只是我们根据解释性或实用性目标将不同的个体分类的名称而已”。

在笔者看来，当人们对世俗的分类和比较行为以及日常相似和差异行为表现出不同程度的接受或怀疑时，就能分辨出这些关切和认知的日常版本。与哲学家、科学家和分类学家一样，人类主体在日常活动中表现出集中或分裂的条件倾向，以及辨别差异或相似性的不同倾向。我们可以认为这些属性和倾向类似于皮埃尔·布迪厄（Pierre Bourdieu）关于惯习的概念，因为它们既是模式化的也是习惯性的，既是被动灌输的也是主动接受的。[14]然而，相较于惯习而言，这种类型的倾向是可塑的，而且更容易受到语境变化的影响，随着主体的实用性目标和实施动作的变化而变化。你花在洗碗上的时间当真等同于我去杂货铺采购和准备晚餐的时间吗？一件黑色外套可以和另一件互换吗？如果其中一件外套是羊绒的，另外一件是美利奴羊毛的，这很重要吗？墨西哥比索以官方汇率兑换成美元，两种货币是完全等值的吗？还是说一种货币的贬值速度比另外一种货币快？

从上述材料可知，将常见疾病进行基因组亚型分型，从而导致罕见疾病数量的增加，可以被视为在基因组学和生物医学领域发生剧变的社会技术变革背景下，分类和感知模式的部分转变。制药行业努力在罕见病的例外之地通过单一战略打造新产品或者通过实质性提升产品独特性，确保该产品无论如何比较、分类、评估和估值，都是足够独特的。他们通过对分类的习惯和实践进行战略性和实践性的积极干预以获取商业优势。当积极的患者和他们的制药企业盟友对定量暴政发起冲击时，他们就像古德曼一样，拒绝基于定量形式的证据和扁平化的监管范式，并揭露其中的诡计和抽象化的暴力。这些都被视为可能发生的干扰，以及当实体罕见、独特甚至是单一的定性过剩得到恢复时，可能产生优势的例子。

总而言之，已经习惯“自然”量化的人，也就是认同量化需要测量和计算的人，认为测量和计算是基于分类和比较的操作。这些实践随着文化和历史的发展，受各种争论和改革的影响而不断变化。罕见病的优惠政策和监管特殊待遇随着药物基因组学和生物医学的发展，为制药行业提供了发展动能和通过干预谋求商业利益的机会。他们通过调整类别和分类模式，对判断习惯和感知能力进行干预，这些判断习惯和感知能力使量化更加自然与合理。本章的下一节和最后一节，展示了医药行业参与者不仅干预监管专家和其他同行，也在努力影响地方习惯和倾向，通过塑造新的文化想象适应临时性的类别和分类，对所谓量化的优势保持更加怀疑的态度。

在概述制药行业参与者如何通过塑造文化想象削弱量化的魅力之前，希望读者们注意这些发展趋势对于本章重要论据的重大意义。这些发展趋势表明对既定量化体制进行积极主动干预的可能性，它们还揭示了关键文献中关于量化的偏见，这些文献倾向于探讨量化机制的假定固化和不可逆转性倾向。虽然不排除制药案例的独特性，即在生物医学动态发展的背景下，参与者带着丰富的资源入场，玩一场高风险的游戏，但是这种偏见仍然值得批判，虽然这种批判或许已经超出了本章的范畴。值得注意的是，这种偏见似乎在一定程度上是通过有选择性地关注量化体制的物质维度和基础设施以及忽视其对应的理想、文化或者倾向而形成的。[15]

第六节　被定性的量化：自适性相宜、预期和永不相同

在本章的最后一节，笔者将描述孤儿空间是如何被作为监管和倾向性实验空间得到积极培育的。通过一系列试点措施，这种情况既偏离了现有药品监管机制逻辑，也偏离了将情感具象化和赋予其价值，而非支持以量化为基础的监管模式的逻辑。这些萌芽的情感颂扬的是适应性和迸发的潜力，而非稳定性、规律性和标准化。随着基因组学、合成生物学、干细胞研究和组织工程等领域的发展，这些情感和取向正在融合成一种所谓的“后基因组学”文化想象。对于试图抵制层层监管、评估和估值规范，通过定义新的监管格局获得优势的工商领域参与者而言，这种精神是一种宝贵的文化试金石和资源。诞生于社会技术中的变化很有可能被释放出来，对新兴倾向性的认同也增强了对新范式的认同，增强了监管规范的可信度，因为监管规范古板和谨慎的属性被批判为不够缜密。

医学人类学家琳达·霍格尔（Linda Hogle）恰如其分地指出，生物工程和再生医学领域新兴事物的不稳定性和当前监管的稳定性基础之间的不协调性日益明显。干细胞疗法和组织工程等新技术因其相对现存的分类、分类模式和监管规范而言具有“不规则性”，被称为“生物活体”和“边界爬虫”。因为干细胞和基因疗法是“活生生的”生物技术和干预措施，难以轻易地被标准化的监管和标准的随机对照试验和循证医学所规范。它们提供了一个开放且具有吸引力的平台，人们通过这个平台批判现行的监管规范，发展对行业更加友好的替代方案。如前所述，这种方式为不确定

的分类和监管边界打开了机会的大门。为了充分利用这些机会，商业和行业的参与者基于不断适应和迭代的实验周期，播种所谓的“智能”监管模式，利用公众对创新的期望，以“颠覆性创新”之名进行推广。然而这种智能和灵活的监管形式严重背离了随机对照试验与循证医学的原则和规范。引用霍格尔对于这些差异的总结，“智能”的监管模式更加看重速度、效率和灵活性，而非谨小慎微的控制。它们还支持实时数据的持续收集，倾向于统计数据而非关注因果关系，推动自适性试验设计。他们可以接受较小规模的试验（可能是“N个案例”类型），在这种试验中，患者就是自己的对照组。他们也支持使用基于观测或计算模型的证据。新监管模式的支持者不是在努力寻求确定性，而是支持“谱系”证据，包括那些仅仅是“有说服力、有希望的初级证据”。[16]

在这些飞速发展的趋势中，孤儿空间正被从内部进行重建，被塑造成激进的实验室，其影响可能远远超过这块受保护飞地的范围。孤儿空间作为一个例外之地，容纳少数对定量规范较为迟钝甚至毫无反应的模式和技术。现在这个空间似乎成了一个庇护所，人们得以在这里设计和试验“智能”和“灵活”的监管形式。这些举措或许涉及基于“不成熟”的数据，有条件地批准用途有限（例如针对明确界定的患者群体）的新药，通常都有一个附带条件，那就是收集更多实时数据。随着循证医学的发展，可以预见新药的审批将会进一步开放和扩大。因此，有条件的审批也可能获得批准。例如，一种治疗罕见癌症的药物，尽管证据基础薄弱，随着药品有效性的证据不断积累，对于这种药品的审批将会扩大，该药品就能用于治疗其他类型的癌症。相反，如果监管认为收集到的证据难以证实其有效性，审批有可能被撤回。人们正在研发类似方案，用于资助昂贵的新型疗法，一旦在临床应用中观察到这种疗法的有效性就能收到拨款。

该方案的支持者认为通过这种方式可以增加有迫切治疗需求的患者的就诊机会，降低药品研发的时间和成本，甚至可以增强药品研发的创新性与可持续性。其中一项名为“适应智能”的倡议由一个制药企业联盟提出，该倡议许下了大而全的承诺“旨在通过恰当的方式在药品开发生命周期最早且最为合适的时机把效果最佳的治疗提供给最需要的患者”。这些治疗方案是打着罕见病患者和其他缺乏良好替代治疗方案的人群的旗号进行试验的。换言之，支持在特殊情况下使用灵活监管途径的人们显然将其视为一种未来方式，期待它们在未来成为“新常态”。[17] 批评者则大声谴责这些计划，并将其视为药品监管中“零证据竞赛”的一部分，也是使监管适应行业需求的一种手段。[18]

尽管这些试点举措到目前为止还没有产生明显的或者决定性的结果，我们仍然有理由相信，人们对于它们的支持度正在上升，它们那种生机勃勃的势头受到了越来越多的关注。美国总统奥巴马政府在2015年发布的《美国国家创新战略》（*A Strategy for American Innovation*）中呼吁“从根据稳定分类进行监管的技术转向接纳和需要更流畅路径的技术”。无独有偶，美国食品及药物管理局干事斯科特·戈特利布（Scott Gottlieb）在2018年批准了更加灵活的药物开发和监管办法。

通过这种方式，孤儿空间已经成为对于量化的要求稍低的药品监管模式的安全区，似乎也是培育明显区别于量化道德经济的情感的沃土。换言之，在孤儿空间中培育的试点举措或许正在重塑支持量化霸权认知和取向。凯瑟琳·蒙哥马利（Catherine Montgomery）利用这些“智能”和“灵活”模式的情感脉络，提出了一种在道德经济方面倾向于适应而非标准化的药品试验的预测。

预测指的是一种“面向未来的思考和生活模式”。在这种模式中潜藏着重新创造可能性的机会。这个过程的关键是放弃声称可以预测未来的知识生产模式，例如预测、投机预测和计算机模拟。确定性不再是这种道义经济的货币，可预测的确定性才能有效推进准备工作，同时促使人们不断努力寻找探索未来的新方法。

人类学家凯伦·陶西格（Karen Taussig）及其合作者注意到在21世纪之交的生命科学和公众认知中，潜力是一个核心概念。他们认为潜力的概念框架允许人们讨论那些不存在、甚至永远都不存在的事物，打开了一个充满未知的认知空间。这个空间充满了希望和可能性。“在生物医学实践中，”他们写道，“潜力反映了现实与可能性之间的差距。这样的差距打开了一个充满魔法和神秘的想象空间，在这个空间里，与激活机体和通过创新方法延年益寿相关的未来建设活动显得非常突出”。人们越来越关注“事物可能不是它们本来的样子”的可能性，世界日益成为“无法用万能公式刻画”的“形成过程”。此外，一旦人们高度重视新兴和持续的变化，即一种俚俗的赫拉克利特主义①，稳定的分类就显得没有那么重要了，或者至少被视为暂时性的。更重要的是，站在克罗斯比的角度来看，如果事物随着时间的推移，不再完全相同，量化的操作也将失去一些可靠性和显著性。不可知性可以被解读为一种积极、神秘而具有潜力的状态，一种需要进行战略部署的资源或资产[19]。如果说量化的推行得益于其消除不确定性并用积极的知识来取代不确定性的能力，那么对于潜力和未知的日益关

① 赫拉克利特，古希腊哲学家，爱菲斯学派的创始人。他的思想有着浓厚的辩证法色彩，认为对立双方是相互依存又相互转化的。他还非常重视感觉经验，最早提出感觉是否可信的问题。列宁称赫拉克利特为“辩证法的奠基人之一”。

注或许会削弱量化的权威及其魅力。

回到本章的核心论点，孤儿空间的发展趋势似乎正在形成对药品监管、评估和估值领域量化权威的有力挑战。因此，该案例为许多关于量化的关键趋势的研究提供了有力的证据。该研究将量化制度描述为固化和不可逆的，并且对批判态度无动于衷。孤儿空间内外的发展趋势也证明了强大的参与者们（在此案例中是拥有丰富资源的制药行业利益相关者）可能正在积极地干预和挑战现行监管范式和实践，推行在量化方面相对宽松的替代方案。在此过程中，他们利用了罕见疾病患者的道德权威，挖掘了公众对于未来后基因组时代的想象。在那个时代，标准化与可量化处理的医疗干预将为根据个人基因组量身定制的治疗方案让路。

这里提出的案例也主张在关键的量化研究中拓展一个分析领域。具体而言，笔者提出关注判断习惯和感知能力的价值，因为它们决定了我们将世界解构成可量化单位和稳定分类的自然性和可取性（或不可取性）的直觉。这些因素与“量化事物”的过程密切相关，可看作是量化的霸权工具。和其他的霸权工具一样，那些影响量化权力和感染力的工具或许会因为时空的迁移，被卷入争论和挑战中。

最后，值得读者们注意的是，该案例中对制药领域定量霸权的成功挑战和全书关于数字局限性的主题一脉相承：人们对于量化方法的有效性和广泛应用存在怀疑，并希望对其使用进行适度的限制和限定。因为人们认为量化方法存在局限性，滥用量化方法可能会带来一些问题。制药行业成功地把“数字的局限”变成一种可能，这表明对于量化的过度狂热或过度批判本身就值得批判与限制。

1. 这显然是个讽刺，因为批判与量化制度的固化和对批判无动于衷的批判本身就带着类似的固化倾向。

2. 卫生技术评估（HTA）指的是“一个运用明确的方法确定某种健康技术在其生命周期不同节点价值的跨学科过程”。其目的是为决策提供信息，打造公平、高效和高质量的卫生系统。HTA由全球的机构和部门承担，包括国家、国际组织以及负责决定哪些医疗产品可供患者使用或有资格获得报销的保险公司。在某些情况下，卫生技术评估和卫生技术评价有所不同，指的是上述卫生技术评估全过程的不同方面。评估通常指“收集和批判性评估科学证据”，而评价通常指“审计评估结果的同时参照由推荐委员会提出的其他（政策）因素”（欧洲患者治疗创新学院，时间不详）。在本章节中如无明确指出评审委员会以及活动，我在此使用的是广义的术语评估。

3. 该领域最著名的测量方法是质量调整寿命年（Quality-Adjusted Life Year，QALY），其作为定量工具素有争议。计算通过特定医疗干预手段获取的健康成本与效益，以评估其相对于其他医疗干预手段的价值。健康效益指的是患者在接受治疗后的寿命年（剩余的年限）和他们期望中的在寿命年限内享受的生命质量的产物。由此得出的数字可以用于比较某种药品相对于替代药品的成本与效益。详见第七章。

4. 像许多商品一样，人们经常讨论药品的“生命周期”，指的是从药品的研发开始，到获得市场授权，达到最大的市场渗透率，实现收益最大化。它的衰退对应着市场排他性的丧失和仿制药开始进入竞争。这种拟人化的形象在制药行业话语中非常普遍，似乎包含了某种属性从患者到产品的隐喻性转移。例如，一家行业咨询公司的网站宣称，和医疗保健专业人士经常提到“患者之旅”的方式一样，“进入市场是激动人心的，而这仅仅是你的药品之旅的开端。科文斯（Covance）的生命周期管理（LCM）团队帮助你药尽其用（Covance n.d.）”。

5. 罕见病药的中位价格约为常见病药物价格的5.5倍（EvaluatePharma 2017a）。

6. 在技术应用层面，“卫生技术监管”不同于卫生技术评估，指的是确定药物的安全性及其许可/市场授权。监管通常发生在药物评估之前。然而，在非专业用法中，卫生技术评估有时也会被划入“药物监管”的描述性范畴。

7. 在美国，罕见疾病的患者人数大约20万人，约1500人中有1人患病（NIH 2021）。在日本，罕见疾病的患者人数不足5万人，每10万人中大约有39人患病

（Mizoguchi et al.2016）。

8. 通过美国食品及药物管理局搜索引擎检索到的数据。

9. 2016年发往欧洲药品管理局（EMA）一封书信的签署人在信中表达了这种怀疑，对该机构在寻求加速新药市场准入试点项目的背景下对实际循证的支持表示担忧（Natsis 2016）。

10. 例如，欧洲药品管理局积极奔走，恳求患者在它的一些委员会上发声，并仔细审计候选代表是否存在潜在的利益冲突。

11. 罕见病药销量上升，得益于医生可以开一种未被批准的适应证药品。这种现象被称为“超说明书用药处方”。

12. 我曾在不同场合听到艾奇勒博士（Dr. Eichler）在罕见病药相关的会议和研讨会上提到过这种可能性。

13. 这是监管机构在会议和其他专业集会上讨论的共同主题和话题。

14. 惯习作为场域理论中的重要概念，布尔迪厄将其定义为“深刻地存在于性情倾向系统中的、作为一种技艺存在的生成性能力”，认为“它既会受到行动者主观因素的影响，又会受到互联网环境等客观因素的制约”。

15. 鉴于许多概念框架和分析视角可以用以观测这些因素和动态，其中一些来自与量化批判性工作非常接近的学术研究，这种忽视更加令人惊讶。历史认识论、客观文化和科学社会史的研究都围绕着上述观点、文化和禀性维度展开。该传统的典型例子都围绕着这样的观念、文化和性格维度展开。这一传统中著名的工作例子包括达斯顿（Daston）、加利森（Galison）、梅吉尔（Megill）、波特、沙平（Shapin）、谢弗（Schaffer）的研究。更广泛的社会科学研究为这些现象和动态的分析提供了更强大的概念和框架。除了布迪厄的“惯习”（1990），威廉姆斯的“感觉结构”（1977）、福柯的“配置”（1980）和葛兰西学派的“内在形式”（Buttigieg 1995）都提供了掌握和分析社会想象、禀性取向和判别习惯如何影响量化的工作和系统稳定性的路径。

16. 皮尔逊的头韵修辞背书（alliteratively phrased endorsement）被传统主义者认为是一种软弱和不完整的证据。

17. 在各种罕见病药研讨会和工作坊上进行的民族志观察。

18. 艾奇勒博士很喜欢这句话。艾奇勒博士是“适应智能”的积极支持者，公开驳斥适应性监管方法的批评者时，习惯使用这种表达。

19. 林赛·麦高伊（Linsey McGoey）描述了一个类似的现象：战略性地培养未知事物以此作为自身的一种资源。

第五章
数字解读

文献、案例记录和定量分析

劳拉·曼德尔

解读数字及其之间的关系在新兴的数字人文学（DH[1]）领域受到了前所未有的关注。传统上，哲学、文学、宗教、历史、文化人类学和语言等人文学科构成了内容丰富的定性领域。人文主义者通过文字、音乐、电影和艺术来记录和分析人类经验、过去和现在。随着数字人文的出现，数字进入了定性领域，并且逐渐占据一席之地。数字化方法被视为对人文学科的入侵，也就是所谓的数字侵略，遭到了强烈而鲜明的抵制。[2]人们担心数字抹去了背景和代表性的概念，担心沉淀了几个世纪的阐释学方法被电子图表中的社会学数据吞噬。

本章不再赘述围绕数字人文的批判和辩解，因为这方面的研究已经相当丰富。[3]本章将探讨数字人文在解读数字过程中的应用。当数字进入一个极具定性传统的领域时，它们的存在就是对传统的挑战。因为它要求人文学科使用非数字化的方式来捍卫自身的科学严谨性。在人文学科中，尤其是阐释学领域，专家们通常用阐释的方式为知识的合法性进行辩护，但是在过去他们通常把阐释和科学对立起来。如今，随着生物学和人文社科领域对数字数据分析的应用越来越广泛，热衷于分析本领域方法论和真理主张的社会科学家们开始思考叙事与数字如何相得益彰。例如，由普林斯顿大学科学史项目（1999—2001）赞助的研讨会产出的成果名为《无法则的科学：模型系统、案例和经典叙事》（*Science without Laws: Model Systems, Cases, and Exemplary Narratives*）。

接下来笔者将对简·奥斯汀作品《爱玛》（*Emma*）进行数字和非数字阐释，分析受规则约束的计算科学如何和与“没有规则的科学”互动。如果阐释是一门没有规则的科学，那么它通过什么方式创造价值？它的价值如何体现？

第一节 “阐释性的人类科学”与在案例中思考

约翰·弗雷斯特（John Forrester）因为发表了一篇文章被邀请参加普林斯顿的无规则科学研讨会。他在文章中描述了精神分析师所使用的“在案例中思考”的逻辑。该文集中的其他作者分析了人们如何将“模型”“案例”“典型叙事”和“轶事”等叙事方法应用于思考某个理论或问题。[4]詹姆斯·钱德勒（James Chandler）描述了“案例”在历史上如何形成，并在此基础上对其进行了定义：

> 据我所知，案例和情景的概念之间的关系向来非常密切。一个“案例”可以简单地理解为某种具有代表性的情况，而“情景”则是把理论应用于已有某种理解的案例的方法。

然而，精神分析学早期的分析就是在案例中产生的。《无规则的科学》（*Science without Laws*）显示，不仅精神分析学科有这个问题，经济学、历史学和人类学都会运用具体的案例分析，甚至会根据案例提炼或修改理论。

文学作品如何能被视为“案例”或经典叙事？读者在接受文学作品时就接受了它的前情设定：如果发生了什么，应该怎么办？（在此“应该”后面就是案例分析的内容）。虽然读者和角色之间肯定存在着某种认同，但角色所在的情境和行为实际上和“我们”是不同的，“我们”和“他们”之间存在区别和差异。小说中的场景和其中的人物构成了案例。通过书中的案例，我们得以在安全距离之外思考人生的问题。因为这些问题发生在别人身上（在此语境中，别人指的是不需要我们伸出援手的“纸片人”），所以我们不需要迫切地追寻答案。[5]没有现实中的压力，在游戏人生的空间中思考，因而产生了这么一个现象：文学作品可以改变读者的判断原则，就像精神分析理论基于案例产生，也可以因为案例而修改一样。

诠释学家约翰·大卫·卡普托（John David Caputo）将阐释定义为一种应对现实性的方式而非与科学事实相对立的方式：当“生活艰难”时，我们必须在“大量”可能的意义中进行排序。轻率地寻觅出路，是一种“快速思维”，这种思考是机械的。人们简单地把他们已知的东西和思考应用到某种情境。然而，当人们经过深思熟虑之后，当前的情境会导致他们审视自己习以为常的阐释模式，质疑这种模式的有效性，甚至改变这种模式，甚至用自己从某个“生活艰难”的案例中学到的知识来改变习惯的方式。文学作品鼓励这样的深思熟虑。通过阅读，读者可以观察书中的人物在遭遇某种情况时会做出什么反应，但是讨论（有时隐含在文学批判中，经常在文学课堂上出现）的关注点在于角色的反应是否正确。顺便说一句，在这里我想强调的是，把文学作品当作个案或者一个人物的“案例”肯定不是文学批评家唯一能做的事情，人们出于许多其他的原因从事文学研究。在此，我们探讨的是文学研究和数据分析以及阐释之间的关系。最近包括布莱基·维尔缪尔（Blakey Vermeule）在内的认知科学批判学派的评论家认为人类大脑天生具备解释的能力。维尔缪尔认为读者们在讨论书中人物的时候把他们当作真实存在的人，因为试图理解他人的意图是人性的一部分。[6]

维尔缪尔详细探讨了奥斯汀小说《爱玛》中的人物贝茨小姐（Miss Bates），注意到她对周围的绅士们的描述是"乐于助人"。事实上，贝茨小姐在她的对白中一遍又一遍地重复"感激"这个词语。"非常感激，"维尔缪尔指出，"是她的口头禅"。这位觉得他人"乐于助人"和大方慷慨的女性真正感激的人是谁？贝茨小姐是一位清贫的未婚女士，依靠她非常感激的社会的善意谋生。小说开篇用了很长的篇幅讲述女主角爱玛和贝茨小姐的故事。爱玛对于婚姻长篇大论的抨击为读者理解小说内容画出了蓝图。爱玛告诉哈丽特，她结婚之后一定会悔不当初：

"我没有普通姑娘对于婚姻的向往。如果我坠入爱河，那就是另外一个故事，但是我从未谈过恋爱，那不是我的一贯作风，也不符合我的天性，我应该是永远也不会结婚的。而且，如果没有爱，傻子才会结束现在的单身状态走进婚姻！财富我不想要，工作我不想要，地位我也不想要。我相信没有一位已婚女士在丈夫家的宅子里拥有我在哈特菲尔德（我父亲的庄园）一半的女主人地位。我从来不曾想过我能在父亲之外的男人身上得到真正的爱和尊重。我在父亲的眼中永远是第一位，永远是正确的。"

"但是，你最终会像贝茨小姐一样，当个老姑娘！"

"这就是你能描述得最可怕的形象，哈丽特！如果我觉得有一天我会成为另外一个贝茨小姐，如此愚蠢，如此满足，如此微笑，如此絮叨，如此平庸，如此随遇而安，跟所有人絮叨自己的所有事情，那我会马上结婚。但是我相信，除了都是未婚之外，我们之间没有任何相似之处。”

“但是，你会变成一个老姑娘！这太可怕了！”

“没关系，哈丽特，我不会成为一个可怜的老姑娘。对于慷慨仁慈的大众而言，只有贫穷才会让独身变得可鄙。一位收入微薄的单身女人必定是个滑稽和让人讨厌的老姑娘！是小孩子们捉弄的最佳对象。但是一位家财万贯的单身女士，却是值得尊敬的，而且她可能和其他人一样聪明理智，令人如沐春风。这种区别没有乍一看上去那样违背常识。因为非常有限的收入会导致狭隘的思想和暴躁的脾气。那些生活拮据，而且生活在一个非常小的、通常非常低等社会里的人，很可能是狭隘的和暴躁的。然而，这并不适用于贝茨小姐。她的脾气太好，人太傻，和我不是一路人。她虽然单身又贫穷，却没有贫穷的概念。我真的相信，如果她在这个世界上只有一先令，可能会给出去六便士。没有人害怕她，这本身就是一种强烈的魅力。”

在当时的英国，婚姻是家境贫寒的女性的唯一谋生之道。像贝茨小姐这样贫穷的老姑娘应该保持谦逊低调，避免与社会格格不入，也就是成为“每个人都非常喜欢”的人。事实上，我们可以说，她带着爱玛很不齿的纯良的愚蠢，通过这种方式让那些她很“感激”的人忽略她的贫穷，让她融入社会。

通过阅读这段文字，读者可以看到小说中主要事件的意义。当然，爱玛最终放弃了舒适的生活和以自我为中心的态度，嫁给了奈特利先生。奈特利先生像爱玛的父亲一样珍视她，却不像她的父亲一样宠溺和纵容她，反而会纠正她的不当行为。在博克斯山拜访期间，弗兰克·丘吉尔（Frank Churchill）发起了一个游戏，要求每个人说一些俏皮话或者做“三件非常无聊的事情”。贝茨小姐第一个告诉大家说她可以轻松说出三件无聊的事情。她像平时一样说话，然后微笑着环顾四周，“好脾气地期待大家的认同”。爱玛忍不住开口说贝茨小姐只讲三件无聊的事太为难自己了。爱玛嘲讽了贝茨小姐，奈特利先生因此斥责了她：

我不能眼睁睁地看着你做错事而不出言劝阻。你怎么能对贝茨小姐这么冷漠呢？你怎么能对一个如此性情、年龄和处境的女性如此傲慢？如果她很富有，我可以容忍你的那些无害的小小荒谬，不会因为你漫不经心的行为而争吵。如果她和你的处境一样，但是，爱玛，你们的实际情况相差十万八千里。她非常贫穷，已经尽力地想摆脱出身的影响。如果她要活到耄耋，还要付出更多的努力。你应该同情她的处境。你现在这样做真的很不对！

爱玛的错误在于她虽然充分意识到了贝茨小姐的“境况”，却拒绝了贝茨小姐通过某种回馈方式融入这个圈子的努力。爱玛违反了贵族的准则。

对小说情节的讲述到此为止，现在是维尔缪尔对贝茨小姐案例的阐释。在笔者看来，这说明了文学案例是如何用于思考的。维尔缪尔说贝茨小姐所处的年代是18世纪末至19世纪初。她被赋予的（女性）身体和处境（她的身份）在当时的情境中，导致她的才华和能力被大打折扣，她命途多舛。维尔缪尔问道，为什么贝茨小姐这个角色被赋予了完全的主观性，她却一点都不愤世嫉俗？“我们不妨大胆猜测，”她继续说，“在她的喋喋不休背后，贝茨小姐在默默地忍受”。根据维尔缪尔的说法，贝茨小姐的口头禅与其说是表示感激，不如说是一个攻击性的屏障，显示了多少就屏蔽了多少。在此，我们或许会质疑维尔缪尔对《爱玛》的理解程度，或者认为她把自己的感受投射到了小说中。

接下来我会阐释贝茨小姐的案例作为一种思维工具的价值。在这之前，让我们先停一下，审视自己对于阐释这门科学的想法。正是因为“投射”的可能性，阐释学被认为是不科学的。根据两种有说服力的科学方法——“科学归纳主义”和“证伪”，阐释产生的认知是“可疑的”，因为阐释无法控制偏见。从结果中根除偏见才是科学方法的核心。相比之下，汉斯–格奥尔格·伽达默尔（Hans–Georg Gadamer）提出，最近约翰·卡普托（John Caputo）重新发扬光大的阐释学观点恰好激活了投射。维尔缪尔的投射不是问题，这恰好是阐释学的重点。

如果仅仅把贝茨小姐的案例当作虚构的故事，用简单的故事情节轮廓承载我们对该案例不同解释的冲突，那么我们的讨论就会集中在我们个人的信念上。然而，通过寻找证据来证明奥斯汀的想法和传达的信息，我们得以进一步探索各种理解世界方式的利弊，同时也更能理解奥斯汀的观点。通过阅读奥斯汀的小说，思考其中的情节、角色和主题，我们能够对习惯的思维和存在的方式进行思考，而不需要置身于现实中的巨大冲突中。投射仿佛是这种探索和理解的开关。笔者认为奥斯汀想表达的是读者的投射或许是机械而快速的，然而这种表达正是阐释的开端。互补或者矛盾的投射在阐释中被激活了，但是我们还是需要联系整本小说进行探讨。阅读全文，通过对文中的句子进行句法分析，找到其所支持的投射性阐释。[7] 然而，如果一部文学作品是具有变革性力量的，它就很难完全支持任何一种单一的意义投射，这就为多样化的“正确”阐释提供了很多可能性。文学作品欢迎读者的投射，因为只有这样，才能避免只有一个正确解释的偏见。

第二节　语言、讽刺

维尔缪尔对贝茨小姐的阐释“正确”吗？这个角色真的是满腹怨恨的吗？我们所能找到用以证实或者证伪这个观点的证据是纸上的言语和我们对作者世界观的了解，而这些证据都源于作者的小说。首先，要驳斥维尔缪尔的论点，本章展示的缩略版本更有说服力。她整理了一系列的论据，其中一个是贝茨小姐嘴里不断重复的“感激”一词。贝茨小姐偶尔也可以用其他词语来表达同样的意思，例如，她可以说自己很“感谢”而非“感激”，或者不说其他角色“乐于助人”而是“慷慨大方”。维尔缪尔的解读可靠且有说服力。但是也有证据可以反驳维尔缪尔关于贝茨小姐强忍怒火的观点。在爱玛坚称贝茨小姐听不懂她的刻薄话时，奈特利先生很生气地说：

“我保证她懂得并充分领会了你的意思。从那之后，她就一直在谈论这件事。我真希望你听一听她是怎么说这件事的，她是多么坦率和大方。我希望你能听到她如何感谢你的忍耐，感谢你给予她那么多关注，邀请她参加聚会、喝茶和短途旅行。你和你的父亲过去也经常邀请她参加这种社交活动，尽管她的交际可能是如此让人厌烦。”

根据奈特利先生的说法，贝茨小姐一点也不生气。但是，上文的“给予”是个关键词。爱玛和她的父亲“能够”对贫困的贝茨小姐给予关注。在奥斯汀的时代，贵族群体正在发生某些变化，而这些变化正是她在小说中反复抨击的：过去贵族和乡绅的声望主要通过荣誉积累，而这种准则却迅速地被财富堆砌的威望所取代。简而言之，奥斯汀小说旨在促使贵族阶层通过重新遵守高尚的道德原则而非财富资产进行自我定义。在奥斯汀的小说中，每个人都愉快地、自愿地、高尚地和贝茨小姐交往，而非不得已而为之。贝茨小姐也没有理由怨恨。但这是奥斯汀的理想世界，不是她本人生活的现实世界。

值得注意的是，奥斯汀并不以创作具有攻击性的女性角色而闻名，这可以作为反对维尔缪尔解读的重要证据。假如贝茨小姐不断地说"感谢"是一种讽刺，即使是《曼斯菲尔德庄园》（*Mansfield Park*）中的范妮·普莱斯和《说服》（*Persuasion*）中的安妮·艾略特这种饱受折磨的女主人公也不至于像她那样充满怨恨。当然，奥斯汀以反讽的写作手法而闻名，其中最具代表性的莫过于《傲慢与偏见》（*Pride and Prejudice*）的开篇第一句："众所周知的一条真理是，一位身怀巨额财富的单身男子，必然渴望拥有一位妻子。"这句话揭示了奥斯汀小说的主旨，讽刺伊丽莎白·班纳特的世界里追逐财富的小乡绅，还塑造了一个极端的角色科林斯先生。但是，反讽不是挖苦，也不是戏仿（尽管柯林斯这个角色接近于戏仿）。奥斯汀在写下《傲慢与偏见》第一句话时并无怨愤，仿佛在尼日斐庄园的上空温柔地嘲笑他们，同时也期待通过这种方式教导他们不再这么做，这是一种嘲笑他们乐此不疲地牵红线行为的聪明方式。

然而，在此需要为维尔缪尔的解读辩护几句：虽然反讽没有挖苦的攻击性，但是一旦使用了反讽的手法，就意味着开始了难以控制的不确定性。反讽呈现在我们面前的不是非此即彼的阐释，例如，"感谢"的背后可能是真诚，也可能是侵略。反讽展示了两种阐释，不能否定其中一种。因此，反讽带来的是不可控的不确定性。在此补充一点，客观分析对反讽不起作用。[8] 本章研究的是对《爱玛》的数字解读，以看起来更加客观的方式检验这些解读的价值与局限。

第三节 数字、语言

《史密森尼》[①]（*Smithsonian*）杂志的“智慧新闻”栏目上刊登的一篇文章报道了两组文化数据分析的数字发现。其中一组是对文体风格的计量分析。正如马修·约克斯（Matthew Jockers）2013年的宣言式的《宏观分析》（*Macroanalysis*）中所探讨的那样，揭示了性别差异。马修·约克斯的著作及其导师弗朗科·莫雷蒂（Franco Moretti）和斯坦福大学文学实验室合著的作品让文本挖掘引起了文学评论家的注意。第二组数据来自乔克斯（Jockers）的一篇关于主题建模的博客文章。一般而言，风格分析计量检索的是介词、连词以及最能代表作者风格的小词，而非作者有意识地做出的选择，也就是确定主题，因为作者也可以选择其他主题来表达其风格。换言之，乔克斯如果采用概率主题模型隐含狄利克雷分布（Latent Dirichlet Allocation，LDA）来确定写作风格是否与某种身体表现相关，这种做法会被认为是不合理的。尽管如此，努维尔（Nuwer）得出结论：“女性作者可以通过人类直觉以外的客观衡量标准检测。”在此不再赘述风格分析，因为笔者在其他文章中有详细叙述，努维尔文章的标题聚焦的是男女性别的相对差异：“数据挖掘把女性作家聚集在一起，把梅尔维尔（Melville）单独放在木筏上。”主题建模把梅尔维尔孤立了出来，因为女性作者在作品主题上有一种共同的倾向，梅尔维尔在这方面和他们有所区别，他的主题词当中的前五个分别是“鲸、船、男人、海洋、鲸群”。因为鲸主题不是典型的“男性作家”主题，因此梅尔维尔被放“在木筏上”，与其他小说家隔离开来了。根据主题建模，简·奥斯汀和其他女性

① 美国华盛顿史密森尼学会官方杂志。——编者注

主要写婚姻主题的作品是个客观事实。概率主题模型引擎列出了女性作家常用词汇表：

婚姻、幸福、女儿、结合、财产、心灵、妻子、同意、情感、愿望、生活、依恋、恋人、家庭、承诺、选择、求婚、希望、责任、联盟、感情、订婚、行为、牺牲、激情、父母、新娘、悲惨、理由、命运、信件、精神、决心、等级、合适、事件、对象、时间、财富、仪式、反对、年龄、拒绝、决定、求婚。

《爱玛》对婚姻的关注度显而易见，可以这么说，生活在18至19世纪的中上层妇女不得不把婚姻当作自己的事业，女性小说家关注婚姻也在情理之中。

虽然乔克斯的小说主题建模是客观真实的，它却无法说明太多东西。如果主题建模发现的客观真理，正如《史密森尼》杂志文章的标题所示，仅仅是梅尔维尔写鲸比任何作家都多，为什么还要千辛万苦地收集小说数据、清洗数据（可能需要一年时间），运用算法进行数据分析？而数据分析需要花数年的时间来学习。

他曾在《高等教育纪事报》（*Chronicle of Higher Education*）上发表的一篇文章呼应了笔者的观点。史密森尼从乔克斯作品提取的关于“客观”真理的显著性和认知贫困，并通过原声摘要的方式传递给我们。在《数字人文的幻灭》（*The Digital-Humanities Bust*）一文中，蒂莫西·布伦南（Timothy Brennan）在副标题中问道：“数字人文领域取得了哪些成就？”他自问自答道：“并不多。”

芝加哥大学的英文助理教授理查德·琼（Richard Jean）与同样来自芝

加哥大学的霍伊特·朗（Hoyt Long）合作写了一篇关于在现代主义俳句诗歌研究中使用“机器学习”和“文学模式识别”的文章，发表在《批判性探究》（*Critical Inquiry*）上。作者们明确指示程序员检索他们需要查找以及分析的信息。但是这种指示带来了作者们也难以控制的新问题。作者们承认，他们的一些阐释基于他们“预先”知道的东西，因此不需要做数据分析也能得出研究结论，有些数据根本毫无意义。经过三十多页高技术含量的分析，得出的结论是俳句形式独特，有别于其他短诗，这是我们早就知道的事实。

布伦南认为，文本挖掘无法避免“偏见”，文本挖掘的付出和回报也不成正比。布伦南有一个观点很值得肯定，文本挖掘的结果某种程度上都是我们“已经知道”的事实。正如南·Z. 达（Nan Z. Da）对文化分析的最新批判中指出：“简而言之，当前计算机文学分析的问题在于，得出来的结果稳健才显著（从实证的角度而言），不显著就不稳健。考虑到文学数据的属性和统计调查的性质，这种情况很难克服”。这是定量分析的悖论，即算法的结果必须和文学专家们显而易见的结论一致，才能证明量化分析工作是有效的。如果两者不一致或者算法得出了一些意料之外的结果，那么用南·Z. 达的术语来说，它就是“不稳健”的。

布伦南对文化分析的批判中犯的错误（或许达也犯了同样的错误）和《史密森尼》杂志的“智慧新闻”栏目的报道一样：假设文学作品的文本挖掘者是在寻找客观真理以取代阐释性偏见。[9] 据布伦南说，泰德·安德伍德（Ted Underwood）的文本挖掘也没有取得任何成果。事实却恰好相反。除了出版传统和数字化的文章和书籍，安德伍德还坚持更新一个前沿博客，实现数字人文的理论化，为其他的研究人员提供便利。他从

HathiTrust[①]数据集提取了大量小说数据（谷歌图书上的50万余本小说），创建了纠正机械地从页面图片抓取的文本的算法等。他是国家人文中心的会员之一，在该中心做过一场讲座，展示了他通过数字研究文学史的成果，明确指出他的目标并非追求客观性，而是通过数字梳理视角差异。安德伍德通过文本挖掘来“实施”，换言之，通过算法定义并付诸实践实现对体裁的定义。人们可以依据该种定义从HathiTrust大约2200万卷小说中提取合适的书籍。他的工作界定了在HathiTrust的数据库中，哪些是小说，哪些不是。批判者从客观性的角度出发攻击他道：“你关于体裁的定义是错误的。”他的回答是，是的，没错。使用算法的一大好处是，算法可以根据不同的定义进行修改，并快速生成结果。我们可以通过算法操作对N个体裁进行定义然后对结果进行对比分析，比较不同体裁定义的细节对文学语料的分类造成何种影响。安德伍德认同对量化治理所谓中立性的批判。他认为机器学习“吸收了偏见”，但是对于文学史研究而言，这其实是一个福音：“对于历史学家而言，某个特定时期的偏见肯定是他们喜闻乐见的。”

布伦南没有提到的对“文化分析”的早期尝试被斯卡利（Sculley）和帕萨内克（Pasanek）发表在《文学和语言计算》（*Literary and Linguistic Computing*）期刊上，名为《意义与挖掘：人文数据挖掘中隐含假设的影响》（*Meaning and Mining: The Impact of Implicit Assumptions in Data*）。他们的文章就像霍伊特·朗（Hoyt Long）和理查德·索（Richard So）的成果一样，遭到了布伦南的攻击。

---

① 美国高校图书馆建立的一个旨在将其成员馆所收藏的纸质文献进行数字化存储，为用户提供数字服务的数字图书馆项目。——译者注

通过研究英国辉格党和保守党在18世纪的文本以及认知语言学家乔治·莱考夫（George Lakoff）的道德政治理论探究自由党和保守党对隐喻的运用，他们得出结论："我们的研究不足以支持我们做出和莱考夫理论相关的任何最终说明。"然而，只有当"某物"是某个事实的科学证据时，"无物"才有可能发生。[10] 事实上，斯卡利和帕萨内克最初的成果证实了拉科夫的假设。他们的文章很大的篇幅都在描述他们试图用一些方法探究拉科夫没有想到的因素对最终结果有无影响，探究他们所得出的正相关结果是否真实。事实上，当他们检测某些因素对保守党和辉格党话语差异的影响时也得出了正面的结果。这些结论却很是乏味，因为得出测试结果仅仅意味着测试工作的结束，没有产出任何值得引用的结果。"没有"产生的原因是在特定时间使用特定隐喻的理由激增，所有的这些不是普遍性的问题，而是细节性的问题。

奥斯汀在她的小说中讨论婚姻是众所周知的事实。这相当于"是什么""怎么样""为什么"之类的细节问题。笔者通过Voyant文本分析工具把小说《爱玛》运行了一遍。Voyant是一种非常容易操作的工具，任何希望尝试和学习文本挖掘的人都能上手。结果显示，"感激"和"应该"聚集在同一个主题中，该主题还包含"荣誉""羞愧"和"遗憾"等奥斯汀笔下社会的整体感受。主题本身似乎聚焦于社会活动和互动上（例如在对话中使用的副词）。[11] "应该"一词在奥斯汀的所有小说中都很突出，一共出现了310次，《爱玛》中就出现了76次。通过"给予"的星号通配符可以同时检索到"应该""感激"和"义务"几个词。这几个词语在《爱与迷恋》（*Love and Friendship*）中使用最为频繁，《爱玛》排名第二，《曼斯菲尔德庄园》排名第三。这表明奥斯汀的全部作品都在质疑家庭和地位相关的义务。这对于一般的奥斯汀迷来说已经是显而易见的了。维尔缪尔的章节将会分析路径和原因。Voyant将会引发另外一个值得研究的问题，但是文学评论家必须进行研究。

在《爱玛》的主题建模和词汇计算中，“感激”一词反复出现，就好像梅尔维尔反复提到鲸一样。作者们将重复作为一种文学手段，唤起人们对某个主题的注意，但是这并不意味着每次使用词语都能反映主题。Voyant提供了关键字索引工具，通过对于上下文的检索区分对主题有意义或无意义的词汇运用。某些人在使用“感激”一词的KWIC结果的时候，有可能会将某个角色所说的“非常感激”判定为无意义，除非他们意识到重复使用这个词语的角色是贝茨小姐。

不加思考的重复是机械的。诸如重复这种语言的机械化运用既能引起注意，也能引发问题。真正地思考某个人的话语涉及各种各样的表达，需要做更加进一步的探究，不要把自己局限在一两个词语当中。到底是什么阻碍了思想？机械的不加思考的重复是一种病，是一种试图唤起自己对某事物意识的无意识尝试。“给予”一词让贝茨小姐陷入了一个慷慨但是不平等得让人抓狂的语言游戏中。贝茨小姐有无可能对这个词语有且仅有一种积极正面的感觉？她说这个词语的时候，心里想的和口里讲的一致吗？

我们使用的词语必须要比我们有意识想要的更有意义吗？斯坦利·卡维尔（Stanley Cavell）出版了一本名为《我们必须讲由衷之言吗？》（*Must We Mean What We Say?*）的文集。里面收录的全部文章都指向同一个答案：“是的，很不幸的是，我们言不由衷，虽然我们不想这么做。”然而，对于卡维尔而言，作品中的重复和计算是一种探索词语含义和意义的手段，它们并不是机械的重复，而是带有目的性和创造性的重复，旨在引发读者的思考和发现新的理解。卡维尔在其著作《瓦尔登湖的感觉》（*The Senses of Walden*）中定义了梭罗在《瓦尔登湖》（*Walden*）中的“计算”行为：

在文本中不厌其烦地标记每个词语在不同上下文中的含义，刻画每个词语的全部含义，以便探究在某个词中嵌入的关于世界意义的共识和共同假设。卡维尔认为，梭罗的目标是让读者领会“实际的”这个词语的全部含义，从而引发他们自己的思考。“但我不是那个意思，我指的只是这个意思”，如果再接这么一句话“难道不是吗？”，就相当于打开了不确定性之门。如果答案是否定的，意味着还有其他词语可以使用。如果答案是肯定的，那就是读者自主探索的开端。读者们开始探索所有可能的含义。例如，对于“实用”的要求不仅是这个词语的全部定义，而是在不同的语境中使用该词语所产生的含义。对于这些含义的理解让讲话者可以在特定的语境下决定是否需要“不切实际”。

《瓦尔登湖》和《瓦尔登湖的感觉》中无休无止的词语计数是它对于语言的救赎，把语言还给读者的尝试。它努力把我们从语言以及彼此的桎梏中释放出来，去发现我们与生俱来的自主权利。（与其去表达）某种言不由衷的意思，通过不断地计算和使用词语，我们试图将语言重新归还给自己，目的是帮助我们摆脱语言的束缚和相互之间的困扰，从而发现每个词语的自主性。这样我们就能够独立地选择词语，而不仅仅是关注它们的意义。词语的意义存在于它们所属的语言中。每个词语都有其在特定语言中的定义、用法和语境。我们对语言的掌握方式决定了我们在其中生活的方式和对语言的需求（想象一种语言就是想象一种生命的形式）。我们意识到，我们赋予某个词语的意义，是一种双向的回归，我们回归这个词语，这个词语回归我们，回归在我们彼此之间发生。

文学在最基本的层面上试图唤醒我们对语言所蕴含的生活形式的认

知，使我们（再次）意识到自己所使用词语的含义和意义。通过机械的方式（重复）来抵制不假思索的话语和思维，也就是《瓦尔登湖的感觉》一书所说的“梦游”。在《爱玛》一书中，奥斯汀有意无意地借贝茨小姐之口，频繁地说出“感激”和“应该”之类的词语。贝茨小姐或者奥斯汀希望通过这种方式表达讽刺吗？数字甚至不能告知我们任何关于重复的意义，当然也不能分辨什么是讽刺。在玛丽·沃斯通克拉夫特（Mary Wollstonecraft）的小说《玛丽》（*Mary*）一书中，“婚姻”一词重复的次数之多，足够通过数字工具统计。小说的结尾描写了女主角行将离世的场景，最后一段话似乎反映了她最后的想法：“她虚弱的病躯已经时日无多，在孤寂哀伤的时刻，喜悦的光芒却在她的脑海中一闪而过。她觉得自己正在快步奔向一个没有婚姻嫁娶的世界。”在计算机器看来，沃斯通克拉夫特写的是关于婚姻的女性主题，但这与哈勒奎恩的言情小说或者畅销书作家丹妮尔·斯蒂尔（Danielle Steele）的作品相去甚远。然而，当我们恰当地运用机器计算工具，就能有效调动“批判直觉”。

表5.1展示了通过Voyant的散点图工具运行小说《爱玛》的结果。其中使用了主成分分析和对应分析。两者将单词聚集在笛卡尔平面上，越接近表明单词的使用方法越相似。“拜访”“人”“家庭”“家”“朋友”“来”“离开”“告诉”“看”“听”等词语与社会活动与人际交往相关，多见于人们的对话交流中。当然，也可以用于内心独白或间接引语：“怀疑”“知道”“感觉”“假设”“想要”“当然”“立即”“相当”“几乎”。但是，尽管在小说中，这些功能相近的词语似乎相当常见（可以想象它们在多数小说中经常出现），其中又以“感激”最为突出。

表5.1 通过Voyant的散点图工具运行小说《爱玛》的结果

工具	参数	聚集在“感激”周围的词汇，代表用法相似
主成分分析* *在方格中列出（x，y）：从（-3.4，-1）到（0，5）的单词，其中“感激”位于（-2.4，2）	删除停用词和名字；原始频数；1个群组；3个维度；110个条目	（从左到右、从上往下阅读）：访问、人们、告诉、怀疑、感觉、看、感激、家庭、想要、来过、当然
对应分析* *在方格中列出（x，y）：从（-0.08，-0.02）到（0.06，0.25）的单词，其中“感激”位于（-2.5，2）	删除停用词和名字；原始频数；1个群组；0个维度；120个条目	（从左到右、从上往下阅读）：房间、来过、马上、很、像、白天、感激、看、听见、知道、家、愿望、最好、难得、想象、买卖、快乐、朋友、离开、路

我觉得“感激”不是一个在18世纪末19世纪初小说中常用的词语，而“相当”可能是当时常用的词汇。散点图展示的一些词汇虽然看似平常，却暗藏玄机：贝茨小姐来，拜访，看，听到，离开，然后“感激”，这些都是她的机械动作。她用“非常感激”来代替“谢谢”（“谢谢”或许是我们最希望在列表中看到的普通词汇）。她用来表达“感激”的这个词也表示“需要”做某事，隐含着“不情愿”的意思。她无法逃避这种意义，正如她无法逃避这样一个事实：她周围那些善良的贵族和绅士们的慷慨需要她用“非常合每个人的意”。在她的话语中，她一遍又一遍地回到“感激”和“义务”当中，就像一只飞蛾扑向燃烧的火光。重复仿佛一种症状，既反映了她的渴望，又意味着她无法逃避。她无法逃避这个词的所有含义，读者也不能。

由机器计算的重复必须被“解读”，对于数字结果的解读必须基于进一步的数据分析（调整数据集、参数和算法，就像笔者为了得出这些结果所做的一样），两者都涉及阐释。案例推理并对于统计分析而言并非可有可无的替代方案，而是必要的补充。[12]

为什么需要案例推理？运用定量方法的社会科学家们非常清楚，将世界解构到可测量的类别，他们在设计研究模型，为数字分析做准备的时候就运用了这种解构方法。在某种程度上，这种方法能为所有的问题找到答案。使用其他方法去探索世界，世界将会是另外一个样子。同样地，文化分析包括调整数据和算法，直到得到可以识别的结果（也就是稳健的结果）。从业者和评论家艾伦·刘（Alan Liu）认为，专家与机器之间的互动不是问题，而是操作的必要条件：

任何试图探寻人类如何通过运用机器创造知识的稳定方法的人都会在第一个悖论上栽跟斗。这个悖论就是人类和机器之间是完全独立的，它们分别拥有自己纯粹的本体、认识和实用性，因此能够被带入其他一方可知的方法论关系中……（数字）人文研究方法和科学方法时而相合，时而分歧。它的核心在于反复协调人类的概念和机器的技术，直到两者达到相互稳定的状态。正如皮克林（Pickering）在《实践的冲撞》（*The Mangle of Practice*）一文中所描述的“实践扰乱”，只有这样，两者才能在短暂的真实状态中相互支撑，而单独的一方无法做到这一点。

意义无从被寻找或被“看见”，除非为此付出特别大的努力。意义完全是人类的产物。安德鲁·派珀（Andrew Piper）的“小说文本挖掘”项目持续了六年，在关于该项目主题建模的讨论中，参与者对于在应用概率主题模型隐含狄利克雷分布（latent dirichlet allocation）引擎之前是否应该从文本中删除名称和关键词表达了不同的观点。笔者试着通过Voyant对《爱玛》进行主题建模，有时候保留人物名字，有时候去掉人物名字，尝试了更加简洁和详细的停用词列表，也采用了不同的方法对它们进行删除，最后决定使用一种特定的方法删除字符和停用词，在结果中看到了一些有价值的东西（以上的一系列动作都是阐释行为）。最重要的是，刘所描述的（在本文实施的）人机交互并不会使数字结果无效，相反，人机交互反而是产生数字结果的条件。

本·梅里曼（Ben Merriman）告诫数字人文主义者，勿在统计数据的阐释上投入过多精力。许多统计学家都抨击统计数据，认为其不足以成为论据。[13]当我们以统计学家的角度"阅读"和理解数字时，需要考虑到统计严密性之外的人类偏见。

统计学家和文学评论家在解读词语的时候，有一个共同点，就是都试图处理主观的投射，虽然用的方法不尽相同。统计分析的目标是尽可能消除偏见，而阐释学的目标是利用偏见。人们对于词语的解读是把意义投射到现实世界上从而恢复语言活力的过程，同时，也审视这个投射的过程，以限制个体的偏见。

第四节　投射：文学课堂的必要性

文学课堂上的讨论调动了一种专业知识，每个人，包括最初级的读者在内，都相信自己拥有这种知识，即理解人类心理的能力，虽然具体的操作方法各不相同。精神分析和文学讨论的目标都是将专业知识中那些过于简化或者预设答案的知识（例如偏见、推断、预设、快速思维和投射）转化成最初生产该专业知识的东西，即阐释能力、开放性的态度和持续修正自己习惯性投射的能力。

阐释学理论仍然基于德国哲学伽达默尔对于它的定义，即把自己的视角或者立场放入“局中”，从而置它们于“险境”。伽达默尔坚持认为“诠释学真正的关键任务在于把真理从错误的偏见中分离出来，从而以一种不同的观点脱颖而出，跃入人们的视野”。当我们将专业知识视为绝对权威和不可动摇的真理时，它就被固化了，仿佛它是唯一正确的观点，导致我们对其他观点或者解释保持怀疑的态度，认为它们都是错误的。我们应充分发挥阐释的作用，使读者在确定自己不受威胁的环境中探索另外一种观点。伽达默尔和卡普托都把文学作品和生活中的阐释过程视为了解他人思想的任务。“对于伽达默尔而言，”卡普托说，“诠释学意味着聆听和欢迎他人的到来，无论是生活中的面对面交流还是在伟大的文字和艺术传统中都是如此”。

然而，卡普托和伽达默尔对文学和生活阐释过程的描述缺乏精神分析的洞察力（可以说是基本的洞察力），因此，卡维尔在《理性的主张》（*The Claim of Reason*）中提出了他心怀疑论。对伽达默尔和卡普托而言，问题的关键在于他心。人们往往无法完全理解其他人，因为每个人都具有自己独特的思想和体验。但是，理解他人非常重要，因此需要通过阐释学的方式来实现这个目标。阐释学本身就是一种人类活动，旨在帮助人们超越自身思维的局限，以便更好地理解他人，增进彼此的沟通。《理性的主张》认为，他心怀疑主义是一种防御，是人类用于抵抗更令人恐惧也更加常见的现象，也就是朋友甚至是陌生人等他者比自己更加了解自己的事实。约翰·弗雷斯特（John Forrester）在《弗洛伊德战争记：精神分析及其激情》（*Dispatches from the Freud Wars: Psychoanalysis and Its Passions*）一书中描述了一个案例。一个男人对着他的爱人大喊：“我不生气！”他当然很生气，这是显而易见的事情。但是这个男人不想承认自己生气了，可能是因为他认为自己不应该生气。但是，他大吼大叫的一刹那，周围的人都看到了他的愤怒，他自己也看到了。与他人的互动会让自己暴露在无比尴尬的机械行为中，迫使自己不得不去思考。

当然，精神分析指的是将原本属于某个人的性格特征和习惯性的机械反应转移到分析师身上。精神分析的目标，笔者认为同时也是文学的目标，是卡维尔所描述的《瓦尔登湖》和日常语言哲学的目标，就是把我们的话语带回那个“使它们活过来”的语境。精神分析和文学创造出激发读者探索某个词语全部含义的好奇心、安全感和需求，无论话语的来源是谁，是小说中的角色还是现实生活中的人，“小说的艺术教会了读者通过保持距离，更加全面深入地理解和探索其中的含义。书中的每一个角色，他们所说的每一句话，都有来头，都有待探索”，即使这个“说话人”是我们自己①。当一个人在进行精神分析时，通常会发现自己的性格中存在着因为矛盾的命令和要求而困扰的部分。这些矛盾的命令可能表现为一些具体的症状。在理想的情况下，人们可以通过精神分析的方法，以更加健康和更具有创造性的方式来化解这些矛盾的命令，不再需要通过相关的症状来表达内心的矛盾。这是一种转化，将负面的、病理的表现转化为积极的、艺术的创造。[14]

精神分析的场景就像一部共同创作的小说。和精神分析师的互动，意味着在某个人过去的重要属性被转移到了分析师的身上。患者躺在沙发上时，仿佛不是在跟别人对话，因为他（她）看不到分析师的脸和反应。因此，分析师必须根据自己的习惯模式来形容自己的行为可能引发的反应。冗长的叙述之后可能是一阵沉默。“你可能认为我不应该生气。”患者突

① 换言之，我们不能因为说话者的身份、地位和背景差异就对其话语采取不同的态度或解读方式，而应该公平地对待每个人的话语，深入理解和探索其含义。——译者注

兀地说。分析师问："你为什么会这么想呢？"分析师真正想知道的是患者在解释意图时运用了什么具体原则，无论这些原则是自己的还是他人的。精神分析的意义在于"让患者知道他已经知道的东西，重新找回某种才能"。在精神分析的游戏中，分析师充分调用了自己的才能，通过这个过程来思考习惯性和机械化阐释的形成机制与基础。

因此，精神分析的出发点是"每个被精神分析的对象都把自己当作阐释他人心理问题的专家"，但是他们无意识的阐述往往是一种投射，也被称为"认知偏见"。根据弗雷斯特的说法，普通人在阐释他人心理方面的"专业知识"是"基本的起点和核心问题"。基于常识的阐释模型和基于特定成长经历的原则的本能判断需要被转化为阐释才能即将"我知道发生了什么"变成"我如何知道发生了什么，我说得对吗"？这不是一个有待回答的问题，而是一个启发性工具，让我们看清无意识的快速思维的工作原理。它们所牵扯的信念，给了阐释者一个机会，来确定他或她是否真的认同这些无意识的信念。

维尔缪尔指出，小说"揭露"了"认知偏差"。但是，首先得创造机会来调动认知偏差。每个参与案例讨论的人都会提出他们对于意义的投射，例如对贝茨小姐的案例分析。"不，她没有生气。"一个学生说。"是的，她生气了。"另一个人说。作为老师，我的目标是利用该案例的某些特定元素来探究上述两种观点，即上述维尔缪尔对贝茨小姐案例分析的利弊时所整理的所有文本证据。这一项工作的重点并非要分辨谁对谁错，而是将投射引发的不确定性转化为问题，通过提问帮助学生恢复阐释他人和自己的能力以消除下意识的反应。

谁才是对的？想象一下，我们和简·奥斯汀坐在一起，我们问贝茨小姐到底有没有生气。如果她回答说，贝茨小姐和她本人对她所处社会中女性的状况没有任何怨恨，说她绝对肯定她们都没有愤怒，那就会让我停下来思考。“我觉得，这位女士的辩驳太过于激烈了。”（莎士比亚剧《哈姆雷特》的角色格特鲁德的对白）这种反应构成了民间心理学的基础，也构成了阐释的能力。那就是在面对不确定性时，对确定性的激烈宣言往往有种安慰作用。那么维尔缪尔对贝茨小姐的看法是否正确？我们可以分别统计支持和反对的证据，在会议上宣读，决定谁对奥斯汀和贝茨小姐的分析最为准确。答案本身并非最有趣的部分。最有趣的是我们在得出一个暂时性结论的过程，无论这个结论是什么。

之所以说那是个“暂时性”的结论，是因为人们足够幸福的话，就会在漫长的生命中发现眼前的好答案在日后不一定是好答案。在讨论人种论是“一门无法则的科学”时，克利福德·格尔茨将关键的常识、下意识的阐释能力、快速思维能力描述为精神分裂症患者所缺乏的能力。

“自然自明性”的丧失，丧失了“对现实的常识性导向[①]，它已经深入人心，人们不假思索就能接受，它也已经渗透到日常生活中，成为毫不突兀的背景。它仿佛是理所当然的……共同世界的因素和维度。”这位患者是一名年轻的女士，声称自己没有“感觉的证据”，也没有关于生活和生活方式的“稳定的立场或观点”。她说，她觉得一切都很新奇，感觉“奇怪”“奇特”。她感觉自己“在外面”“在旁边”或“超然”，仿佛“我在某个地方远远地看着世界的运转”。“我到底漏掉了什么？”她问，“一些小小的（古怪的）东西，一些重要的东西，但是没有这些就无法生

① 常识性导向指的是人们通常不假思索、不加质疑就会接受的对现实的理解方式。——译者注

存……存在就是对自己存在方式的信心。我在最简单的日常事务上都需要支持。这是……这是我所缺乏的自然自明。”

格尔茨进一步论证，这种和自己习惯性推理的疏离是人类经验中普遍存在的潜力。而“仪式”正是将个体的存在方式“以一种通用可分析的形式”呈现，以缓解这种疏离感。[15]同样地，当生活危机出现，“肉体承受了千百次自然冲击”，导致一个人对自己的“存在方式”产生怀疑时，文学可以帮助我们“在理智层面上超越自我”。当一切看起来都“新奇”和“奇怪”的时候，我们可以通过回想小说，甚至是类似于贝茨小姐的案例，梳理自己令人震惊的习惯性阐释策略。

统计学旨在通过数字（回归分析和样本量等）来消除偏差。人类的阐释在追求真理时并不会受到“偏见”的影响。相反，阐释文学作品的目的是发现偏见的背景，并借此探索各种新的可能存在方式。一旦它们引发对案例和意义的兴趣，数字就可以提供新的案例或者对案例产生新的兴趣。然而，笔者最感兴趣的是，阐释学在提供解决偏见的方法时能否对数字实践产生影响，而非简单地消除偏见。

第五节　文化分析

本书引言引用了威廉·戴维斯（William Davies）2017年的文章《统计数据是如何失去其力量的——为什么我们要担心接下来会发生什么？》（*How Statistics Lost Their Power and Why We Should Fear What Comes Next*）。戴维斯对当前从“统计逻辑”转向“数据逻辑”的变化表示担忧。他指出，像Facebook这样的互联网巨头聘用了一批“不太可见的新精英”。他们从大量数据中寻找模式，却很少公开发表声明，更不用说发布任何证据。这些分析师通常是物理学家或数学家，但是他们的技能根本不是为社会研究培养的。笔者在前面提到梅里曼指责乔克斯和莫雷蒂忽视社会科学对于精心构建样本的需求，只有这样才能将结果推广到更大的人群。乔克斯在《宏观分析》（*Macroanalysis*）一书中指出，样本越大，结果越“正确”。没有一个统计学家像约翰娜·德鲁克（Johanna Drucker）那样肯定他们工作的效度。更重要的是，正如乔克斯所推测的一样，更大的数据集不一定更好。事实上，谷歌伦理人工智能团队的技术负责人蒂姆尼特·格布鲁（Timnit Gebru）被解聘的原因是她和艾米莉·本德（Emily Bender）试图发表一篇论文，文章指出数据集过大可能会产生错误和不道德的结果。她因此被谷歌的伦理与人工智能团队开除。[16] 正如戴维斯所说，结果是一个黑匣子。更糟糕的是，机器学习模型通过数据生成。在自然条件下随机产生的数据被收集时，它们把数据生产者的偏见带给了机器学习。这些人通过点击、发推文制造了这些偏见。然而，我们可以通过一些方法来处理数据集中的偏见，这些方法不仅可以被合理地视为“样本”，而且都来源于社会学。

《何为案例？》（*What Is a Case?*）一书中首先明确指出，如果不理解数据，就难以对定量分析进行任何假设：

> 定量研究人员研究了许多案例，而定性研究人员只研究了一个或少数案例，这一观点只有在对于“案例”的定义具有较大灵活性时才成立。实际上，许多被视为大样本的研究也必须被视为案例分析。

他们证明，即使是“大数据”数据集也是案例。例如，推特用户肯定不能代表总人口。事实证明，乔克斯用于分析男女写作差异的数据集在使用相同约束条件创建的数据集上也无法复现。因为乔克斯的小说是一个案例，是一个由乔克斯选择的3000多部小说组成的案例。

我们应当积极应对大量数据的产生，而不是简单地将构建数据集和机器学习视为制造虚假信息的手段。相反，我们可以把巨量的数字化数据的出现视为一种机遇。社会学努力阐明那些基于案例的主张。在此基础上，人文主义者抓住机会参与其中，提出一些学科研究方法，用于理解“好”的阐释。笔者认为这些研究的前沿学者包括前面提到的泰德·安德伍德（Ted Underwood）、大卫·巴曼（David Bamman）和凯瑟琳·博德（Katherine Bode），这三位都是计算机文学研究领域的学者，也包括采用混合研究方法的社会学家，例如，因为采用跨学科交叉研究范式进行机器学习能力研究而著称的劳拉·纳尔逊（Laura Nelson）。令戴维斯大为困扰的“未决的类别”（unset- tled categories）可以帮助我们超越数据的二元对立：男/女；白种人/其他肤色的人，诸如此类。[17]然而，笔者认为，要利用这一机会，文化分析领域的分析师们需要将自己的承诺降低到提供经验事实的程度。

安德鲁·派珀（Andrew Piper）出版《我们错了吗？数据时代的文本证据问题》（*Can We Be Wrong? The Problem of Textual Evidence in a Time of Data*）一书，书中详述如何使生成定量结果的过程和决策更加透明。德鲁克称之为阐释行为，目的是让我们更好地理解和解释这些结果所代表的含义，并将其放在恰当的背景和上下文中。当然，在文学研究中，正如安德伍德一再强调的那样，那些值得问的问题是有经验依据的，这些问题包括：小说从什么时候开始使用第一人称视角？某些流派何时最受欢迎？如果对“流派”的定义方式不满意，大可以从乐于分享的文化分析师处下载算法和数据集，运行一种定义“流派”的新算法。[18]然而，派珀《我们错了吗？数据时代的文本证据问题》一书倡导文学评论家们抛开并非从证据中提取的概论。这真是个好主意！他指出通过向社会学靠拢可以实现这一目的，而且有助于“维持我们作为一门学科的可信度”。像乔克斯一样，派珀主张通过“收集更大规模和更独立的样本”来“调节”（纠正？）文学评论家所做的概括，“而不是通过选择更多往往是有偏见的例子”。我对派珀的论点进行了插入性的修饰，这是他刻意回避的，但我此举并非为了设立一个稻草人靶子，而是为了表明主张，“更多”并不能消除偏见。

最后，笔者想引用卡维尔用来引出对莎士比亚戏剧《李尔王》分析的问题。卡维尔在一定程度上回应了新派批评者，后者可以说是引领了追求客观真理的科学主义浪潮。卡维尔首先指出，阅读不仅是呈现事实，在本案例中，还指“白纸黑字”的事实。如此一来，这些纸上证据用于论证什么就不得而知了。用来证明正确的阐释？然而阐释又是对什么的阐释呢？

我们目前生活在一个充斥着“另类事实”的时代。在这个时代，基于确凿证据来寻找和陈述事实是至关重要的，为了确保人们能听见这些事实做好充分的准备也很有必要。我们生活在一个恣意投射的时代，投射助长了在自由的通信系统上疯狂传播的阴谋论和仇恨言论。除了事实的公开传播，我们需要教人们如何用他人的视角审视自己的想法，从而觉察自己看世界的惯性方式。多年前，诺斯罗普·弗莱（Northrop Frye）写道，文学为“投射的恢复”提供了机会。笔者认为，阐释文学案例历史通过投射来揭示偏见，这项任务可以通过数字来实现，如果我们用数字来解读的话。

注释

本章主要受到我妹妹的启发。她问了我一个问题："你阅读的时候都做些什么呢？"她只是想知道专家们在阅读的时候都是怎么做的。另外，《美国现代语言协会出版物》伊芙琳·恩德（Evelyne Ender）和德雷·林奇（Deidre Lynch）编撰的《阅读文化》（*Cultures of Reading*）特刊（2018）也给了我一些灵感。

1. DH（digital humanities）是一个宽泛的术语，指的是运用计算方法理解和保存文化材料。在该领域内，"文化分析""宏观分析"和"计算文学研究"主要采用定量分析模式（关于这些模式的讨论详见Gavin，2020）。人们因为数字人文感到焦虑，但是定量方法在文学研究中的应用早在数字人文学科形成之前就已经出现："对文学的定量阐释可以追溯到图书历史、社会学和语言学，以及19世纪的一系列实验。这个传统是数字人文学科的一个狭义上的分支（相当于比萨是美式料理的一个分支）。两种事物都是从不同的社会环境中输入并继承了自己源远流长的历史"（Underwood, 2017）。安德鲁·派珀（Andrew Piper）认为，数量化的文字一直是文学分析的核心。

2.《在数字人文的阴影中》（*In the Shadows of the Digital Humanities*）（Weed and Rooney，2014）一文是由现代语言协会（Modern Language Association）一个名为"数字人文阴暗面"（The Dark Side of DH）的小组编写的特刊。读者们可以阅读该刊物查看更多案例。弗朗斯科·莫雷蒂（Franco Moretti）的作品（2007，2009a，2009b，2013）已受到广泛讨论（Goodwin, 2006）和攻击（Allington et al., 2016; Prendergast, 2005; Trumpener, 2009）。研究背景和参考书目建议参阅罗斯（Ross, 2014）与莫雷蒂（Moretti）的"远读"的开创及其和性别的关系，详见克莱因（Klein, 2016）的研究。

3. 由马修·戈尔德（Matthew Gold）和劳伦·克莱因（Lauren Klein）编辑的《数字人文学科的辩论》（*Debates in the Digital Humanities*）文集由明尼苏达大学出版社出版。文集中收录了该新兴领域相关的文章。南·Z. 达发表了两篇文章（2019a，2019b）抨击文化分析学。文化分析作为数字人文的子领域，运用文本中的数字证据来支持关于文学和文学史的论点，值得探究的是对这些文章的众多回应（Klein, 2019；Piper, 2020b；Schmidt, 2019）。

4. 玛丽·摩根（Mary Morgan）指出，囚徒困境的案例推翻了自由放任经济学的基石。自由放任主义在伯纳德·曼德维尔（Bernard Mandeville）的讽刺诗《蜜蜂的寓言》（*The Fable of the Bees*，1714）中首次出现，后亚当·斯密在《国富论》（*The Wealth*

of Nations，1776）中再次提及，即出于自身利益行事，也就是经济学上的理性行为，可以为整个社会带来良好的结果。上述两个故事都对理论产生了巨大的影响。摩根的叙述在细节上发生了变化，根据保罗·弗莱明（Paul Fleming）的定义，它变成了一个轶事。而金兹伯格的轶事则取决于细节，以此构成了他所谓的“微观历史”。

5. 斯坦利·卡维尔（1969a，326–331）描述了“表演的无能”（impotence to act）（1969a, 326–331）和舞台表演媒介强加给观众的虚构角色的反应。我讨论了“审美距离”概念的历史和兴起。伴随着大规模印刷（Mandell 2015, chap. 2）的兴起，以一种特殊的现代形式出现（Mandell 2015），值得重点关注的是，亚当·斯密在自己的作品中反复提及的“将这个案例带回自家”（bringing the case home to ourselves）的“同情（sympathy）”模式（Smith [1759] 1853, 13; repeated on 5, 14, 18, and 102）。斯密将同情心视为一种能够让我们将自己投射到他人的处境中的能力。通过感同身受他人的情感和经历，我们能够更好地理解他们的立场和行为，并与他们产生共鸣。

6. 然而维尔缪尔不同意我的大部分观点，因为我的论据基于精神分析（2012，427）。

7. 人们往往会过早停下阅读，说：“我不同意作者关于某人/某事的看法。”结果发现作者并未那样表达。伽达默尔所说的“完美偏见”是一种重要的阅读工具（1988，76–78）。虽然，你事后可能会向后一站，表示反对。这个活动需要我们暂时相信作者是正确的，同时寻找作者的术语来证明这一点。

8. 布鲁克斯（Brooks）认为讽刺是文学的“原则”。

9. 乔克斯在《宏观分析》中声称他对文学的分析更加客观（2013，6–7），但是我不确定他是否会继续坚持这一主张。无论如何，即使他们试图对文学史和历史事实进行实证研究，该领域最佳作品的目标不是比采用传统方法的文学批判更加客观，只是希望通过计算处理文本，获得文学史的广泛真相。例如，文本挖掘技术可以用来询问和回答相关的问题。例如，“第一人称叙事小说是什么时候流行起来的，大多数小说仍然是以第一人称写的吗”？

10. 非常感谢菲利普·加兰特（Philip Galanter）提供的这一见解。

11. 隐含狄利克雷分布（latent dirichlet allocation）的主题建模形式基于贝叶斯概率（bayesian probability），因此不可能每次运行都产生相同的结果。此外，从文本中删除字符名称和停用词（例如“the”“a”“mr”）会从根本上改变结果。在运行《爱玛》时构成“主题”的前30个词，包含了“obliging”（应该）和“obliged”（感激）在内，删除了角色名称和关键词，使用了100次迭代，得到的前30个单词是：

很快、来、说、肯定、愿望、愉悦、离开、词语、感激、古老、告知、听说、舒适、看着、看过、道路、生病、只是、给予、亲切、微笑、最好、说着、应该、荣誉、羞愧、遗憾、围绕、知识。

关于主题建模的阐释，详见乔克斯（Jockers）和梅里曼（Merriman）的研究。明诺（Mimno）开发的主题建模工具已被纳入Voyant（Sinclair and Rockwell n.d.）。

12. 本书的一位读者推荐了洛林·达斯顿（Lorraine Daston）的“范例推理”（reasoning from exemplars）概念（2016）。根据这位读者的说法，达斯顿主张“培养一种不受严格规则约束的判断能力”（Reader 2）。

13. 参见发表在《美国统计学家》（*The American Statistician*）杂志增刊上的《21世纪的统计推断：$p<0.05$之外的世界》（*Statistical Inference in the 21st Century: A World Beyond p < 0.05*）。

14. 注意这里的分析师显然不是艺术家，“没有人想成为别人的艺术品”（Schwaber 1983；Treurniet 1997）。

15. 格尔茨（Geertz）引用了萨斯（Sass）的观点。萨斯引用并翻译了沃尔夫冈·布兰肯伯格（Wolfgang Blankenburg）的作品。格尔茨把科米施的“komisch”翻译为“odd”（古怪的）。萨斯则把它翻译为“funny”（有趣的），格尔兹在注释中进行了解释（224n21）。

16. 关于谷歌解聘格布鲁（Gebru）的说法，请参见豪（Hao）和索姆奈特（Simonite）的研究。后者的文章值得一读，而且可能是出于好意，索姆奈特把格布鲁塑造成有心理创伤的搅局者。我强烈反对这种解读。把对微观（在这个案例中是宏观）侵略的反抗看作是由个人心理问题引起的，虽然更加容易，却毫无成效。

17. 博德（Bode）对安德伍德（Underwood）的评论和纳尔逊（Nelson）在得克萨斯农工大学的演讲的评论与本章有较强的相关性。在此泛指班曼的作品。

18. 泰德·安德伍德（Ted Underwood）在为NovelTM小组做的演讲中提出了这一点。

第三部分

糟糕的数字反而引起良好的社会影响

第六章

每日五份蔬果?

数字的交流、欺瞒和操纵

斯蒂芬·约翰

从血压计读数到经济增长目标，再到标准化考试成绩，我们的世界充斥着数字的测量、目标和指标。支持或反对所有形式的量化和支持或反对所有语言一样荒谬。尽管定量测量存在异质性，我们仍可以区分其两个主要目标：更好地理解某些自然或社会现象和改变某种行为。例如，通过衡量新生儿死亡率，更好地理解产科病房的护理服务，指责和羞辱“不好”的助产士。反过来，我们也可以区分数量测度的两种主要的批判。一种是它并不能促进对相关现象的理解。例如，如果新生儿死亡率统计数据没有考虑如何避免负面后果，就难以成为指导护理质量提升的有效指南。另一种是量化的应用在社会、伦理和政治层面都有问题。如果用量化数据指责和羞辱表现糟糕的助产士，可能会导致助产士拒绝处理疑难病例，对产妇和婴儿产生不良影响。虽然对于量化的支持或反对本身毫无意义，但是在某种情况下反对定量却是有意义的，比如说某种定量在认知上有问题，在伦理或政治上有问题，或者二者兼有。

这些评价非常抽象和普遍。从认识论的角度批评数字测量所采用的诸多方法，从（相对）简单的准确性到永远无法捕捉经验的情感维度的担忧，倒是可以展开细说。同样，量化的伦理和政治方面，也有许多值得商榷的地方。例如，考虑通过比较假设目标和实际结果来评价定量方案之间的区别。此外，广泛的认知和实践批评之间的关系本身就是棘手的。一方面，我们显然可以，而且通常应该将认知和伦理问题分开：新生儿死亡率可能会反映很多关于护理质量的信息，但是我们却有充分的理由不以此羞辱助产士。相反，我们可以把降低新生儿死亡率作为助产士的目标。我们眼中没什么大用处的护理质量指标可以用来创造一种共同的使命感。另一方面，这两种担忧往往相互交织。使用认识上具有误导性的指标往往会导致伦理问题。用这种指标来指责和羞辱助产士不仅带有误导性，也是不公平的。反之，使用定量数据作为目标会削弱其认知效度。例如，新生儿死亡率在某些时候可能是衡量护理质量的有效指标，但是把其当作目标却有可能误导人们通过操纵评估系统拿到理想的评估分数。

这种广泛的认知和伦理担忧之间的复杂关系并非数字指标所特有，而是从欺骗伦理的道德思考中来的。一方面，在区别某些说法真伪对错的时候，有个熟悉而常见的区别，比如评价某人的新发型很难看是挺残忍的一件事，即使事实确实如此。然而，这种区别在欺骗相关的案例中变得很复杂。（某种程度上）谎言在伦理上是错误的，因为它是带有认知缺陷的表述。我们经常使用欺骗的语言来谈论量化工具，“谎言，该死的谎言和统计数据”。本章的目标是如何通过古老的欺骗伦理来思考和理解数字的局限性。

具体而言，笔者查阅了医学欺骗伦理相关的大量文献，思考在医疗保健和健康建议领域运用量化的可行性。当然，医学和健康相关的量化主张产生的原因和传播方式众多，其中一些案例大家已经耳熟能详。例如，在呈现概率数据时使用“框架效应”可能会破坏知情同意。因此，本章不再详述卫生保健领域的欺骗和量化，转而关注一个特别有趣却未被充分研究的现象：“伪精确”的广泛传播。例如，每天吃五份蔬果的膳食建议。

公布自我提升的量化目标，用传统哲学工具实现概念化似乎是一种常见的现象。

本章第一节用了“每天五份蔬果”的案例简述了“伪精确”的概念。第二节和第三节讨论了该案例中出现的伦理问题。第四节在案例分析的基础上，阐释了三个更加广泛的“伪精确”道理。结论部分概述了数字在伦理道德方面的欺骗性，阐述了量化的不同视角之间的关系。

第一节　伪精确：不确定性与模糊性

健康管理应用建议每人每天至少要走一万步。英国把身体质量指数（BMI）25划为“健康”和“超重”的分界线。上述数字有两个共同点。首先，它们对个体产生了重要影响。例如，某些企业为员工提供健康监测器，鼓励他们每天走一万步。医疗机构或许根据BMI 25的标准判断患者是否需要接受治疗。这些精确的数字似乎是合理的。我们有充分的证据证明，体育运动可以改善身心健康。虽然，没有人真的认为走一万步比走9900步或者10100步更有益于身心健康。同样地，虽然人们都认可BMI为15的人没有超重而BMI为35的人超重，但是没有直接的证据足以证明BMI25是健康和超重的分界线（事实上，在美国BMI在30以上才算超重）。上述一万步和BMI的案例中的数据就是所谓的“伪精确”数字。换言之，根据我们的证据、理论和概念框架，这些数字是合理的，但是还有其他的精确数字也同样合理。本节的其余部分用英国居民甚至是旅客都耳熟能详的“每天五份蔬果”健康膳食建议对该现象进行了进一步阐释。这个建议通常附带详细的膳食指南，例如吃一把豌豆、一个橙子、两个李子等。这个膳食建议在广告宣传的助力下，从政府宣传册走进了每一间教室，成了学生们日常玩笑用的“梗”。他们经常把吃水果糖或杰米·道奇浆果饼干说成完成“一日五份蔬果”任务。

英国的“一日五份蔬果”运动始于2003年，根据世界卫生组织（WHO）的报告，成年人每天至少要吃400克水果和蔬菜，以降低动脉粥样硬化、冠心病和许多癌症的风险。英国政府把400克水果分为五份，每份80克。其他许多国家政府也根据世界卫生组织的数据制定了本国的健康膳食建议，这些建议都不尽相同。德国政府建议每天吃五份。加拿大政府建议女性每天吃七到八份，男性吃九到十份。①奥地利政府建议每天吃五份，每份200克。新加坡政府建议民众明天吃2+2份（两份水果和两份蔬菜）。

我们可以把每一场运动解释为基于或者暗示某个事实主张，比如适量摄入蔬果有利于身体健康。当然在健康饮食的确切摄入量上大家还存在分歧，主要有两种观点：一种观点认为不同的摄入量中肯定有一种是最优选择，因为它最精确地反映了“真实”的答案。另外一种观点认为，考虑到事实主张的争议性，每项建议都是合理的。在这种情况下，第二种观点似乎更加可取，因为健康膳食的主张既受到主观认知不足也受到客观模糊性担忧的限制。

关于饮食摄入主张的证据很难收集和解释，考虑到个体之间的差异、个体健康的诸多决定因素和进行大范围纵向研究的难度，很难精确计算单一饮食对身体健康的影响。2017年2月新闻报道称“每天应该吃十份蔬果而不是五份”，同年8月另一项研究却称“一天吃三份蔬果即可，不需要吃五份”。请注意，这并不是说任何相关主张都值得遵循。我们有充分的理由

① 每份80g。——编者注

相信增加蔬果摄入量于健康有益，“一天两份”和我们的认知略有出入，而“一天二十份”就太过分了。可以这么说，饮食变化对测量结果的影响从认知层面而言是不正确的，因为基于我们所掌握的证据，从某种意义上说，合理的测量结果不止一种。相应地，认为我们的非认知利益和价值能在应对不充分决定时发挥合理作用，是当代科学哲学的陈词滥调。

“健康”的概念本身就是模糊不清的。在此，让我们用秃顶来类比。显然，有些人是秃头，有些人却拥有浓密的头发。头上只有10根头发的人是秃头，而有10万根头发人显然不是秃头。似乎很难找到一个简单的事实说明一个人要拥有多少头发才能避免秃头。在自然界中没有任何标准说明5000根头发是“秃”和“不秃”之间的分界线，5000根和5001根头发没有本质上的差别。因此，我们不大可能为“秃头”指定一个精确的数字定义。我们在一定范围内的选择取决于实际情况而非世界本来的样子。严格来讲，一些哲学家不同意这种关于模糊性的说法（详见威廉姆森），虽然他们也认同，出于实际目的提出精确模糊概念（precise vague concepts）时，通常必须在非任意范围内选择一个本质上任意的数字。

现在让我们回到健康问题上来。许多疾病的界定都是可以量化的。例如，某种心脏病可以用血压来定义。显然，在这种情况下，把血压当作疾病和健康之间的界限，就像确定秃头的分界线一样，似乎涉及某种基本模糊性。

因此，即使我们完全了解水果和蔬菜的摄入如何影响我们的身体健康，可能还是会在影响我们身体健康的因素上存在分歧。注意，这并不是什么稀奇事儿。说血压很高或很低的人就是身体不健康的说法是错误的。相反，笔者主张有不止一种合理的方法可以使健康等日常定性概念更加精确。在这方面，每日五份蔬果的建议和超重的BMI水平很相似，虽然有些阈值或测量显然是错误的，却有不止一个阈值或测量是合理的。某些情况下，我们在精确的数字上存在分歧，至少在原则上必须分出对错。人体有血压是个事实，虽然不同的血压计可能会给出不同的读数。我们不应该认为公共卫生专家在各种膳食建议上的分歧和上述情况一样。基于相关证据，我们有理由说，对于正常人而言，每天吃几份水果和蔬菜就可以改善健康。然而，考虑到这个案例涉及认知的不确定性和客观的模糊性，更加精确的主张，例如吃五份蔬果就是虚假精确，因为还有其他精确数据也同样合理。在某种意义上，虚假精确的数字在认知层面上是合理的，因为它们都在合理的估计范围内，但同时它们也掩盖了更复杂和模糊的情况。

第二节　伪精确：欺骗和误导

前一节概述了“伪精确”的概念。在本节和下一节中，将探讨伪精确的伦理问题。出于各种各样的原因，我们使用伪精确数字。一个漂亮的、简单的、整数的一万步目标是鼓励自己多锻炼的有效方式。出于患者管理的实际目的，需要用一些阈值来确定患者何时超重的时候，BMI 25可能是一个明智的选择。笔者希望通过本章的其余部分探究伪精确数字的特殊用途。以“每日五份蔬果”宣传为例，专家们通过宣传活动，将伪精确数字传达给受众。我们把数字看作嵌入交流行为中的工具，而非用于自我激励或实践指导时，可以用传统欺骗伦理的丰富内涵来帮助我们思考伪精确数字的应用。本节提出了一个论点，从欺骗伦理的视角来看，“每日五份蔬果”的目标似乎很有问题。

欺骗伦理在传统医学伦理中有着悠久的历史。例如，医生对脆弱的病人隐藏了“令人痛苦”的诊断结果或者让患者服用安慰剂。“每日五份蔬果”的建议算是欺骗吗？欺骗范式涉及两个要素：首先，讲话人歪曲了自己对世界的信念。其次，讲话人这么做是出于维护来自其听众的某个更进一步的非认知目标。显然，我们可以用测量数据来实施欺骗。例如，想象医生知道如果病人知道自己的血压过高，就会通过改变饮食等方式来降低血压，他跟病人说了个假的读数，试图以此促使病人改变饮食习惯。注意这两点对于判断某种语言行为是否构成欺骗是很有必要的。因为一个医生很可能是因为无能报告了虚假的血压读数，这属于失职而非欺骗。相反，如果一名医生向患者报告其血压以促使后者改变某种行为，如果血压读数不是正确的，也不算欺骗。虽然人们对于上述欺骗两大要素之间的关系仍存在一些分歧，但是就本章节而言，知道构成欺骗的两大要素已经足够了。人们普遍认为，无论后果是否有价值，欺骗，至少在表面上是不被允许的，在伦理上也是不被允许的。例如，大多数作者认为，即使医生的欺骗导致病人对她的饮食做出积极的改变，这在伦理上仍然是错误的。这种观点在生物伦理辩论中尤为强烈，在这个领域它们通常被称为破坏自治的家长制的实例。有趣的是，即使是对流行的自治概念持怀疑态度的学者也会谴责欺骗行为。

我们每天应该吃五份蔬果的说法是正确的，从某种意义上说，对大多数人而言，摄入这么多的蔬果会改善他们的健康（考虑到人们的平均摄入量远低于这个水平）。因此，这不能算欺骗。然而，即使说话人的话语没有任何错误，他和听众之间的沟通交流也可能存在欺骗性。想象一下，医生向病人报告说其血检报告没有显示癌症迹象，却只字未提病人的X光检查结果显示其肺部有个明显的肿瘤。如果血检足够清楚，医生虽然没有对病人说谎，却欺骗了病人，因为医生可以（或应该）预见到，病人会根据她对血检报告的解读得出一个错误的结论：他没有罹患癌症。病人之所以会得出这个结论，是因为他假设医生会遵守格赖斯所谓的“会话合作原则”，即构建持续交流的非正式交流。在该案例中，医生违反了会话的数量准则：在一场遵循合作准则的会话中，讲话者会提供尽可能多的与听者相关的信息。当医生只提供血液测试的结果时，病人就会推断这是医生拥有的唯一相关信息。虽然医生的话语从严格意义和字面意义上都没有错，但其沉默就意味着欺骗。有了这个背景，现在让我们回到“每日五份蔬果”的宣传活动上来。虽然这个活动没有发出直接错误的声明，但是选择突出某个特定的数字就意味着这个数字是特殊的，“5”这个数字代表某个特别重要的摄入水平。同样，我们可以用会话的数量准则来思考这种可能的作用。通过断言一个特定的数字，而非广泛的范围，讲话者暗示这个数字是确定且精确的，而实际上它只是广义上的近似值。因此，当讲者坚持选择伪精确估计而非范围时，可能会误导听众，让后者认为这个精确的建议（虽然是合理的）在科学上优于其他精确的数字，而实际上它其实并未优于其他数字。

此外，这一建议被精确地报道出来的原因是政策制定者希望改变某种行为，即听众的饮食习惯。因此，即使这个建议在认知层面是合理的，它同时也是带有误导性的，因此也构成了欺骗。

关于误导性言论是否和彻头彻尾的谎言一样存在伦理问题，人们众说纷纭。受到康德的影响，有人认为虽然谎言不应该被允许，其他形式的欺骗偶尔可以被允许。另外一些人却认为两者之间的伦理权重没有太大的区别，或者认为两者根本没有区别。大多数觉得误导性行为比谎言更有问题的人认为谨慎的听众可以挑战误导性的讲者，却不能用同样的方式来挑战彻头彻尾的骗子。想象一下患者问：“医生，你只做了血检对吗？”因此，有个标准的论点是，被误导的听众没有进一步询问信息，所以才导致他们自己的误解。相比之下，那些受到欺骗的听众则无须承担形成误解的责任，讲话人应该负全责。

我们有充分的理由质疑这类论点。即使它们在理论上是成立的，但是仅适用于特定的情况，而且必须满足两个前提：第一，讲话者和听众之间应该存在某种程度的认知对称。第二，听众有理由对讲话者持怀疑态度。当这两种条件都不成立时，就可以认为误导性言论等同于彻头彻尾的谎言。这也适用于政府专家向公众发布建议的情况。专家在认知上优于非专家听众（至少在某些相关领域），因此期望非专家对专家的声明质疑是不合理的。此外，政府代理人，例如公共卫生官员的演讲，这不像在法庭或者二手车商店，远非听众可以提出质疑的范例。因此，“每日五份蔬果”在伦理上和谎言无异。

在这一点上，关注“每日五份蔬果”和其他伪精确数字之间的区别很有必要。假设一位科学家为决策者提供了关于未来气候现象的精确数字，但是没有提及这仅仅是估计而不是确定的数据。从表面上看，这种情况类似于“每日五份蔬果”的案例，正如我在其他地方指出的那样，这些明显的不诚实言论在伦理上却是无可指责的。气候科学本身就围绕着巨大的困惑和争议，这可能是科学家有效地传达气候变化对人类构成严重威胁这一公认事实的唯一途径。这些伪精确的数据是传递更加宏观信息的载体。相较而言，它是“有益”而非“误导”的。这位科学家就好像一位教师，故意混淆和忽视各种复杂性，以此向学生传达一种普遍的理解。不幸的是，我们难以证明“每日五份蔬果”是“认知家长主义”的案例，因为多吃水果有利于身体健康的主张大家都耳熟能详，不需要通过伪精确数字也流传甚广。由此可见，强调精确主张的目的并不是更有效地传达一些信息，因为相关的非正式信息内容可以更加精确地传达。

除了上述的认知论的原因外，我们为什么要提供精确而非模糊的估计呢？在我们的案例中，有两个信息可以推广。其中一种是“一般来说，多吃水果和蔬菜是好事儿”，另一种是“每天吃五份蔬果”。据推测，政府官员假设公民在面对简单的建议时更容易改变自己的行为，复杂模糊的信息会令人望而却步，故而选择推广第二种伪精确建议。按理说，简化信息是心理学的特征之一，这些特征还包括感觉实现某目标后可以得到某种回报的强烈动力。因为报告的精确估计不仅具有欺骗性，而且具有操纵性，试图绕过理性思维，影响听众的信念或行为，而且这种影响对听众是不透明的。请注意，并非所有的欺骗都具有操纵性。医生报了虚假的血压读数，目的是让病人主动服用他汀类药物，医生欺骗了病人，却没有试图操纵病人。在本案例中，欺骗的意义不仅是改变行为，而是通过一种特别不光彩的方式利用无意识的心理奖励机制来实现目的。

第三节　伪精确：操纵

一般而言，认为某些沟通行为带有误导性的操纵是一种严重的指控。对于政府而言，这个指控则更为严重。另外，乍一看，“每天五份蔬果”的宣传似乎没有问题。很难想象有人会因为上述的内容感到震惊和愤怒。为什么？在本节中，我将简单解释为什么即使欺骗和操纵通常都是不恰当的，“每日五份蔬果”的建议看起来却没什么问题的原因，提供一些关于数字运用的广泛思考。

关于操纵的指控到底有多严重？我们都不是毫无感情的机器人，相反我们难免带有自己的偏见和心理偏好，还可以通过各种方式运用心理偏好来驾驭自己的生活，使用伪精确数字就是其中一种。例如，我们可以把目标设置成精确的数字："今天要写1000字""到元旦时我要一口气跑5千米"，通过这种方式激励我们写完一本书或者提升身体素质等。我们确实在操纵自己，却在谴责这种自我操纵，斥之为不道德，这本身就是很奇怪的事情。同样地，我们经常或明确或委婉地允许他人对我们的操纵。一般情况下，这是没有问题的。想象一下，你请了私人教练来帮助你减肥，教练说在元旦前必须坚持跑5千米，这显然是在刺激你自身的激励机制，是在操纵你，但是这种操纵却是良性的，而且是你花钱买来的！

那么，我们能为"每日五份蔬果"的操纵性欺骗辩护吗？可以肯定的是，在这个案例里，不存在你和私教之间有合同一样明确的约定，我们可能会认为那类似于医生故意在药物成分上误导病人从而让药物达到安慰剂的效果，显然医生不能先征求病人的同意再开安慰剂，因为这无疑会破坏安慰剂的效果。然而，至少在某些情况下，我们可以相当肯定，病人同意这种欺骗和操纵。有人可能会认为，"每日五份蔬果"的案例也类似于这种情况，预先假设了民众将对这种形式的操纵给予一种"假设同意"。为了使这个类比更生动，我们决定举一个更加常见的非量化案例：除颤仪标签。除颤仪有两个电极垫子，分置患者左右两侧，患者心搏骤停时可以通过电极对其进行电击。除颤仪的推广力度不断增强，公共区域也放置了除颤仪，方便非医护人员应对紧急情况。一般而言，电极上有标记着"左"和"右"两个标签。严格来讲，这两个标签纯属画蛇添足，因为两个电极垫是可以互换使用的。那么，为什么非要给垫子贴上标签呢？标准的说法是，如果不贴标签，未受过医学训练的使用者在使用仪器时容易感到恐慌，担心自己使用了错误的治疗方法。一旦在垫子上贴上标签，这种担忧就减轻了，因为不确定性得到了弱化。假设这个说法是正确的，这个案例里也出现了一个（特殊的）伪精确：显然“左”垫可以放置在右边，但是通过这种标记，赋予了这个位置某种特权，虽然事实上它并不具备特权。这种选择假设听众无法进行复杂的思考，需要被操纵才能正确地采取行动。在这个案例中，这种做法似乎不仅是合理的，更是值得称道的。想象一下，你自己需要给别人使用除颤仪时，（很容易）因为分辨不清哪个垫子应该放在哪里而感到恐慌。在这种情况下，一个指导（无论多么不必要）就能帮助你克服心理障碍，让你拿起除颤仪，救助有需要的人。出于对自己理性局限的预测，我同意以这种形式被操控，因为我们每个人似乎都应该同意这种被欺骗，对此提出反对意见的人反而成了异类。因此，从伦理的层面来看，这似乎是没有问题的，因为这种欺骗减轻了使用者的担忧，敦促使用者采取行动挽救生命。因此，从伦理层面看来，制造商给电极垫贴上标签的做法是值得称道的。

许多公共卫生建议，包括每日吃五份蔬果都做了类似的假设：每个人都想要身体健康。如此一来，只要这些建议最后达成了“身体健康”的结果，无论它们本身是欺骗还是操纵，其实都无所谓。在这个模型中，对于数字“5”的武断并未破坏“每日五份蔬果”的正当性，只要这个建议最终带来了正面的结果，也就是鼓励人们吃更多的水果和蔬菜。这种证据足以证明操纵行为的合理性吗？当然，这种论点有一定的道理。国家为了鼓励民众采取健康的生活方式采取了一些干预措施，大多数人对这些干预措施都保持欢迎的态度。事实上，“每日吃五份蔬果”的案例中很有趣的观点是，尽管不断受到抨击，但是不清楚是否真的有人相信“5”就是个神奇数字。正如笔者上面提到的，在日常生活中人们说起“每日五份蔬果”的建议时，总觉得虽然有一点蠢，但是也值得一记，即使这个建议带有一定的欺骗性，例如把“5”塑造成神奇数字。我们也不清楚是否真的有人相信了这个建议并因此形成了错误的观念，即为了保持身体健康需要每天吃不多不少五份蔬果。虽然他们表现得似乎被把数字作为用于简化复杂决策的方式欺骗了。这恰好说明了类似精确建议的另外一个更加普遍的特征。即使听众明知道它是虚假的，这些建议仍然在行动指导和协调方面发挥重要作用。如此一来，我们在认知层面的关切（这个陈述暗示了某个数字的特殊性，而陈述本身是错误的）和我们对于简化日常生活的实际需求之间存在着差距，这个差距是相当有趣的。这看起来就像某种具有欺骗性的描述世界的方式，像是一方帮助另外一方实现某些目标的含蓄约定。

不过，即使有了这些论据的支撑，我们仍然有担忧的理由。首先，目前我们尚不能判断这个建议是否当真如其支持者所言那样能带来积极的效果。从狭义的工具主义角度来看，膳食营养建议的效果是有争议的。从更广泛的角度来看，即使“每日五份蔬果”的建议有一定的积极影响，把健康膳食的责任放在个体身上而非解决影响个体获取食物及其对食物态度等更加宏大的结构性因素上，这些建议也有可能带来负面的影响。如果我们一开始就默认操纵是错误的，只有当操纵能带来积极的结果时才能证明其合理性，那么我们就很难理清看待“每日五份蔬果”倡议的态度。更重要的是，我们应该质疑的是一种假设，即每个人都同意出于保证身体健康的目的被操纵其膳食选择。因为这个假设忽视了健康的价值在广义的幸福生活中发挥作用的复杂机制，以及膳食在幸福生活中的社会文化作用。或许大多数民众出于重视身体健康和降低疾病风险的目的，允许政府普遍地干预其膳食选择。然而，上述价值是否得到社会的公允，目前尚不清楚。大多数人会认同伪精确数字，但并非所有人都认同这些数字。

一般而言，欺骗和操纵通常是不好的，当然也并不是一无是处。私人教练对你的操纵是积极的，除颤仪的标识也是有帮助的。如上所述，我们可以通过“假设同意”来证明伪精确的合理性。比如，考虑到实际的利害关系，理性的人不会反对在除颤仪垫上贴标签，因此太理性的人也不会反对伪精确的建议。然而，这两种情况不一定能相提并论。拿起除颤仪时，我们致力于实现一个目标，也就是帮助别人，而标签是帮助我们实现这个目标的手段。相比之下，使用伪精确的饮食建议不仅是帮助我们实现目标的方式，更是对我们想要什么、重视什么做出了假设，同时，也对我们应该想要什么和看重什么做出了隐性判断。

第四节　关于伪精确的三个伦理学启示

笔者在第一节中概述了伪精确的概念，指出“每日五份蔬果”的建议属于伪精确，在第二节中指出该建议是一种操纵性欺骗。通常情况下，我们认为这种欺骗是错误的，但正如笔者在第三节所指出的，这是个复杂的案例，我们有理由赞同也有理由反对该建议。本节不再讨论具体案例，就伪精确数字传播提出三个启示。第一，不能支持或反对使用伪精确数字本身；第二，决定是否使用虚假精确的数字需要考虑特殊的政治问题；第三，需要特别关注伪精确数字。

人们或许认为，任何一个伪精确数字，都属于认知层面的问题，无论在私人还是公共生活中使用伪精确数字都是有问题的。在本章的分析中，贯彻始终的主题是，无论伪精确数字在认知层面的地位如何，无论是对个人（比如激励健康饮食）还是对社会（比如允许有效的分类或帮助组织集体行动），都可以发挥重要的作用。然而，本章对欺骗性的讨论似乎暗示了一种狭义上的“认知论首要地位”：我们不应该把伪精确数字传达给他人，因为这种行为是欺骗性的。然而，本章的论点再次揭示了一种更为复杂的图景。言语行为的恰当性在一定程度上取决于讲话者的社会角色和社会期望。例如，私人教练提倡每天吃五份蔬果没有问题，但是科学家发出这种倡议就不大恰当了。因为私人教练应该说任何有助于我们实现目标的话语，而专家们则应该告诉我们事实。也正是在第二种“告知”角色中，伪精确数字似乎很有问题。然而，如上所述，我们可能不清楚是否应该把公共卫生建议和健身教练的建议相类比，因为社会角色和期望是流动的，而且意图往往难以厘清，所以通常很难判断某些特定的语言行为是欺骗还是操纵。在此，可以得出第一个结论：尚无一般性论据支持或反对伪精确数字的传播。

“假设同意”概念将伪精确和“自由意志家长制”或“轻推”理论的文献联系起来了。“轻推”理论支持者认为应该利用人类心理中的非理性，确保人们做出最符合自己或他人利益的选择。例如，我们可以利用错觉知识来绘制道路标记，使司机在转弯时自动减速。证明这种操纵合理性的方法之一是运用安慰剂效应（版本之一）。如果我们意识到自己的局限性，就会同意这种形式的操纵（至少看起来我们应当同意服用安慰剂。当然我们是否同意又另当别论，因为我们可能不愿意承认自己的非理性）。我们也可能用类似的方式思考伪精确数字的案例。他们利用我们的认知偏见（在本案例中是我们对于简洁数字的偏好）作为轻推我们的行为向好发展的一种方式是合理的。

不幸的是，并非所有的轻推行为都能产生像道路标记一样的良性效果。相反，类似的技术可能被用来排除审慎、道德或政治层面复杂敏感问题理性思考的目的，人们在政治活动中确实会使用轻推技术。同样，并非所有的伪精确案例都像除颤仪一样会产生良性效果。当选择无论在审慎还是在道德层面都很复杂时，我们应该能够以反映我们价值观的方式自主地做出选择，而非让他们为我们做决定，将我们的思考排除在过程之外。尽管如此，我们在思考伪精确时应该谨慎，不要将自主、理性和理解的概念理想化。正因为我们是认知有限的个体，我们都欢迎来自生活中某些方面的决定中的简单甚至操纵性的数字。坚持认为伪精确数字总是错误的，因为它们利用了我们的非理性，这就像在道路标记上跺脚抗议一样不切实际。最难的是，要在操纵被认为是明智且值得称道的案例和操纵破坏而非促进自主权的案例之间找到平衡。因此，关于数字传播的辩论在伦理层面是复杂的，触及了关于被允许的自觉意识限制等更为宏大的问题，尤其是我们可以合理地接受受众确实、可能或应该同意被操纵的程度。读者们或许出于对上述伦理和政治层面的担忧，不认同本章对于“每日五份蔬果”案例的分析，而非认为应该杜绝伪精确数字的传播。同样，如果读者们想了解我们是否应该担心私营企业或者政府滥用伪精确数字，那么大家的担心和数字本身无关，反而和市场结构有关。因此，本章的第二个结论是任何对伪精确数字传播的评估都与伦理政治问题密切相关。在为这些主张辩护时，笔者曾经试图对量化概念进行归化并将涉及量化措施的信息视为另外一种声明。换言之，笔者认为数字应用的伦理可以看作交际伦理的一部分而非独立的命题。因此，在谈论欺骗或操纵时应该注意定性描述和量化目标之间的差异。其中的一些差异使局势更加紧张了。例如，我们中的许多人都意识到自己的数学能力很一般，因此复杂的数字声明可能令人望而生畏。在伪精确案例中，在谎言和其他形式的误导之间划出清晰的伦理界限尤为困难。因此，我们倾向于将精确的数字测量与客观的形式联系起来，这么一来我们就不大可能辨识数字背后的概念模糊性与不确定性，因而增加了被数字误导的风险。伪精确数字或许是一种有效的模糊和欺骗。

或许数字测量本身是重要的，只是令伪精确伦理更加复杂的特征是它们的传播能力。为了更好地理解这句话，让我们再次分析“每日五份蔬果”案例。事实上，类似的建议无处不在：从全科医生诊所的传单到超市过道的广告。这个信息体现了数字主张的普遍特征，也就是它们经常从最初的环境“旅行”到其他更加广阔的空间。因此，说每个“每日五份蔬果”言论都是欺骗或操纵是没有意义的，因为这种言论不一定是由专家提出的，不一定享有权威的光环。

假设某人被欺骗了，还重复了这个谎言，他的行为在道德层面是无可指摘的，但是在认知上却还是有问题的，因为这样会导致谎言进一步嵌入我们的公共生活中。在不断重复的“每日五份蔬果”信息中存在着某些相同之处，对于某种主张的重复本身并非欺骗或操控，但是每次重复都意味着进一步将该说法嵌入公共话语和意识中。与谎言不同的是，该主张并非直截了当的错误。它的扩散反而会导致另外一种谎言：饮食和健康之间的关系可以确定，相关的概念可以厘清。这个谎言反过来延续了这么一个循环，即公众要求和研究人员承诺为复杂的问题提供简单的答案。即使没有人完全相信每日吃五份蔬果的建议，它的传播也会导致某种误解，即饮食健康相关的认知、概念和伦理上的歧义会被简单的数字声明所替代。

数字的传播轻而易举，却使本案例的评估变得更加复杂。它也暗示了伪精确数字伦理的另外一层复杂性。前文强调了伪精确数字传播伦理的复杂性：运用伪精确数字未必是欺骗或操纵。即便如此，相关的欺骗或操纵形式或许也是合理的。然而，当我们使用伪精确数字时，这个数字就从最初的环境（在这个环境中每个人都意识到了该数字的局限）移植到了不同的环境。在新环境中，人们没有这种意识。因此，在新环境中运用伪精确数字可能会导致错误或者误解，甚至产生潜在的严重后果。即使在既定的环境中使用伪精确数字产生了正面效果，我们也有义务去考虑该数字迁移到新的环境之后会带来什么后果。这是本章的第三个也是最后一个普遍性的启示：如果无法控制伪精确数字，那从一开始就不使用它们。

第五节　结论

本章首先对数字测量、指标或目标的两种观点作了概述，讲述了数字测量、指标或目标的认知充分性以及它们的伦理、社会或政治后果。在本章中，笔者关注了一个问题：伪精确数字的传播伦理。最后，本章探讨了把这个微观问题和更宏大的主题联系起来的多样化批判和定量方式。

一般而言，我们在向他人传达数字测量或目标时，希望能改变他们的行为。有时候，这种改变的意图是恰当且被允许的，有时候却是不被允许的。不具欺骗性是所有交际行为的基础条件。笔者研究了其中一种欺骗形式：伪精确数字的形式。当然数字可能还有许多其他的欺骗形式。例如，在2008年的美国总统选举中，鲁迪·朱利安尼（Rudy Giuliani）强调美国的癌症五年生存率高于英国，指出社会医疗保健不如私人医疗保健有效。然而，正如格尔德·吉格伦泽（Gerd Gigerenzer）所指出的，癌症五年生存率可能不足以作为癌症发病率和死亡率的有效参照标准。因为癌症五年生存率可以通过在早期识别癌症轻易实现，避免了治疗的必要。根据格赖斯（Grice）的交际原则，朱利安尼的真实主张暗示了一个错误的主张。适应现代社会的欺骗伦理有个一般性任务，即理解数字如何欺骗以及何时欺骗。这项任务非常复杂，对复杂统计数据的恐惧可能会加剧欺骗背后的认知不对称，因为数字测量可以凭借其客观性摆脱质疑和批评，而且有向新环境迁移的倾向。朱利安尼使用的统计数据可能是出于非常正面的理由收集的，这些数据在其原始环境中具有高度启发性，然而数字一旦脱离原始环境，就开始了其麻烦不断的新“旅程”。

发展这种伦理的实际回报显而易见，对于数字测量运用和滥用的思考对于理论发展的贡献也非常明显。当我们通过交际伦理的视角看待数字时，两个结论就呼之欲出了。其一，一个数字在认识层面是正确的，仅凭这一事实，没必要也不足以在伦理层面证明该数字的传播是合理的。一个数字在认知层面或许有问题，却被允许传播，因为所有相关人员都（至少含蓄地）愿意被欺骗。相反，即使一个数字在认知层面无可挑剔，它的运用仍有可能是人为操纵的结果。其二，即使人们对数字有足够的认知，且运用该数字产生了正面的效应，并不足以证明该数字在伦理层面是没有问题的。当我们从欺骗和操纵的角度来考虑数字的使用，就会意识到讨论数字的局限其实是在讨论如何善待他人的复杂伦理和政治问题。

第七章

数字真的像看上去那么糟糕吗？

一个政治哲学的视角

加布里埃尔·巴达诺

许多人文社科领域学科都关注数字在政治规制中的作用。例如，历史学家研究统计学等数字相关学科和成本效益分析等工具的兴起，以及数字如何参与公共行政的演变并有效推动后者的发展。人类学家研究如何通过换算（即将不同的事物用共同的度量衡进行衡量，使其可以进行比较）和增加数字指标的方式来展示和施展权力。政治学家研究数字指标及其他定量措施对诸多政治体系治理作出的重要贡献，相关文献不胜枚举。然而，有一门学科并不容易被人们想到，而且其被包含在内似乎有些牵强，那就是政治哲学。

如果我们停下来，稍作思考，就会发现，量化并非政治哲学家的关键分析主题，我们可能会因此感到非常困惑。在本章我们讨论的是通常被称为“主流”或“规范性”的政治哲学。自20世纪70年代以来，这种宽泛的方法主导着该领域在英语学术圈的辩论，从哲学角度探讨相关的制度安排，并适时提供积极的建议。由于上述规范性的焦点，政治哲学通常用于探讨定量工具在政治决策中的作用及其与定性方法的对比。事实上，政治哲学似乎非常适用于批判数字在法律和政策制定中的滥用及其引起的弊端，探索如何平衡定性与定量工具，推动各种规制实现它们应有的价值。

本章的首要目标是让政治哲学成为对话的一部分。为了实现这个目标，本章将集中讨论一场辩论，这场辩论虽然没有明确地聚焦于数字，却对法律和政策制定中的定量工具评估产生了非常有趣的影响。在追踪这些影响的时候，笔者将描述政治哲学中提醒人们不要在政治决策中使用数字的最强有力的声音，并将提出一个重要主张，即我们应该继续探索，逐渐摆脱这种声音的影响，承认从规范的角度来看，量化可以发挥重要的作用。

第一节主要探究了精确的正义价值，更加具体而言，探究其评价空间的局限性。颇具影响力的“能力路径”支持者们对精确的局限做了一定的研究。这部分将重新构建能力理论家们提出的两个论点。他们得出的结论是我们应该警惕过度追求精确导致数字在政治决策中的滥用。第二节对政治哲学进行了更深入的挖掘，发现虽然和量化的联系不甚明显，但是某个著名的能力路径批判流派还是密切关注了政策规制是否应该选择定性而非定量工具进行决策。这些评论的焦点在于规制是用可公开的方式追求正义的必要条件。这些观点应该得到进一步的发展，使其为数字的积极作用发声，以盖过能力理论家们的负面声音。定量工具非常适合用于降低复杂性，从而方便公众管理法律和政策。第三节通过案例分析增强了对上述论点的论证。该案例研究了负责药品和相关卫生技术评估的机构英国国家卫生研究院和保健卓越研究院，说明定量工具可以促进公共正当化，甚至可以在市场力量干扰规制时竖起屏障。

本章的论点与本书其他章节密切相关，尤其是那些与哲学相关的内容（本书第九章），笔者希望证明，尽管人们对这个学科还充满着怀疑，但是哲学领域的学术工作可以帮助我们进一步探讨重要的社会问题，尤其是量化的问题。本章节与斯蒂芬·约翰撰写的第六章一脉相承，并延展到了分析的实质。本章强调的是政策制定者有时应该通过数字措施简化和公开某个论点。这个观点与第六章提出的“伪精确”概念有很多相似之处。例如，鼓励每日食用五份蔬果就是在现有证据指出的正确值范围内从中挑选了一个精确的数字。约翰在其章节中研究了运用伪精确数字的伦理条件，他的论证方式在本章中会略作论述，但不会过多着墨，因为本章的重点是在公共正当的背景下为了简化而使用数字的伦理。

第一节　能力、精确和对数字的担忧

正如引言中所强调的，政治哲学似乎游离于主流学科之外，原因是用于政治决策的定性和定量工具之间的对比从未得到过太多的关注。然而，这并不意味着现有的理论对法律和政策制定中定量工具的评估没有意义。精确的局限性与数字在决策中的作用明显相关，这正是政治哲学能力路径研究中的重要主题，考虑到能力路径在该学科中的重要地位以及该主题出现的频率，对于数字滥用最响亮的反对声大多来自政治哲学。现在，让我们后退一步，简单地重构能力路径。

能力路径背后的主要思想是在讨论正义时，我们应该如何看待特定的评估空间，或者应该解决如何在公民之间进行再分配，或者以其他方式保证他们拥有什么的问题。能力路径特别关注所谓的“中层”。这个概念涉及福利经济学传统关注的不同状态产生的效用和进入这些状态所需的外部资源（如获取财富和受教育的机会），是介于两者之间的概念。能力理论家认为，应该关注人本身的状态，记住蓬勃发展的人的样子以及他们如何行事。并强调，人类的繁荣发展通常由诸多不同因素推动，包括良好的健康状况、丰富的想象力和幽默感、有亲密的朋友以及活跃的政治生活。此外还强调，政府应该向公民提供真正有价值的多元能力。

最知名的两位能力理论家玛莎·努斯鲍姆（Martha Nussbaum）和阿马蒂亚·森（Amartya Sen）经常表示，我们反思政治的目的和做决策时往往无法实现精确。这些作者呼应了一种可以追溯到亚里士多德时代的思想传统。亚里士多德在反思其著作《尼各马可伦理学》（*Nicomachean Ethics*）中的方法时说道，我们应该在主题允许的范围内保持精确，一旦涉及政治问题，得出的结论要“简明扼要”。努斯鲍姆和森认为，在这一领域保持模糊的正确比全然的错误更加可取，这使人们对在法律和政策制定中运用定量措施所达到的精确提出了质疑。我们至少可以通过重构两个论点支持努斯鲍姆和森的主张，即精确往往注定是错位的，因此应该避免模棱两可和不可通约的论据。首先，我们从模糊性开始。努斯鲍姆坚持认为，哲学家、政客和管理者可以对美好生活构成要素和实现美好生活的路径进行概括性描述。然而这种概况必须保持模糊性，为人类繁荣发展的每个构成部分的不同规范预留足够的空间。社会中的个人和团体都应该保留自我定义的权力，比如说，与他人建立牢固的关系或保持政治活跃度。这种主张的动力来源显然是对少数群体压迫的自由主义担忧。此外，努斯鲍姆似乎认为，人类繁荣的规范问题的答案只能是多样化的。她再次引用亚里士多德的经典，认为解决这个问题的最好方法是让社会上不同群体利用来自不同的文化传统的丰富知识资源。[1]

不可比较性论证并不针对精确性或数字运用。它的目标是为复杂的问题提供简单的答案，提出一种非常重要的数字方法。这种方法在规范经济学等学科和政治决策中具有很大的影响力，这种方法就是可比较性。在此，可比较性指的是确定某个单一的度量标准，用于评估事物的状态，在不同的行为中做出选择。如前文所述，能力路径观点认为人类繁荣发展的生命是由多元化的要素构成。该观点认为这些要素的性质各不相同，因此，它们之间不可比较，也难以简化成效用或者全面的价值指标。因此，一旦涉及评估某种状态或者比较某种行动方针时，规制需要关注每一项基本能力本身而非尝试对他们进行通约。

这两个要素，尤其是不可比较性，与努斯鲍姆和森对国内生产总值的抨击密切相关。他们抨击出于发展政策的目的，用国内生产总值来比较不同国家之间的生活质量，将其当作成本效益分析工具在全球和全国范围内分配稀缺资源的做法，认为将货币价值与人类福祉的捆绑造成了商品化问题，使人类繁荣的关键要素因为价格发生了异化。努斯鲍姆和森的作品给人的印象大多是抵制政治决策中的精确性（和数字），也就是抵制社会市场力量的发展。例如，努斯鲍姆在其对精确性的批判性分析中引用了卡尔·马克思的观点，接受其关于异化感不仅来自给福祉赋予货币价值，也来自可比较性的观点，“假设人类是人类，其与世界的联系也是与人的联系，那么你只能用爱交换爱，用信任交换信任，诸如此类”。[2]

第二节　从公共正当到简单化，再到数字

鉴于数字等量化工具在法律和政策决策中涉及精确性，能力路径对精确性的攻击意在提醒人们不要在政治决策中滥用数字。进一步挖掘政治哲学所提供的知识资源，发现其尽管与数字的联系没有那么明显，但其对能力路径的一个重要反对意见也同样适用于定量工具对法律和政策制定中的作用，且具有重要的影响。本章对这些影响进行了追踪研究，希望超越笔者以往的研究，从而为量化正名。当然，笔者并非否认努斯鲍姆和森论点

的价值。笔者相信关于政治决策中定量工具的叙事至少还有其他方面，而不仅是数字和市场力量的结合。

一、削弱努斯鲍姆和森的论据

在此，先简单交代下背景，在诸多反对能力路径的观点中，本章希望聚焦的观点主要来自所谓正义评价空间资源主义路径的支持者。这一点笔者在第一节已略为提及。与能力理论家一样，资源主义者也反对这种观点，出于正义，规制更应该关注公民所经历的效用水平。然而，和能力理论家倡导的观点相反，资源主义者们反对规制以民主或其他方式为公民们构建“厚重”的幸福理论，把人类繁荣的基本要素涵盖在内。他们认为，规制应避免为人类生命设定规范性目标，仅致力于提供面向拥有不同生活目标的公民的通用方法即可。这些通用资源通常包括公民和政治自由、获得医疗和教育资源的机会、获得劳动收入的机会，——这个清单可比努斯鲍姆和森的能力清单要短。

约翰·罗尔斯（John Rawls）是一位著名的资源主义思想家。研究罗尔斯学说的资源主义者们在解释为什么资源应该优先于作为正义货币的能力时，在罗尔斯思想框架之下的资源主义者往往认为，规制的存在不仅为了追求正义，更是为了用公开的形式追求正义。换言之，占据了正义评估空间的东西必须是真正的公共正义标准的一部分。为什么这一点特别重要？托马斯·波格（Thomas Pogge）关注的是这么一个事实，每当规制通过分配资金来满足民众的需求时，民众将需要承担这种选择的成本，例如支付必要的税金或者让渡一些利益。如果按照另外一种方式分配，这些利益本应属于他们。根据波格的说法，普遍成本创造了一个使规制得以更广泛地证明其选择合理性的义务。另一个潜在的补充理由可以追溯到罗尔斯学说。

罗尔斯认为公共正义是调和民主思想的必要条件。这种民主思想认为对于法律和政策具有最高的权威。在复杂的社会，他们必须适应法律和政策都由他人设计。

用罗尔斯的话来说，要让任何正义标准公开化，“简化”都是必要的流程。[3]证明旨在提高社会中最弱势群体前途的安排，或者更广泛而言，合理的社会制度方案是选择公众普遍认同的安排。然而，确定何为人类繁荣的构成要素，何为生命的终极目标，都是极具争议性的。因为所有实现目标的行动方案，都只能以牺牲一部分人的利益为代价，如何处理不同目标之间的冲突也同样具有争议性。根据资源主义专家的说法，规制不能只顾高谈目标，更应该为每个人提供他们出于自己的意愿想要的通用路径，不管他们各自有什么目标。和能力不同的是，通用资源有望成为政府公开承认的目标。

到目前为止，本节仅重构了一个批判能力的经典理论。当然，这一论点并未专门针对努斯鲍姆和森对精确性的抨击。现在笔者要将两者联系起来，表明本论点减轻了诸多引发努斯鲍姆和森反感的精确性和政治决策中的量化措施相关的担忧。努斯鲍姆和森声称如果我们接受规制的责任仅仅在于提供金钱、教育和医疗等世俗资源，那么精确性就掩盖了围绕着人类繁荣的关键模糊性，从而失去了力量。同样，能力理论家对不可通约性的担忧也集中于人类繁荣构成要素的不可通约性上，然而这并非规制的任务。

总而言之，根据资源主义者的说法，规制（至少在原则上）使用的数字工具根本难以衡量“厚重的”幸福，而幸福是努斯鲍姆和森用来反对精确性的模糊性和不可通约性论点中不可或缺的部分。换言之，努斯鲍姆和森并未告诫人们不要广泛使用数字，只是提醒人们不要过于依赖数字。因为我们接受了他们的正义评估空间概念，即法律和政策制定目标（以及相应地，在政治背景下运用数字工具来衡量的典型结构）本质上应该与人类繁荣密切相关。

在这一点上，有人可能反对政治决策及其正当性，从而质疑本节的论点，质疑这些论点在能力理论家对精确性的攻击之中为精确性辩护的作用。本章认为即使我们决意接受专家们对精确性的攻击，也可以予以数字积极评价，而非评估这个反对意见本身。在此过程中，笔者将会对重构能力资源主义者对能力路径的批判中出现的几个关键词进行重新定义。

二、重新定义公共正当

现在，让我们用一种更加宽容的方式重新定义公共正当，即立法者和政策制定者“站出来”，站在公众面前为他们的选择提供正当理由的能力。此外，面向公众展示正当理由，仅仅确保信息披露的透明度远远不够，同时必须努力确保所提供的正当理由的可管理性。可管理性使公众免受被海量信息淹没的无助和困惑，例如，由于法律或政策的复杂性带来的困惑。上述对于可管理性的认同和公共正当的经典描述遥相呼应。杰里米·沃尔德隆（Jeremy Waldron）的一项研究是公认的对公共正当自由主义的有力定义。有序自由社会的标志是统治规制的原则“可为公众所理解”或“能在每个人的理解审判席上（为它们自己）辩解”。

在此再次引用罗尔斯的另外一个概念。笔者在本章重新定义的公共正当通常需要以简化作为工具，让决策者向公众提供法律或政策背后的推理框架。这一点是有争议的。当复杂的问题摆在台面上时，简化工具是唯一能产生普通公众也有望管理的公共正当，而非被迫接受别人强加在他们头上的想法。此外，去除所有的粉饰，把正当理由简化至只剩最基本的事实，对于在全社会开展民主审议往往非常重要。我们这就回到了量化和量化措施的话题。本质上它们都是把目标精简到仅剩几个维度，把其他无关的维度排除，因此可以用作简化公共正当的工具。

现在，读者可能会问，这种简化的能力真的是数字独有的吗？在为政治决策提供正当理由时，决策者已经通过语言对有血有肉的人们亲身经历的相关问题和解决方案进行了一定程度的抽象，笔者不否认这一点。然而，所有的量化专家都强调数字在剔除测量对象的某些特征方面特有的强烈倾向性，很难找到在这方面唱反调的学者。相信大家在直觉上觉得这是有意义的。如果对社会现象的定性描述必然涉及抽象，那么就有理由认为，它们的量化涉及一种特别强的抽象形式。

在此引用相关文献中的几个例子。西奥多·波特在探讨社会和自然测量对象时提出了纲领性的观点。波特描述了在18世纪温度计被完善之前，温度的概念指的是人们所感知的各种丰富的大气特征。“量化必然会忽略一系列丰富的意义和内涵，”他写道，因为一般来说，“量化就是一种遗忘的艺术”。莎莉·安格尔·梅里侧重于监测全球人权执行情况的数字指标。她把数字指标刻画成将复杂的数据提炼为简单数字的行为。对她来说，公共政策中数字表述的首要功能是简化复杂性。事实上，根据梅里的说法，数字倾向于消除个体差异、掩盖背景，因而丢失信息的现象更加普遍。

大多数讨论量化和简化之间联系的作者都有明确的关键术语。梅里如此，其他学者也是如此。在梅里的研究基础上，杰瑞·穆勒（Jerry Muller）抱怨指标倾向于将注意力局限在几个待测的目标社会现象上，而且通常是最简单和易于衡量的几个方面。洛伦佐·菲奥拉蒙蒂将试图通过统计数据解读经济的人比作印度寓言中摸象的盲人。菲奥拉蒙蒂想传递的信息是国内生产总值等经济数据只关注统计数据割裂的一小部分，仿佛盲人摸到象鼻时觉得自己面前的是一条蛇，摸到象腿就认为大象是一棵树。对于重点关注审计的克里斯·肖尔和苏珊·赖特而言，“隧道视野”是量化最主要的负面后果。

通过在公共正当、可管理性和简化工具与数字的必要性之间创建连接，笔者的目标是至少在某种程度上抵制对于政治决策中数字简化能力的压倒性负面评价。量化可以很好地协助决策者满足民众对公共正当的需求。事实证明，数字引起的“隧道视野”可以发挥重要作用，因而不能轻易放弃。显然，这一点并不足以抵消上述段落中提及的潜在数字风险。这一点凸显了进一步研究的必要性——研究如何通过量化实现为了保证公共正当的可管理性所需的简化水平。

这方面的研究很有必要，也极其复杂，因而不在本章的讨论范围之内。本节只对数字简化能力在伦理层面的意义进行了简单的探讨。对该领域的量化伦理探讨或许应该从某些提议禁止使用数字的明确表述开始。决策者不应该简单地放大某一项法律或政策中最简单以及最容易衡量的方面，来为该法律或政策辩护，而罔顾这个方面是否是该法律或政策的核心。更重要的是，不应该仅仅出于修辞的目的将数字引入公共正当领域。数字有一种众所周知的魅力，但是通过使用数字简单地促使公众接受某个提案，而不采取任何行动增进公众对提案的理解，不利于公众正确地理解该提案。决策者应该通过量化将法律或政策正当性的焦点缩小到几个核心论点，从而降低复杂程度，确保其公共正当对大部分民众而言是可管理的。再次重申，这仅仅是在公共正当中合乎伦理地运用数字的初步描述，仍需要在未来的研究中加以修订和拓展。[4]

第三节　案例分析：国家健康与护理卓越研究所（NICE）

第二节指出一旦涉及如何规范地评价量化在政治决策中应该发挥的作用，事情就会比能力理论家对精确性的抵制要复杂得多。本节旨在通过观察英格兰和威尔士的国民医疗服务体系（NHS）中负责药品和其他健康医疗技术评估的行政机构对于数字措施的运用，再次证明第二节得出的结论。

一、质量调整寿命年：国家健康与护理卓越研究所的成本效益阈值与可管理性

本节探讨的案例是英国国家健康与护理卓越研究所（National Institute for Health and Care Excellence，NICE），该研究所创立于1999年，致力于为国民医疗服务体系的几个领域提供评估和建议。本节主要关注其卫生技术评估（HTA）的过程。NICE评估NHS提交的待采购医疗技术后反馈评估意见，NHS采购专员根据其报告决定是否购买该项技术。如果NICE推荐一项医疗技术，委员会则有义务为该项技术提供采购资金。鉴于HTA过程的关键作用，NICE成为社会和学术界关注的焦点。部分原因是NICE本身有一种清晰的感觉，即其方法基于道德或其他哲学假设。它在哲学层面也受到广泛的讨论和批评。政治哲学家们也参与了讨论，将协商民主决策中所谓的分配正义和公平模式的理论引入NICE和其他医疗资源分配机构。然而，到目前为止，还没有人把NICE和公平评估空间相关的精确和简化等问题联系起来。

在评估药物或其他健康技术时，NICE计算的是，与NHS目前使用的技术相比，通过该技术产生的健康相关的生活质量收益的额外成本，亦即卫

生经济学中常说的“增量成本效益比”。NICE对健康相关生活质量的衡量指标是质量调整生命年（QALY）。该指标综合评估了预期寿命的增加和医疗保健带来的生活质量改善。在此过程中，QALY逐渐形成了一个涵盖挽救生命的手术、延长晚期癌症患者生命的药物、减缓痴呆症的药物、姑息治疗、康复手术和抑郁症治疗等评估指标的量表。QALY代表的是比较迥异事物的勇敢尝试，是一个展示简化特征的优秀数字工具。

卫生技术评估的核心是比较待评估技术的增量成本效益比和NICE的软性增量成本效益阈值，范围是2万~3万英镑每质量调整寿命年。NICE的阈值可以看作简化复杂对象的数字测量案例。实际上也可以把它看作衡量NHS资金价值（或者至少是首个近似值）的手段。如果一项技术的成本低于2万英镑每质量调整寿命年，那么NICE就不大可能拒绝采购该项技术。NICE建议采纳一项增量成本效益比在2万~3万英镑/QALY范围内的技术，要求该技术必须提供附加清单中的所有项目，包括疾病危重度测评、作为额外福利的临终关怀、对弱势群体的特别关注、给予儿童累积福利额外的权重等。NICE也有可能批准采购超过3万英镑/QALY的技术，前提是这些项目必须提供非常强大的支持。[5]

笔者与斯蒂芬·约翰和特伦霍姆·荣汉斯合著的一篇论文探讨了NICE形成2万~3万英镑/QALY成本效益阈值的过程。

卫生经济学家支持NICE使用（或明确背书）阈值的理由通常为阈值是在NHS衡量有限预算与新资助技术机会成本的手段。具体而言，阈值旨在衡量每QALY的成本水平，超过阈值意味着该项技术将通过撤资的形式取代NHS的QALY。现在回到上一段的内容，阈值衡量的是某种水平，一旦某项技术的成本超过这个水平，即可以被视为货币价值不足，也就是净QALY产出不足。为了实现这一功能，阈值应设定为目前由NHS资助技术的成本效益最低值所产生的QALY成本水平。

然而，我们发现，在2001年，NICE将阈值设为2万~3万英镑/QALY时，尚未掌握必要的经验信息来计算NHS所资助治疗技术成本效益最低值来计算产出QALY的成本。事实上，一直到2013年前后，NICE的阈值才有坚实的证据基础。NICE为了确定2万~3万英镑/QALY阈值，回顾了HTA在2001年前根据决策者洞察逐个制定和发布的建议。该数字来源于简单的事实。NICE发现2万英镑/QALY的项目鲜少被驳回，负面推荐概率上升，正面推荐概率低于3万英镑/QALY的技术。

从NICE所依据的健康经济学角度来看，选择2万~3万英镑/QALY作为阈值似乎没有什么意思。然而，我们依然认为，一旦转向政治哲学视角，就能找到支持NICE指定明确的数字作为其阈值的做法，至少在2013年相关证据出现之前都是如此。为了更好地论证本章的论点，上述内容都与第二节提出的要点相关。

选择了2万~3万英镑/QALY这个数字之后，NICE更容易向公众解释自己的决策过程以及中选的技术来源，因此增加了公众透明度和本章所提出的“公众可管理性”，反过来有助于NICE以第二节第二条中所述更为宽容的术语公开为其决定辩护。

为了清晰地看到NICE的决策如何提升可管理性，让我们想象另一个场景。即NICE放弃将其通过效果良好的数值测量方法得出的最佳估计值作为HTA过程的核心。我们可以想象，NICE在2001年做出以上决定，可能是出于缺乏坚实的证据基础或者无法忍受在QALY量表上比较各种迥异的优点以及根据货币价值做出选择的简化。在这种情况下，无论NICE支持还是反对新技术，很大程度上以下都会变成决策者的判断问题：识别待评估案例相关的所有考量因素，解决它们之间的冲突，考虑特定决策背景如何改变与平衡相关考量因素，等等。

决策者公开解释自己判断的可能性非常小，即使有这个可能也是极其困难的。[6]即使这种可能性实现了，他们也不得不处理各种复杂的因素。对环境的高度敏感性，造成了笔者在第二节中提到的问题，即，公众不得不接受大量过于复杂的信息。换言之，NICE放弃了其决策方法的数字核心，意味着它放弃了过去的主心骨，选择了一种简单地向公众解释其决策的方法，而这种方法很大程度上是可管理的。

此外，我们在文章中指出，数字阈值和基于数字阈值的决策公开已经成为关于NHS资源分配的广泛民间辩论的催化剂。辩论的规模在全球范围内都无与伦比。有人认为这场辩论让英国公众认识到一些残酷的真相，包括医疗资源分配的必要性。无论我们支持NICE在哪一个阶段的选择，比如，2001年在尚无足够实证研究支持时确定了一个阈值，2013年在备受期待的证据初步显示应该把阈值降低到1.3万英镑/QALY时，选择将阈值确定为2万~3万英镑/QALY，都不得不承认，自从2013年以来，2万~3万英镑/QALY的阈值在NICE对新技术的决策及其为这些决策辩护的理由之间制造了一个全新的矛盾，这些理由仍然将阈值描述为旨在识别在未来能超水平发挥、充分提升质量调整寿命年的新技术，事实上，始终将阈值保持在2万~3万英镑/QALY的水平绝非易事。虽然在政治层面非常艰难，但是公共正当似乎正在要求NICE修改其门槛值，倒逼NICE做出降低阈值的艰难抉择。

二、市场力量的障碍：质量调整寿命年、随机对照实验和数字

现在让我们转向NICE的最新发展趋势，特别关注一下第一节对能力理论探讨中出现的数字和市场力量之间的所谓联盟。2016年，NICE接管并重

组了英国癌症药物基金（Cancer Drugs Fund，CDF）。CDF属于专项拨款，初始年度预算为3.4亿英镑，由NICE用于临时资助那些原本会被拒绝的癌症药物，因而可以在该药物研发的过程中收集新的证据。在英国癌症药物基金的支持下，NICE可以通过特殊的程序，推荐某种抗癌药物给国家医疗服务体系使用，即使NICE的决策者认为该药物的成本效益仍然具有很大的不确定性。这些特殊程序要求在未来两年内，生产该药物的企业必须进一步收集证据以降低不确定性。在两年的过渡期之后，决策者将重新召集会议评估企业收集的新证据，重新评估该药物的成本效益，决定该停止对该药品的投入还是推荐其进入NHS支付体系。

本次对NICE的卫生技术评估过程的改革很多方面都可圈可点。然而，笔者希望聚焦于NICE和药企之间旨在消除药物相关不确定性的数据收集安排。这些安排打破了NICE的传统，即优先考虑观察性研究，而不是随机对照试验（RCT）。一旦涉及确定药物产生的质量调整寿命年，相应地，无论这些药物能否达到NICE的2万~3万英镑/QALY阈值。随机对照实验是循证医学的基石，它通过相关性统计，从而为调查的有效性提供了一种高度量化的方法。然而，鉴于药品生产商只有两年的时间收集证据，而该药物是由CDF资助的，NICE指出，“在启动任何新的随机对照实验之前要慎重考虑”。因此，通过NHS登记系统收集癌症患者及其治疗信息可能是两年过渡期结束时能提交给NICE的唯一证据。

NICE的数据收集安排并非空中楼阁。相反，它们的产生受到了一种影响力与日俱增的医学证据收集模型的启发。该模型批判随机对照试验的僵化，主张通过灵活的“适应性”路径收集证据以及对“现实世界”进行观察性研究。很多专家们指出，对证据收集施加的严格限制有利于最大限度减少既得利益者的操纵，例如负责在CDF收集观察数据的生产商，或者世界范围内众多由制药产业资助的临床科学家就属于既得利益群体。此外，众所周知，观测数据在消除对积极结果的偏见方面远不如随机对照组试验，这可能会增加研究人员在一种药品实际上无效甚至有害的情况下仍得出该药品有效的风险，从而导致NICE强制NHS在某种药物退出CDF之后继续资助它，即使这种药品对患者无用或存在完全有害的可能性。

该新兴模式的批判者对以上论点进行了有力的提炼。他们指出，接受适应性路径实际上相当于“适应行业”。显然，这一点是有争议的，适应性路径和现实世界观察法支持者反驳了针对他们的反对意见。[7] 尽管如此，他们的批评者肯定会设法驳斥笔者从能力理论家对精确性的批判中推断出来的观点，也就是数字在政治决策中的进步与市场力量在社会中的进步是同一回事。关于对政治决策的算法或简单数字方法的一个常见抱怨是它们通常过于僵化。尽管如此，我们现在仍可以看到这种僵化发挥了抵制市场力量的重要作用。

在某些情况下，高度量化这种略显僵化的方法，仅仅靠抓取生命质量的简化版本或者它应该提供的其他服务价值，似乎是提供限制行业和政策制定者勾连的唯一路径，即，迫使他们通过实际行动证明自己至少可以为公众提供某种价值。相比之下，行业具备雄厚的经济和游说力量，灵活且高度量化的方法有可能导致其为所欲为，损害患者、纳税人和广大公民等利益相关者的利益。就NICE而言，某种将对随机对照组实验的关注和生活质量调整寿命年的使用以及NICE的门槛值联系起来的“数字联结”似乎运行良好，实际上其也难免会受到来自制药行业的攻击。尽管如此，正如笔者在第三节中提到的，药品生产商将新药市场化的门槛值已经足够低了。

第四节 结论

政治哲学似乎与现有的关于数字在政治决策中的作用的争论密切相关。然而，量化并不是该学科重点关注的主题。本章的首要目标是朝着填补这个空白迈出第一步。鉴于数字和精确度之间的密切联系，著名的能力理论家对精确度的反复抨击发出了政治哲学对量化滥用的最强警示。笔者反驳了过于强调公共正当重要性的观点，认为应相应地简化政治决策中的方法，从而表达不宜过早摒弃量化工具的观点。NICE案例强化了数字工具确实可以在政治规制中发挥重要作用的印象，在某些标准化的场景下，数字工具是做法律和政策决定的最佳选择。

从政治哲学的角度来看，本章的观点是令人惊讶的。笔者用于论证数字积极作用的主要框架是公共正当，这很大程度上要归功于康德的经典著作。正如罗尔斯所说，许多对公共正当的描述与康德的“绝对命令”有着特殊的联系，“绝对命令”要求主体检查他们的准则是否可以作为被人接受的普遍规律，因为它们必须从所有角度都被接受。然而，从广义上讲，康德式的政治哲学方法通常与数字密集理论相对立，而非被归类为数字密集理论，功利主义就是最典型的数字密集理论。本章论点最令人惊讶的一点是受康德启发的对公共正当的推崇和政治决策中的数字工具之间存在密切联系。因此，笔者认为有必要将论点简化到某种程度，方便公众理解。当然，这并不是说从康德学派或者其他学派的角度来看，数字工具是完全没有风险的。相反，笔者强调了数字工具伦理作为亟待关注的命题的重要性。

1. 出于对现实世界民主进程的尊重，森（Sen）比努斯鲍姆更进一步，拒绝学者应该尝试起草基本能力清单的观点。

2. 努斯鲍姆另一个关于数字在政治中的作用是巩固市场力量的观点，详见菲奥拉蒙蒂的研究。

3. 波格（Pogge）有时会谈到正义的公共标准所要求的“特殊性”，提出了另外一个使用定量工具相关的需求。

4. 斯蒂芬·约翰和安娜·亚历山德罗娃为深入该研究方向提供了有趣的资源。他们在本书中分别研究虚假精确度的伦理和评估政治尝试重新定义重要价值以便实现可量化性、可比较性等方面的影响。

5. 对于成本效益之外的因素讨论，请参见罗林斯（Rawlins）等人的著作。

6. 关于判断干扰透明度的经典论述，请参见理查森（Richardson）的研究。

7. 例如，参见圭多·拉西（Guido Rasi）和汉斯-格奥尔格·埃奇勒（Hans-Georg Eichler）回应对适应性路径的批判所写的信件（2016）。

第四部分

数字在定性分析中的应用

第八章
当幸福成为一组数字

安娜·亚历山德罗娃，拉曼迪普·辛格

量化幸福是一个古老的追求。启蒙时期，世界各地的功利主义哲学家、19世纪的古典经济学家和20世纪的社会科学家都提出了关于如何衡量幸福的建议。然而，这个领域一直是乌托邦主义者的乐园，而幸福安康主要是艺术、文学、哲学、宗教和个人反思的主题，量化并非这些领域的重点。这种情况在20世纪末开始发生改变。

人们逐渐接受量化或许是个人现象的事实，是以下几种趋势的结果。第一个趋势，这是几十年来大学和商业实验室在精确衡量心理特征、情绪和态度方面的学术工作的集大成。对幸福和满意度等积极状态的问卷调查和心理量表激增，"积极心理学家"或"幸福科学家"等新身份应运而生。这种身份的核心是发展和验证上述量表以及它们在幸福决定因素相关实验和统计研究中的运用。第二个趋势，是心理自助运动的兴起。自助运动自认为与实验心理学同根同源，实际上它与早期人文主义传统的心理治疗和精神分析大相径庭。该运动促进了书籍、培训的应用程序等科普材料的生产，它们最终都进入了管理、人力资源和生活辅导领域。在20世纪下半叶，对正统经济学的批判甚嚣尘上，人们日益要求循证政策能应对国内生产总值、消费和收入之外的经济现象。

20世纪90年代末和21世纪初，备受瞩目的会议和出版物层出不穷。美国著名经济学家和心理学家如卡尼曼（Daniel Kahneman）、埃德·迪纳

（Ed Diener）和马丁·塞利格曼（Martin Seligman）极力鼓吹积极心态和幸福人生的新科学。[1] 2009年，三位著名经济学家，包括约瑟夫·斯蒂格利茨（Joseph Stiglitz）、阿马蒂亚·森（Amartya Sen）和让–保罗·菲图西（Jean–Paul Frtouss）受时任法国总统尼古拉斯·萨科齐（Nicolas Sarkozy）委托，撰写了一份报告，报告中概述了福祉在国民经济核算中的重要性。

该衡量准则得到了国际和国内政府和非政府组织的一致认可，其推崇程度直追传统成本效益分析经济工具。用以反对唯国内生产总值（GDP）是从、鼓励采取多元化措施的论据由来已久。例如，罗伯特·肯尼迪（Robert F. Kennedy）在1968年的演讲中指出，国民生产总值等指标可以衡量一切，“让生活有价值的指标除外”。2012年，这种观点不再是乌托邦式的柔情。英国经济学家理查德·莱亚德（Richard Layard）对《卫报》表达了自己的观点：“回到三四十年前，人们或许说抑郁无法衡量。现在对抑郁症的衡量已经毫无争议了。我认为对于幸福的衡量也是如此。”

目前，有一个关键的共识，幸福是可以量化的，或者至少可以用量化来表述。我们在这里重点关注的是人们共识的态度。幸福的量化是否因为扭曲了幸福这一复杂现象的本质和屈服于晚期资本主义的数字自我梦想而应该被暴露、反对和阻止？还是应该作为一项历时数个世纪的科学成就得到颂扬？可以预见的是，两者都不是正确答案。胜利主义叙事失败的原因是，为一个如此难以捉摸的现象构建量表的争议从未平息，只是被遗忘了。对于幸福量化的范畴进行祛魅也是个问题。虽然指出某些哲学理论中被正确理解的幸福与实际的量化之间的错位并非难事，但是这种批评未免犯了范畴错误。“正确理解”幸福并非量化的目标。相反，支持者们通过构建可量化的概念的方式重新定义幸福，牺牲了理论上的有效性，让幸福成为公众辩论的可行对象。

或许我们更应该问，出于实用原因将幸福解释为定量现象的行为是否全然合理？在我们看来，这个问题的答案取决于在公开辩论中通过对定性现象使用定量方法从而权衡理论的信度和效度是否合理。英国幸福测量架构师、政客奥利弗·莱特温爵士（Oliver Letwin）最近对这种冲突进行了阐述，因此我们将这种冲突称为“莱特温困境”。每种幸福量化都是在理论和实际需求之间进行权衡取舍，并且在不同的背景下可以合理地进行不同的权衡。为了进一步阐述我们的观点，本章将探讨两个案例。第一个案例是英国国家统计局（ONS）对英国国家福祉的衡量，他们通过含有丰富指标的量表实现对于幸福感的量化。在我们看来，这些指标在有效性和实用性之间取得了合理的平衡。第二个案例是伦敦经济学学院经济学家合著作品《幸福的起源：生命中的幸福科学》（*The Origins of Happiness: The Science of Well-Being over the Life Course*）。该著作指出，量化已经失控了，为了实现本来就有问题的政治目标牺牲了真实生活的丰富性和复杂性。

第一节　量化的多样性：一项调查

量化幸福感怎么操作？第一步是给幸福下定义；第二步是根据定义设计量表。关于幸福的定义有很多，每个定义延展的量表也不少。表8.1总结了我们认为是主流的传统量表[2]，表中每行都展示了不同的量表，对应有关于“什么是幸福”初始问题的不同答案。大致上，前三行来自心理学。虽然代表了不同的哲学传统，但都通过问卷调查展示了对幸福的自检报告。第一行的心理学家认为幸福可以与积极或者消极情绪相提并论，认为这些感受的根源可以追溯到享乐主义。他们喜欢用经验衡量幸福感，询问受访者是否感受到特定的情绪，如悲伤或快乐。然后将这些评级汇总成一个“享乐概况”，以代表个体受访者的幸福情况。第二行的心理学家把幸福看作个体对其生活整体或者对于生活满意度的判断，因此倾向于采用简短的评估问卷，邀请受访者选择同意或不同意类似“生活的一切都很顺利”的陈述。他们的哲学遗产可能最接近主观主义，即将幸福建立在满足个人优先项的基础。第三行的“蓬勃人生”倡导者们可以追溯到亚里士多德学说（甚至更广泛的古典幸福主义）和20世纪的人文主义心理学。他们认为美好的生活是最大限度地发挥作用和实现个人潜力的生活。尽管将这一理论付诸实施无疑是非常困难的，心理学家通常会阐明几种“美德”，例如自主性、联系性和目标感，并要求受访者回答与每项相对应的问卷。

表 8.1　幸福的定义和测量

定义	测量
幸福	经验抽样、U指数、积极与消极情感量表、主观幸福感量表、情感强度量表
生活满意度	生活满意度量表、坎特里尔阶梯表、领域满意度
蓬勃人生	心理综合幸福指数、繁荣量表、沃里克-爱丁堡积极心理健康量表
偏好满意度	国内生产总值、国民生产总值、家庭收入和消费、满意度调查
生活质量	人类发展指数、英国国家统计局国民福祉衡量、繁荣指数、社会进步指数、经合组织更好的生活指数、诺丁汉健康量表、疾病影响调查、世界卫生组织生活质量-100量表、健康生活品质量表

第四行的“偏好满意度”来自经济学。福祉衡量的经济传统建立在这样一种观点上，即幸福在于满足个人在选择中表达的偏好。另外假设金钱可以衡量个人满足其偏好及做出理性选择的能力，收入（或消费）将成为幸福的代言人。

最后一行的“生活质量”包括了几个不同的经典测量工具，反映了人们对该概念的不同理解。首先是20世纪70年代以来社会学的“社会指标”，试图丰富政府和非政府组织收集的统计数据，而不是依靠最基本的统计数据。其次是发展经济学及其能力路径（以及各种相关建议），旨在找出对贫穷国家发展至关重要的因素，而不仅仅是经济增长。最后，生活质量衡量特别关注健康领域，这在医疗和公共卫生研究中很常见。在上述所有案例中，每种测量方法基本上都是与生活质量有关的指标（有时包括经济指标和主观指标），在必要时我们可以将这些指标加总成一个数字的规则。

为了方便评估，该表格显示了定义和量化幸福的传统方法。最重要的是，这些传统并不代表衡量同一现象的不同方法。相反，它们对幸福的定义各有不同。当我们谈论幸福时，它们往往有不同的意见。情绪状态是一回事，更广泛的生活质量完全是另一回事，声称衡量个体的情绪状态比衡量生活质量更好是毫无意义的。选择表格中任意一种方法都意味着只是其中一种现象被认为是幸福研究的正确焦点。本章下两个小节将展开讲述“生活满意度”获得主导地位的过程。

第二节　寻找合适的数量

从主观幸福感倡导者的角度来看（前三行），正统经济学中的收入和消费衡量标准过去和现在都是恶棍一样的角色。经济学家将这些措施称为“幸福感指标”，它们的出现通常伴随着一个直白而丰满的量化叙事[3]。然而，幸福科学的公众形象通常与拒绝或至少是试图边缘化经济定义有关。《超越金钱：走向幸福的经济》（*Beyond Money: Toward an Economy of Well-Being*）是美国心理学家埃德·迪纳（Ed Diener）和马丁·塞利格曼（Martin Seligman）发表于2004年的开创性文章的标题，在文章中新研究领域的定位明确，与经济测量恰好相反，而后者有问题的假设也被暴露出来。

标准批评紧紧抓住“伊斯特林悖论”，一个颇具讽刺意义的名称，以经济学家理查德·伊斯特林（Richard Easterlin）的名字命名。伊斯特林在20世纪70年代首次提出这个概念。他列举了两个事实：在任何给定的时间和任何国家，收入预示着自我报告的幸福感，但随着时间的推移和收入的增加，幸福感不会相应累积。为了解决这种冲突，伊斯特林假设，超过某个最低限度，人们对其幸福感的判断与他们相对于其他人的收入挂钩，而非他们本人的绝对值（相对于他们以前的收入水平）。因此，随着时间的推移，收入将无法继续衡量个人的主观幸福感。20世纪90年代和21世纪初，伊斯特林悖论成为研究客观环境和生活评价之间关系的强大动力，这反过来又有助于建立幸福量化的基础。现在还不清楚这个悖论是否存在，因为新的研究没有找到证明第二个假设的证据。绝对收入的增加似乎预示着主观幸福感会随着时间的推移而增加，但不清楚随着时间的推移，金钱和幸福感是否会如同伊斯特林声称的那样渐行渐远。然而，这些发现并未设法抑制人们对自我报告的幸福的兴趣。即使平均而言，绝对收入和主观幸福感在共同作用下起伏不定，仍然存在显著的分歧。剥离收入因素之后的主观幸福感仍然值得研究。

然而，为了使主观幸福感成为政策制定和评估的真正替代方案，其倡导者需要将其变成一个与传统指标一样的可管理的对象。否则，积极响应政策就应关注公众的优先项的呼吁，因为经济学家们大可反驳：“幸福固然美好，但我们如何将其纳入预算、电子表格和成本效益分析？”这种对可量化性的要求无疑源于对适当科学证据性质的假设，这些假设很容易在哲学基础上受到挑战。但是，正如我们将看到的，它也有政治依据，即出于对民主的考虑。

然而，如表8.1所示，没有一种方法可以量化主观幸福感，更不用说其他概念下的幸福感了。如果您是一位享乐主义者，幸福的量化会将情绪状态的瞬时报告转化为评级，又将评级转化为曲线上的一个点（这代表着一个对象随着时间推移的情绪状态变化）。这种“经验抽样”需要时间和资源，尽管它忠实于经典的边沁功利主义，并试图大规模推行这种思想，但即使是认同这种哲学的心理学家也认为它不切实际。尽管它被继续用于研究，却并不是幸福狂热者所要求的那种官方统计数据。[4] 总体而言，这些统计数据是基于问卷调查，尤其是伊斯特林本人使用的问卷调查，即生活满意度问卷。

第三节　生活满意度作为幸福衡量指标

生活满意度问卷通过要求受访者通过“同意”“不同意”“非常同意”“非常不同意”“不同意”等陈述来量化幸福感。例如，“在大多数方面，我的生活接近理想状态”或“我对自己的生活感到满意”。[5] 当问卷调查的样本足够大时，就会生成大量数据，这些数据会根据人们对特定陈述的认可程度进行细分。如果这些问题在正确的受试群体中表现出正确的可靠性和可预测性的心理测量特性，则通常被宣布为有效。由此，我们可以讨论不同群体之间的生活满意度差异和生活满意度系数（生活在安全的社区中满意度会大幅提升）。这是量化主观幸福感的重要步骤。

生活满意度问卷可以跨越心理测量学障碍，却未能免于批评。关于对该问卷的批判大致分为三种。

第一种是来自伦理学和价值论的观点。生活满意度与幸福感有什么关系？哲学家丹尼尔·海布伦（Daniel Haybron）认为，对生活感到满意基本上是源于对某些价值观的认可，例如感恩、谦虚和决心等。我们对生活的满意程度反映的是我们对自己所拥有的一切的感恩程度，或者我们是否认为自己应当满足于现状。生活满意度反映了“一个人对生活的态度”。他坚持认为，我们在反思中对生活采取的立场是一回事，而我们的实际感受，即在日常生活中的情绪是另一回事。日常生活中的大量苦难与高生活满意度是相互兼容的，这使得它无法反映一个人的幸福感。

第二种批判来自测量理论的观点。严格来说，李克特量表上的评级只能证明一种排序：如果我认为自己非常认同自己关于生活满意度的陈述，而你认为自己只是某种程度上适合该陈述，那么（假设我们的评级是可比的）可以说我对生活的满意度比你高。但是这仅仅是排序的结果而已。计量学的惯例不允许“我在某种程度上比你更加满意”的具体声明，在研究人口或更大的群体时，我们不能简单地将每个个体的序数评级（例如满意度排名）进行平均以得到一个总体评级。用专业术语来说，序数量表不应用作基数量表，但这样就很难看出旨在提供经济指标替代方案的幸福科学分支是如何仅通过序数比较来实现的。[6]

最后一种来自心理学角度的批判。对生活满意度的判断是什么样的？从表面上看，它需要对受访者的大量信息进行加总：“以下是我在生活中珍视的所有事物”“以下是我根据这些价值观对自己表现的评价”“以下是我整体评估自己的生活时出现的评价”。然而，人们真的会进行如此复杂的评价吗？人们长期以来一直担心的是生活满意度判断的反复无常。显然，捡到一枚硬币，看着一个坐在轮椅上的人，收到天气提醒，都有可能极大地改变一个人对于其幸福感的评价。这种影响为相关判断的形成（或许它们是即时的反应而且对情绪变化非常敏感）提供了另外一种解释，并且使得这些判断的复现性受到质疑。在此，我们甚至还没有提出另一个具有争议性的心理学话题，即生活满意度评级在不同个体和文化之间是否具有可比性。

上述三种批判都未能阻止生活满意度成为当今最流行的幸福衡量标准。它的拥护者驳斥了哲学家们的批判，理由是生活满意度的评级和问卷的长度与丰富性密切相关，并且应该尊重受访者对于自己生活的判断。相比之下，计量理论家们的担忧更难消除。专家们对该问题的严重程度意见各异。费雷尔-伊-卡波内尔（Ferrer-i-Carbonell）和弗里特斯（Frijters）声称将序数数据视为基数“通常不会使所得结果产生偏差”。施罗德（Schroeder）和伊茨哈基（Yitzhaki）的意见恰好相反。

科学家们对心理学上关于生活满意度的反对意见非常重视，并试图找到相对有说服力的答案。最新科学实验显示，人们对自己生活的满意度是相当稳定的。此前有关天气、硬币翻转、轮椅等因素对生活满意度评价产生影响的研究结果，没有得到复制或再次证实。当人们被要求评判其生活满意度时，他们所处的环境（也就是背景），当时的思考和经历和他们的一些情况，显然会影响他们的判断。然而，尽管上述因素对生活满意度的评估有所影响，但是否会因此使这种评估的有效性和信息价值大打折扣，这一点并不清楚。[7]此外，也有证据表明，生活满意度是可以在不同的人际关系中，以及跨文化环境下进行比较的。

总而言之，生活满意度问卷虽有争议，却难以抛弃。虽然在理论上对其抨击之声不绝于耳，这些问卷确实应用广泛且产生了很多有意思的数据。尽管人们从哲学和方法论的角度对生活满意度调查提出了反对意见，但由于一些实际的原因，这些反对意见并没有能够改变生活满意度调查在幸福科学中的主导地位。在经济合作与发展组织（OECD）2013年发布的关于收集幸福统计数据的官方指南报告中，生活满意度是一个核心指标。然而，这能否说明人们为了方便，例如采集数据的方便、处理数据的便利性会忽略一些重要的事实？

第四节　莱特温困境

到目前为止，我们看到了两个不同方向的事实。一方面，幸福的概念和衡量标准存在巨大差异，尚未发现可用于二选一的决定性理论。另一方面，出于某些务实的理由（这个观点将在第六节中展开叙述），生活满意度逐渐取得主导地位。在本节中，我们引入了“政治赞助人”的角色来完善如何解决生活满意度指标冲突的论述。尽管，该案例来自英国近代史，有一定的地域性局限，却能揭示一种普遍性的困境。这位政治赞助人通过抛弃一种假设来避免我们之前提到的批评。这个假设是：一个给定的数字要成为一个适当的幸福度指标，这个数字必须在哲学、测量理论和心理学的最佳标准下，具有哲学的基础并在实证上是有效的。

在学术界，生活满意度的倡导者和批评者都接受了这个假设。对于倡导者来说，这是一种理想假设，为整个研究提供了智力合法性，尽管他们补充说，有效性的标准不应设得过高。对他们来说，生活满意度满足了某种最低理论标准，毕竟我们不能完全否认幸福是我们如何评价自己生活状况的问题。批评者不认可这个观点，要求对幸福量化的想法进行严格的论证。哲学家丹尼尔·豪斯曼（Daniel Hausman）拒绝全部的现有衡量标准，仅仅因为幸福感过于复杂且因人而异，难以用任何人口水平尺度来衡量。然而，对于双方而言，这都是认知问题。

对于政治赞助人而言，幸福的衡量标准似乎正中“真实事物”的红心，实则没有抓住重点。科学和政策不再追求真实，而是寻求对幸福的重新定义，使用的方法是在保留基础概念的同时，挑选可以衡量的现象，赋予其可比性与可转移性。这是来自大卫·卡梅伦时代的政府政策国务大臣和极具影响力的顾问奥利弗·莱特温（Oliver Letwin）的观点。2010年，随着英国保守党上台，福祉逐渐成为英国“社会复兴”议程的核心。讽刺的是，该议程与财政紧缩措施相结合，在削减公共预算的过程中通过某种温暖和模糊的手段转移了公众的注意力。[8]

2016年，已经退出政治舞台的莱特温回忆起作为关注福祉的政客时所面临的挑战：“如果你在辩论中谈论诸如美丽、快乐、生活满意度或福祉，不出十五秒，准有人会觉得你是个疯子。”他继续说，这与“武器、医院、铁路”等可以很好地量化的价值形成了鲜明的对比。莱特温及其保守党同事希望通过在市政厅会议、媒体采访和选举辩论中将福祉作为合法的主题公开讨论。莱特温坦率地承认，这需要将福祉定量呈现，而实际上它无疑是定性的（莱特温有博士学位，因此习惯做上述区别）。此外，这不仅需要量化福祉，还需要通过政府部门收集的统计数据、报告、图表和其他的权威手段将其制度化。因此，英国国家统计局的国民福祉衡量计划应运而生。该计划自从2011年以来不断收集相关统计数据，定期发布福祉报告以及犯罪率和出生率等客观数据。莱特温的目标是获得“一组可能是幼稚的，同时也是值得尊重且具有国际可比性，可以用于政治辩论中的数字”。[9]对于他这种政府要员和政客而言，可衡量以及量化的幸福感已经成为政策辩论的重要组成部分。

莱特温所描述的冲突，亦称“莱特温的困境”，是真实存在的，而且不只是存在于这一小段英国政坛历史中。数字是人造的产物，会扭曲真实的事物，甚至可能会产生无法预料的后果。但是，如果没有这些数字，公众辩论则只关心传统的经济指标，而这些指标也存在缺陷。作为幸福测量的政治赞助人，莱特温显然已经握住困境的一个角，用它撬动了产生英国国民福祉可靠数字的系统，这一点我们将在下一节详细讲述。

现在，让我们来梳理上述论点。幸福感的量化绝非易事，没有唯一且明显正确的定义，任何指标都有可能引发争议，即使是最成熟的衡量标准，如生活满意度，也不例外。但是有一股强大的实际力量推动可靠幸福数字的产生。许多科学家热衷于挑战他们眼中经济学对于政策的不公平统治。莱特温等政客的动机是表达对基本价值观的重视并推动公共支出做出相应的调整。通过这个故事，我们可以深入更加关键的领域。幸福的量化总是伴随着妥协。那么，某些妥协是否优于其他妥协？

让我们抢占先机，预判一个可能的反应，即全然拒绝困境的框架：“谁说政治辩论和公共政策的主题必须是定量的？没有数字幸福就不能成为对话的一部分？由谁来设置这些术语，为什么？”我们认识到不同的论证策略仍有用武之地，正如查特吉和纽菲尔德分别在本书的不同章节中展示的，事实上，数字可能被驱逐。尽管如此，我们同意约翰（第六章）和巴达诺（第七章）的观点，即忽视量化在民主政治中的优势过于草率。当政客承诺某个精确的数字时，公众更容易评估他们如何兑现该承诺。数字为那些不太善于通过引人入胜的叙述和动人故事表达诉求的人提供了一种在权力面前摆事实的方法。统计数据可能变幻无常，但数字使辩论变得具体，而且能以定性方法和叙事所不能及的方式在科学基础上引发正义。因此，困境将长期存在。

哪种观点更加可取？我们只能接受扭曲的事实和不相关的事物吗？我们认为，这种困境没有直截了当的解决方案，没有足够有力的论据来证明幸福数字总是比其他数字更可取，或者不如其他数字。相反，它取决于具体情况和背景：采取了哪些福利措施，它们的用途以及可用的替代方案。我们将通过公共政策中的两个案例说明问题的复杂性。在我们看来，第一个案例代表了福祉的可靠数字，第二个则不那么相关。

第五节　将福祉纳入国民统计数据

英国国家统计局的国民福祉衡量项目定期生成相关生活领域的统计数据（事实上这是卡梅伦政府唯一没有受到其他政党攻击的项目）。它的主要优点是其综合性与合法性。上述两个优势都是英国国家统计局起草一份对公众有意义的全面指标清单的严谨性带来的。

为确保这一点，英国国家统计局在全国范围内进行了一次名为“什么对你而言至关重要”的运动，2010年至2012年，在全国范围内征求公众、专家和社区的意见和建议，向公众发布了福祉衡量标准的试行版（Office for National Statistics，2012），并征求受访者的适用性意见：

“你是否认为提议领域呈现了幸福的全貌？如果不是，你会做哪些什么不同的事情？”

“你认为每个提议领域的范畴是否正确？如果不是，请提供详细信息。”

“客观和主观测量之间的平衡是否正确？请提供详细信息。”

该项目产生了包含主观指标（幸福感、生活满意度、意义感）和客观指标（经济、工作、健康、教育、安全、住房和回收利用）（Office for National Statistics，2019）的衡量标准。英国国家统计局通过将尽可能多的指标囊括到项目部中并公开审计其措施，从而解决了涉及专家和公众等群体的看似非常棘手的问题。他们的方法类似于法国、意大利、加拿大和新西兰的计划，以及德国发起的“在德国生活得更好”倡议。该倡议通过2013年的市政厅讨论得出了一份包含12组指标的政府评估清单（有趣的是，清单上的指标无一和主观幸福感相关）。

产生幸福感数据的模型可以用莱特温困境的进退两难来进行批判。该量表指标信息丰富，因此反映了福祉的复杂性和多元性。但这种丰富隐藏了关于哪些指标比其他指标更重要的深刻分歧。回收利用与免于焦虑是否在同一层级？应该如何协调所有指标？英国国家统计局的国民福祉衡量项目是无所不包的吗？这些问题是否可以让批评者满意，或者是否会暴露基本问题，取决于如何使用收集到的数据。卡梅伦政府启动该项目时，雄心勃勃地计划根据项目的数据判断政策和支出的优先项，当然这没有成为现实，因为在英国脱欧公投之后，项目就被搁置了，至少政府高层没有再往下推动项目。现在国家统计局的出色工作起到了代表性作用，用最先进的统计数据根据社区本身认可的标准刻画了社会生活的方方面面，而且画面非常丰富细腻。例如，通过叙事和访谈的形式收集幸福感相关的定性数据，从方兴未艾的公民科学运动中汲取灵感，让公民系统地参与生成他们认为反映其福祉的数据。但是这对于政府部门的要求太多了。因此，英国国家统计局选了一种折中的办法。

第六节 将生活满意度作为主要指标

经济学家开展了一个与众不同的项目，他们希望做的不仅仅是反映国家统计数据中与福祉相关的各种优先事项。因为对他们而言，仅仅衡量福祉是不够的。经济学家们希望将福祉纳入政策评估的核心从而进行，成本效益分析进而使福祉成为评判每项公共支出的基准。因此，英国国家统计局收集的各种量表就不大适用了。因为经济学家们关注的是一些具体的数字，试图通过这些数字观察它们如何随着政策和环境的变化而变化，从而得出整体幸福感最大化的政策组合。

代表性的科学家包括伦敦政治经济学院经济表现中心福祉项目的安德鲁·克拉克（Andrew Clark）、莎拉·弗拉切（Sarah Flèche）、理查德·莱亚德（Richard Layard）、纳塔夫德·鲍德塔维（Nattavudh Powdthavee）和乔治·沃德（George Ward），项目宣言发表在2018年出版的《幸福的起源：生命中的幸福科学》（*The Origins of Happiness: The Science of Well-Being over the Life Course*）一书中，其他学者也赞成该愿景。本节重点关注《幸福的起源：生命中的幸福科学》，该书获得了美国、加拿大等地最著名幸福科学家的推荐。伦敦政治经济学院举办了一场发布会，国内外政客名流济济一堂，各大媒体争相报道。学院在发布会上公布了该项目的核心成果。

莱特温在发布会上阐释了“莱特温困境”，《幸福的起源：生命中的幸福科学》的作者更喜欢哪一条路显而易见。到2016年，理查德·莱亚德花了数十年时间普及幸福科学，并想方设法将其应用到政策中。他明确表示支持促进主观幸福感的功利主义目标。从这个角度来看，生活满意度数据已经足够好了。对于幸福科学或者整个项目的反对意见，对他来说都没有意义。他在发布会上介绍《幸福的起源：生命中的幸福科学》一书时，简要回顾了人们对生活满意度报告效度的担忧，反驳称它们和脑部扫描以及更长的问卷调查相关性更加紧密。简而言之，他指出某些批判者认为生活和良好的治理（比如，正义、权利和公平）比幸福更重要。他认为这些担忧过于理想化。该书作者的策略是凸显盟友的实力和地位，而非和批判者们缠斗不清。例如，他们将这本书献给英国幸福经济学政治赞助人格斯·奥唐奈（Gus O'Donnell），在章节题词中向托尼·布莱尔公开致意，还邀请了阿拉伯联合酋长国的国务大臣奥胡德鲁米（Ohood Al Roumi）分享她在当地实施幸福政策的经验。当观众问起阿联酋外籍工人权利时，她不得不无视了这位搅局者。该书也受邀参加了该发布会。笔者对于活动的总体印象是，对于莱亚德和他的团队而言，道德和智力上的调整相对项目结论的实际意义而言不值一提。

他们提议的核心在于国内外的面板数据（例如，英国家户长期追踪数据、德国社会经济研究小组、澳大利亚年度家庭收入和劳动力动态报告、雅芳父母与儿童纵向研究等可用的数据）可以相当精确地推断出某种社会、人口和经济环境在多大程度上促进或阻碍了被定义为生活满意度的幸福感。这些推论贯穿于我们从童年到老年的整个生命过程。对于成年人而言，心理健康（自我评估）是衡量个人幸福感的最关键预测因素，对孩子来说也是如此（尽管这种评估多由母亲完成，而母亲自身的心理健康则是孩子心理健康的最佳预测因素）。其他因素还包括贫困、教育、养育方式、学校、就业、伙伴关系、社会规范等，但没有一个因素像心理健康一样在统计上做出如此重要的贡献。抑郁症或焦虑症诊断对于生活满意度变化的解释力是收入的两倍（心理健康的$R^2 = 0.19$，而收入的$R^2 = 0.09$）。教育对个人生活满意度的影响甚至小于收入（$R^2 = 0.02$），而周围其他人的教育对个人生活满意度有显著的负面影响。这是有据可查的“社会比较”效应的一部分。在这种效应中，个人对收入或教育的自我估计价值在很大程度上取决于周围其他人拥有的类似资源。上述分析揭示的另外一种现象是“适应性”，即在经受积极或者消极的冲击后恢复到之前的生活满意度水平。然而，这不适用于失业、失去伴侣和罹患精神疾病等情况。

作者们仔细记录相关事实，通过系数计算了生活满意度中每个特定因素的相对和绝对定量效应。这些系数在莱亚德及其同事们所倡导的“决策革命”中发挥了重要的作用。他们认为政府支出的评估应特别使用成本效益方法，而这种方法是以幸福为单位来衡量的。根据他们的设想，每一项政府支出都必须通过一项测试：它是否能尽可能有效地增加幸福感？这样的实践需要设置“每单位幸福成本”阈值，一旦低于该阈值，相关项目和服务就不应该得到资助。作者认为国家健康和保健卓越研究所（NICE）使用巴达诺在第七章探讨的质量调整生命年（QALY）就是一个显式模型。根据巴达诺的研究，NICE建议不要公开提供超过3万英镑/QALY的药物。然而这个数字，尽管在约翰看来是“伪精确”的（第六章），却发挥了合法的政治作用。莱亚德及其同事建议将此过程从健康拓展到福祉。他们假设当每单位幸福成本高于3500英镑时，财政支出的效率将会变低。这就是《幸福的起源：生命中的幸福科学》的作者重视绝对效应系数的原因。一旦我们得知收入、失业、购物等的幸福成本，就很容易比较不同政策的成本效益，公共资金将会流向最有可能创造幸福的一系列服务。

我们应该如何看待这个幸福量化的案例呢？来自不同领域评论家或许有不同的观点。第四节中探讨的生活满意度的批评者担心对该指标的过度依赖（由英国国家统计局收集的其他幸福指标在《幸福的起源：生命中的幸福科学》一书中没有得到足够的关注）。另外，伦理学家和政治哲学家会问，权利、义务和宪法约束如何在建议成本效益分析中发挥作用。但我们希望关注数字的使用和误用相关的具体问题。在《幸福的起源：生命中的幸福科学》一书中，数字可以抹去社会、文化和历史背景，将幸福变成一个简化的对象，仅通过统计数据就能发现其普遍决定因素。巴达诺和约翰都提供了有力的证据来说明，伪精确数据也可以发挥合法的政治作用。但是我们怀疑这些政府是否适用于本案例。书中有两个关于抹去背景的生动案例：作者对待心理健康和公共物品的不同态度。

在该书中，心理健康主要是通过简短的标准化自我报告来衡量的，这些报告最终解释了生活满意度的一系列差异，但没有考虑贫困和不平等。作者们认为最重要的发现是，精神疾病是造成痛苦的最大原因，干预精神疾病而非贫困，是提升幸福感的有效方法。这里出现了一个明显的循环，因为关于生活满意度的问题与自我报告的心理健康问题非常相似。但更为重要的是，正如支持社会变革的心理学家们所认为的那样，作者使用的回归模型过于简单，甚至参与了这个领域丰富的传统定性研究，他们不会把心理健康和贫困当作分别对幸福起作用的非交互变量。它们对于幸福的作用大小不一。有些人认为性别和种族难以轻易解构为不同的压迫因素，贫困和精神疾病同为痛苦的根源，应该通过定性和定量的方法一起研究。在这种情况下，《幸福的起源：生命中的幸福科学》提出了一个数字，然后用这个数字来支持相应的理论，亦即对政策制定者而言，心理健康比贫困更需要重视，但是该数字的信度和效度都值得商榷。

同样，在分析公共产品与幸福之间的关系时，该书试图使用信任、慷慨、自由和社会支持等社会变量来解释126个国家的幸福差异。基于盖洛普世界民意调查数据的横截面样本回归结果似乎为作者的普遍性因果声明提供了足够的证据支持。例如，“从最低的信任水平（巴西7%）到最高的信任水平（挪威64%），平均生活满意度提升了57%”。在这里我们担心的不是这种横截面数据分析的局限性（例如未能解答是幸福影响信任还是信任影响幸福的问题），也不担心信任水平变量被狭义地定义为对于单个问题持肯定答案的个体比例，例如，“总的来说，你认为大多数人都可以信任吗”？实际上，我们担心的是幸福的决定因素具有普遍的非情境效应的假设：x代表心理健康，y代表教育，z代表信任。当然，我们可以按人口结构统计数据，从而识别差异（许多幸福经济学家都采取了这种方法），但请记住，《幸福的起源：生命中的幸福科学》的作者寻找的是确定哪些政策不应该得到资助的数字。要确定这样的一个数字，需要将通过统计分析确定的变量的影响视为该变量的均衡贡献。

这种均衡是极不可信的。母亲心理健康对孩子的强烈统计效应可能和调查本身的性别政治有关，也可能是因为收集数据时母亲承担了大部分护理工作。如果父亲花更多时间看护孩子，父亲心理健康的影响是否会有所提升？为什么像是要顺应天性一样，把这种影响作为儿童幸福的一个稳定因素？数据揭示了不同国家在失业或残疾对生活满意度影响方面存在着许多引人探索的差异，但是这些背景效应与估算适用于成本效益分析的数字的构想并不相符。作者对地方的、变化的、历史的数字缺乏兴趣的原因是对成本效益分析的无争议的、稳定的和易处理的自我需求。在他们看来，本项目既不需要定性数据，也不需要丰富的地方民族志和参与式决策。我们认为，生成和运用幸福数字的案例和英国国家统计局数量众多且不断变化的量表有很大的差异，即使这些指标也同样缺乏定性信息。《幸福的起源：生命中的幸福科学》的争议性主要来自其在量化幸福时采用了更加大胆的形式。我们在此看到生活满意度从一个对经济学家发起挑战的学术性指标，转变为具有由系数衡量的稳定决定因素的主要数字，这与上述施蒂格利茨、森和菲图西被誉为幸福经济学灵感来源的报告形成了鲜明的对比。该报告对幸福的看法与该书完全不同。比如说，该报告认为“没有任何一种衡量标准足以概括像幸福这样复杂的事物”。也许这种认可不过是口惠而已，类似于莱特温对于幸福略显轻率的评价，幸福“当然”是质量而非数量。或许幸福的量化一旦开始，就会不可避免地趋向于简化成为衡量生活满意度的主要数字。但是，这种可能性不应该麻痹我们的警惕性。

莱特温困境发人深省。与标准经济指标相比，使用“天真”的幸福数字真的很糟糕吗？我们很难严密地论证到底哪个更加糟糕。《幸福的起源：生命中的幸福科学》中的提议抑或是现有代表利益和评估政策的模型？我们认为莱亚德及其合著者在尚未和批评家们恰当接触的情况下，歪曲了幸福感，致使其难以辨认，也就此展示了相关论据。在他们的笔下，幸福感变成了一个对环境变化做出机械反应的一元量数字，仿佛矢量加和的牛顿力学系统。即使是那些为了民主政策审议而接受幸福量化的人，例如约翰和巴达诺，在面对这种激进的转变时也会犹豫不决。幸福或许是一个灵活的概念，但它真的灵活到如此地步吗？

第七节　对评论家们的建议

上述两个故事对于更广泛的量化分析有何启示？我们强调，在量化幸福感时，没有主导性的衡量标准，然而却有一个非常流行的衡量标准，即生活满意度。由于该数字容易获取和具有线性特征，因而比其他衡量标准更能深入循证政策的世界。这算是一件好事吗？与其说是生活满意度或者其他的衡量标准恰如其分地体现了幸福感，不如说这关乎我们把幸福感比作什么。最新的国民统计数据（包含生活满意度等指标）中的幸福指数似乎比以往局限且狭隘的数据有了长足的进步。然而，在以推动建立新的成本效益分析形式为目标的《幸福的起源：生命中的幸福科学》作者笔下，“生活满意度”的概念不再纯粹，因为它已经和极其不合理的社会评价方法以及更加广泛的技术官僚治理模式融为一体。[10]

虽然我们只关注公共政策，但在自助和管理中的幸福数字也可以找到这种或多或少具有争议性的例子。因此，我们猜测，这些经验是普遍性的。负责任的批判必须认真考虑效度的问题，也就是考虑所批判的衡量标准是否足以代表幸福感。为此，我们需要科学哲学家这样的思考，因为哲学家可以阐明并且认可某种衡量幸福的最低标准。然而这还不够。科学哲学家也需要像社会学家一样思考，承认该数字在政治、治理和公共辩论中所发挥的理论和实用价值，并判断该数字与其他数字相比的价值的高低。批判者应该接受在实用性和有效性之间进行权衡取舍，因为对不可能实现的理想进行幸福测量是毫无意义的。证明某种取舍合理性的证据范畴应当足够广泛，涵盖这些数字在伦理和政治层面发挥的作用。

注释

1. 参见以下学者的研究：迪纳（Diener）、塞利格曼（Seligman）、于佩尔（Huppert）、卡尼曼（Kahneman）、克鲁格（Krueger）、莱亚德（Layard）、塞利格曼（Seligman）、契克森米哈伊（Csikszentmihalyi）等的研究。

2. 该表格为简化版本。完整表格及参考文献参见亚历山德罗娃的研究。

3. 例如，微观经济学家安格斯·迪顿（Angus Deaton）将其诺贝尔奖获奖研究描述为“福祉，曾经被称为福利，使用市场和调查数据来测量个人和群体的行为从而对福祉做出论断”（Deaton 2016，1221）。

4. 卡尼曼（Kahneman）等解释了科学和国民收入与生产核算的经验抽样的优点。斯通（Stone）等的作品则是经验抽样应用的典型案例。

5. 可以通过不同的方法衡量生活满意度。生活满意度量表（SWLS）是风行一时的李克特量表，它的优势在于非常简短而且应用甚广。目前，已经被应用于数百项研究中，多见于其设计者，也就是著作等身的心理学家埃德·迪纳及其同事和学生的研究（Dieneretal 1985，2008）。关于生活满意度的问题也经常见诸全球所有大规模的调查和面板数据库中，如英国家户长期追踪数据、德国社会经济研究小组、澳大利亚年度家庭收入和劳动力动态报告等。

6. 关于有效性标准约定的担忧可以参见拉鲁雷特·菲利菲（Larroulet Philippi）和维森宁（Vessonen）的研究。

7. 关于生活满意度判断的辩护请参见卢卡斯（Lucas）、劳利斯（Lawless）和奥希等（Oishi）的研究，关于情境效应的最新辩论请参见迪顿和斯通和卢卡斯（Lucas）等的研究。

8. 参见戴维斯（Davies）的批判性评论。Express KCS更为支持和理解该现象。

9. 伦敦政治经济学院经济表现研究中心2016。

10. 在辛格和亚历山德罗娃的文章中进一步论述了该观点。如需更多关于生活满意度测量实用性可否证明其主导地位的论据，请参见米切尔（Mitchell）和亚历山德罗娃的文章（2020）。

第九章 社会目标与科学数字的协调：极端天气归因的伦理认知分析

格雷格·卢斯克

人们日益依赖科学技术做相关社会决策，这样的例子比比皆是。智能手机的应用程序根据车辆的密度和速度监测交通状况，提供用时最短的交通路线。网站通过房价和社区税务信息对潜在买家进行估值。穿戴式健身设备记录用户的步数、游泳姿势和爬山动作，对比运动量和个人健康目标，自动将成功实现个人目标的信息发布到社交媒体。上述案例中设计的算法和它们所依存的定量数据为用户提供了大量以往需要咨询当地电台、房地产经纪和私人教练才能获取的信息。有了这些知识，用户就可以“为自己”决策，实际上相当于用户授权上述技术为自己做决策。

当然，除了开车去机场或者购置房产的人，其他人也有通过简单易懂的信息提升决策效率的需求。西奥多·波特在其影响深远的《相信数字：追求科学和公众生活中的客观性》（*Trust in Numbers: The Pursuit of Objectivity in Science and Public Life*）一书中，指出量化的权威主要建立在驯服主观性和增强管理能力的基础上。在他看来，对公共数据的广泛关注不大可能只是一种“物理嫉妒[①]”。商人、管理者和政府官员运用成本效益

① 物理嫉妒指的是认为某些专业领域中的理论应像物理学一样，通过数学模型的方式加以解释或者展现的观点。

分析等社会技术，减少对专家的依赖，维护自身对决策过程的控制。量化有助于实现这类技术，进而使管理和行政阶层能够自己决策，而无须掌握专业知识。如此看来，量化和运用量化的过程在塑造社会决策的过程中发挥着重要作用。塑造社会决策的过程，就是抛弃烦琐冗杂的信息选择高效的信息的过程。

从波特的作品中不难看出，为什么人们在决策中对数字进行原始批判。正如本书引言中所述，数字的诱惑掩盖了某些不可量化的现象，这些现象往往是相当重要的。量化的方法让人眼花缭乱，导致无法用数字表述的现象形同虚设。在此过程中，占主导地位的方法往往更具有实际的话语权。因此，其他没有那么醒目的量化方法和可能从量化路径多样化中受益的弱势群体或许会被压制、遗忘或排斥。有鉴于此，在英美越来越多的民众对专家及其推崇的量化方法持怀疑态度就不足为奇了。在这一场怀疑运动中，有人觉得自己被排除在外了。怀疑主义揭示了在原始批判中一直被忽视的真相：谁或什么被量化才是核心问题。量化本身并无善恶之分，数字的性质取决于人们如何运用它们。好的数字可能是有用的，坏的数字可能会造成误导。

那么我们应该如何用负责任的方式制造和使用数字？这个章节开始探讨这个看似简单的问题。笔者将展示原始批判（以波特为例）和科学哲学中的某些定量相关观点之间的共同核心见解：量化本身就是透视的。号称客观的数字永远带着其所代表的某种倾向。这种倾向将量化的伦理影响和这些数字引起的认知视角联系了起来。在这种情况下，良性量化方法的表现之一是量化的表达能力和值得称道的社会目标之间的一致性。正如笔者对极端天气归因的伦理认知分析结果显示，实现这种一致性比看起来要难得多。极端天气归因是气候科学中的一种新兴的。 该方法的支持者认为它是一种很有前景的社会技术，可以用于促进环境适应和气候公证。极端天气归因的伦理认知分析展示了某些数字与其预期目的一致（或不一致）的原因，也展示了人们如何对将科学和决策联系起来的量化方法进行评估。

第一节　量化作为透视过程

波特提出了两个命题，试图解释在现代社会中量化的声望和力量从何而来。第一个命题声称，解释之箭与直观预设背道而驰：量化对商人、管理者和政府官员的吸引力恰好印证了数字推理在自然和社会科学中的作用，而非否定它的重要性。第二个命题声称，量化可以降低人们对深入和细致分析的需求，从而使非技术性的人员也能做在功能层面替代专家判断的决策。笔者根据埃德·莱维（Ed Levy）的观点，将第一个命题称为反转移命题，第二个为判断替代命题。

对波特来说，量化通常充当一种社会技术，这种社会技术推动了他所指的“会计理想”，这对人和自然的管理至关重要。波特通过研究历史事件来探索会计理想，其中最著名的案例是法国国家工程师和美国陆军部队对成本效益和风险分析的运用。波特借用了威廉·克罗农（William Cronon）的简单案例，展示会计理想如何进一步替代判断。在1850年之前，在美国中西部，小麦用麻袋装运的。由于包装的密度和重量各不相同，每一麻袋的小麦都由磨坊主或批发商单独检查，以确定其价值。当时，人们对于“一蒲式耳小麦的价格”几乎没有什么普遍的概念。或者只有那些经常确定小麦价值的人才知道其中的门道。1860年，芝加哥贸易委员会定义了蒲式耳的标准重量，并将小麦质量分为四个不同的等级。一旦实现量化，那些对小麦生产或质量知之甚少的人们也可以在芝加哥交易所买卖小麦。波特对该事件进行了以下总结："小麦交易所需的知识已经从小麦和谷糠中分离出来了。这些知识现在由价格数据和生产数据组成，可以在随时更新的印刷文件中找到。"小麦定价不再依赖磨坊主的判断，对小麦估价的专业知识已经转移到了交易员和投资者身上。

根据波特的说法，量化通过建立一套能够实现"机械客观性"的规则，用这套规则取代判断，取代个人的主观判断和信念。当一个社区规模较小且成员相互信任时，量化在很大程度上是非必要的。量化通过客观机械性提供了远程管理的能力：数字作为沟通工具，建立了自己的权威和效度。根据规则产生的数字使非专业人士得以从事从前需要依赖专家判断的实践，例如上述小麦交易的案例。波特指出，当量化成功地通过这种方式实现时，"几乎总是以牺牲细节和深度为代价"。

像波特那样把量化当作通过取代专家判断来细化社会劳动分工的手段，并非传统的科学哲学方法。如果真的存在某种默认方法，那么这种方法无疑是将数字视为刻画现象的方式，至少在某些条件下，可以将其作为经验证据在研究人员之间共享，前提是这些数字是通过可信的测量、实验和计算机模拟产生的[1]。因此，相较于波特所提出的量化替代判断的观点，哲学家们更关注数学表示中产生的一般推理模式。对于许多哲学家来说，量化的力量在于通过深入而细致的推理，产生成功刻画特定现象的数字。正如埃德·列维指出的，量化往往是严谨的专家判断结果，并不缺乏深刻和微妙之处。

然而，实际上，以上两种关于量化的观点往往是互补的，而不是像莱维等批评者所认为的那样相互对立。毕竟，许多科学哲学家和像波特这样的原始批判历史学家都就此达成了共识。例如，新兴的测量哲学旨在通过用数字刻画现象的实践提供认识论的基础（这在科学哲学领域长期被忽视）。我们可以从相关文献中提炼出一个经验：测量“不仅刻画了被测量对象，也通过某种方式表达了被测量对象的性质或状态”。例如，当我们测量一杯茶的温度时，测量结果代表茶在特定测量设置和测量环境中的“样子”。至少在机械客观性的标准化规范建立之前，从什么角度观察某个事物，很大程度上要由科学家来判断。测量，实际上是大量的数字表达，因此是一种选择性的表达形式。如何量化待表述的对象取决于采取何种“观察”方式。

在波特的研究中将量化的原始批判和科学哲学的典型表达方法结合在了一起，正好印证了透视具有必然性的观点：数字推理总有一个观察事物的特定位置。当然，在不同的文献中，这个特定位置也有所不同。原始批判的支持者强调社会行为者的视角，利用量化来转移判断的焦点，而科学哲学家则强调数字在刻画现象的过程中携带了其创造者的视角。无论如何，双方都承认不同的视角可能会导致不同的判断。尽管原始批判的支持者和科学哲学家都承认机械客观性的重要性，但是仅仅遵循量化规则并不能消除不同视角的影响。支持客观机械性的规则编码赋予了数字透视的特性。在很多种情况下，这些互补的观点相当于同一枚硬币的两面。

因此，在回答关于何时允许数字指导社会决策（至少是那些据称能刻画物理现象的数字）的规范问题时，似乎需要进行双重分析。我们需要考虑这些决策希望实现的目标以及相关的量化方式能否实现这些目标。可以说在指导数据生产和运用的两个视角之间需要实现某种协调。如暂不考虑目标是否可取，这种分析可以作为最低的标准，用于判断目标的可实现性。[2]

在接下来的章节中，笔者对极端天气事件进行了耦合的伦理—认知分析，展示了通过数字进行伦理和规范性分析，以确定数字在社会决策中的合理使用方式。这种方法将科学研究和社会结果相互结合，是一种相对较新的方式，旨在帮助人们明确如何运用数字进行研究。具体参见图阿纳等的气候领域相关文献和卡蒂基雷迪和瓦莱斯的一篇生物医学应用领域的论文。

耦合的伦理—认识论分析旨在将科学研究的方法论和认识论与社会伦理结果，尤其是在决策中产生的伦理结果联系起来。尽管科学的目标是追求客观性，但在实践中，科学研究往往受到背景和社会价值观的影响，尤其是当科学旨在具有公众相关性时更加明显。量化的视角通常是一个带有价值取向的选择，它会对解决社会问题时的研究方法选择产生影响。耦合的伦理—认知分析方法是有效的，因为它们具有双重性质。在这种分析方法中，作者将运用这种方法来展示在量化过程中所做的认知选择往往会产生伦理后果，并且我们的伦理或社会选择也会反映出我们采取的量化方法。这表明在科学研究和社会决策中，伦理和认知的因素是相互关联的，并且应该被综合考虑。

第二节　极端天气归因案例

气候科学家非常确信目前所观测到的全球平均气温上升的趋势在很大程度上是人类行为导致的结果。温室气体释放和土地利用变化等人为因素在大气层中获取了大量热辐射，破坏了地球的辐射平衡。热辐射，即热能的获取，通常被称为温室效应。离开地球大气层的热量减少，导致全球平均温度升高。政府间气候变化专门委员会（IPCC）的最新报告指出，人类对气候系统的影响或许已经导致地球平均气温至少上升了1.5℃。

虽然对气候变化的科学调查往往在全球范围内进行，但是大气变化对区域和地方的影响也引起了科学家们的兴趣。其中一个非常值得关注的领域是热浪、寒流、干旱、洪水和飓风等极端天气。

这些极端天气可能会造成人类基础设施的大规模损坏，造成代价高昂的有形损失破坏，造成粮食生产和供应基础设施的破坏。极端天气事件归因试图重复科学家们对全球平均气温上升趋势所做的事情，揭示它们都受到了人类活动的影响。这种归因包括评估极端天气的特性是如何在人为活动的影响下改变的。科学家们感兴趣的变化通常是特定类型的事件在特定地点发生的频率。事件类型主要由全球特定地区的超限阈值来确定。例如，西欧7月平均气温创下历史新高。科学家们可能会用旧的高温纪录作为一个阈值，来评估人类行为如何导致该纪录被打破。这种形式的事件归因，被称为概率事件归因，涉及在无人类活动的“自然世界”中确定一种特定类型的事件发生的频率，并将其与人类活动活跃的“实际世界”中极端事件发生的频率进行对比，从而把两个世界之间极端事件发生的频率差异归咎为人类活动的存在。这种“归咎”就是所谓的归因，将观测到的发生概率的增加归因于人为因素。这是一种风险为本法。这种方法指出了某种事件是人为因素导致气候变化的可能性（换言之，发生的“风险”有多大）。

至少有两种方法来计算自然世界和实际世界中事件发生的频率。第一种被称为“经典统计”方法，第二种被称为“基于模型”方法。

在“经典统计”方法中，时间序列用于检测异常值或趋势的变化。例如，卢特巴赫等人根据大量不同来源的数据重建了欧洲的月度和季节温度，其中包括代理数据，以此证明2003年夏天的温度为异常值，2003年可能是自1500年以来欧洲最热的夏天。科学家们经常通过重建的方法来计算此类事件的重现期。卢特巴赫等人发现这种异常气温的重现期不足100年。这意味着20世纪高温天气的回归更加频繁，而这应该归咎于人为因素导致的全球变暖。

计算极端天气回归频率的另外一种方法，是通过计算机模型来模拟某个事件发生的频率，包括运行一组气候系统（或者该系统中的一个子区域），即“基于模型”方法上述案例中两个组采用完全相同的结构，其中一组加入人为因素，另外一组摒弃人为因素。科学家们利用这两组模拟的结果来估计当前气候和非人为改变的气候中某种特定事件发生的概率，对两种概率进行比较并计算可归因风险分数（FAR）。这个分数追踪的是当前事件的风险有多少是由人为因素导致。假设FAR为0.5，那么该事件当前的风险有一半是人为因素导致。

值得注意的是，无论采用什么方法，概率归因都不能将实际的天气事件归因于人为因素，因为任何一种特定的极端情况都可能在完全自然的条件下发生。因此，人们不能将个别极端事件的偶然发生归咎人为因素，只能认定某一事件发生的可能性增加。同样需要注意的是概率事件归因不是前瞻性的，因此也不能预测未来。概率事件归因只能用于比较极端事件的风险与自然条件下的风险（或者，在经典的统计学方法下，在某些先验时间点的人为因素可以忽略不计）。这种方法也不能说明未来的极端事件风险和目前极端事件风险的差异。毕竟，我们无法预判尚未发生的事情。尽管如此，科学家们还是希望用这种方法取代气候科学家们颇有争议的专业判断，从而赢得公众和决策者的信任。

第三节　极端天气归因作为一种社会技术

极端天气归因的案例有趣的点，在于其已被有意定义为一种支持社会决策的社会技术。美国国家科学院报告指出，“事件归因的主要动机超越了科学本身”，为需要应对气候变化的应急管理者、区域规划人员和决策者提供有价值的信息。

这些定位大多是由来自牛津大学和英国气象局的小部分概率事件归因支持者完成的，其中最著名的是来自牛津大学的迈尔斯·艾伦（Myles Allen）、弗里德里克·奥托（Friederike Otto）和来自英国气象局的彼得·斯托特（Peter Stott）。他们似乎认同波特的反向转移论点，认为极端天气归因是有价值的，因为它使得非气候科学专业人士也能参与到对全球变暖的管理。正如迈尔斯·艾伦所说，利益被摆上了桌面，忽然间以气候变化受害者自居成了有利可图的事情。我们亟待发展区分气候变化真正影响和恶劣天气恶性后果的科学基础。换言之，决策者大量在不断变化的气候下分配资源的问题，包括补偿问题，因而应当采用科学的量化策略，确保决定的公平有效。社会效益相关的信息主导着极端事件归因的讨论，科学效益却很少提及。

艾伦和斯托特认识到，为了让事件归因结果取代以社会管理为目标的专业判断，这些结果必须被视为客观的。他们认为，只要采用他们所谓的“行业标准”，概率事件归因就可以发展出一种“相对客观”的极端天气应对方法。他们采用了波特的一种策略，认为采用这样的标准将消除偏见，降低对专家判断的需求。艾伦及其合作者希望避免由专家判断引起的纠纷与不作为。气候变化是一个有争议的问题，至少在具体的细节上，专家们难以达成共识。这种分歧通常被公众视为更加广泛的不确定性，从而导致社会性的不作为。通过采用某种行业标准，或者正如波特所说，建立某种形式的机械客观性是可行的。艾伦及其合作者们试图通过算法来取代专家判断。不出所料，他们想要保留自己的判断，而且把这个意图用概率事件归因的外衣包裹起来。概率事件归因将一部分的科学家判断打包在一起，形成一个数字，从而实现社会决策。

科学家们，尤其是本着艾伦和斯托特精神的科学家们，一直在鼓吹极端天气归因将造福诸多社会需求领域。本章剩余部分将研究概率事件归因对激励其发展的社会目标的契合度。具体而言，笔者研究了极端事件归因是否能满足以下目标：向应急管理者、区域规划者和决策者提供了关于极端事件的未来风险的信息；增强全社会对于极端事件的适应能力，确保提出的目标是适用于特定的事件类型；将特定的事件归类，从而将人为因素导致的气候变化受害者和自然极端天气的受害者区分开来。

第四节　概率事件归因：伦理－概念分析

在考虑上述第一个目标时，即运用概率事件归因告知决策者未来极端天气风险时，显然需要确保数字的生产和建议或实际使用方法之间的一致性。在广大的科学家和新闻记者群体中，似乎存在着对事件归因研究特征的概念性混淆。这可能误导潜在的消息接受者。例如，美国国家科学院、国家工程院和国家医学科学院院长提出了一个主张，该主张在关于事件归因的流行对话中反复出现："对极端天气事件归因的合理分析……可以向应急管理者、区域规划者和决策者提供有关此类事件未来风险的有价值的信息。"同样地，斯托特等人认为，事件归因或许有助于为资源配置提供指引，防止对未来严重程度下降的天气事件的保护性投资。

无论这样的陈述多么常见，都难免存在误导性。正如前文所述，天气归因研究没有提到任何关于未来事件的风险，因此这与预报大不相同。天气事件归因仅提供当前风险与自然环境（或过去的自然环境）风险差异的信息。（详细论述请参见卢斯克的研究）。假设气候是静态的（当然气候不可能是静态的），天气归因才具备政策相关性，因为政策相关性要求对未来的风险进行预测。因此，概率事件归因的立场与向决策者预告未来风险的目标并不一致。由此可见，通过二元分析判断某种量化方法能否促进社会目标的实现方面有一定的价值。

事件归因方法与第二个和第三个目标之间的一致性仍有待进一步分析。考虑到极端事件归因的逆向特征，要实现第二个目标，该方法必须提供关于当前某些极端事件的风险如何变化的信息。这就将事件归因的社会有用性和可靠性联系起来，因为不可靠的归因可能导致不良的道德决策和适应不良行为。同样地，如果我们希望将人为因素和自然条件下所导致极端天气的受害者区分开来，实现第三个目标，那么概率事件归因就应当是准确的，且能确定受害者可能遭受的多样化事件。然而，当汤普森和奥托等众多科学家大力鼓吹事件归因方法的可靠性时，科学和哲学研究者会理所当然地质疑其对事件归因结果的信任是否合理。

虽然对事件归因方法准确性的全面分析超出了本章的研究范畴，不过对事件归因进行计算机模拟时出现的两个问题，说明了事件归因的准确性问题导致了归因方法和其他社会目标之间的失调。使用观察数据验证在归因中使用的模型的可靠性时出现了第一个问题，当科学家们试图解释使用模型时产生的各种不确定性时出现了第二个问题。

科学家们根据相关环境的观察数据来检验模型的效度。如果在调查区域内，模型再现了温度、降水等数量的观测统计数据，科学家们则认为某个模型足以归因一个极端事件。他们会把模型的结果与历史记录相对照，当某个历史时期的许多模型运行的集合所产生的数量分布与该时期观测到的数量分布相匹配时，模型的充分性则得以保证。

此类充分性测试面临着两个挑战。第一个挑战是，它们依赖于稳健统计量的复现，而这些统计量可能对科学家们试图确定的极端天气相当不敏感[3]。科学家们对模型进行检验时，希望看到这些模型复现全域内观测到的数量分布，包括极端事件所在的尾部。然而，科学家们承认，鉴于对极端事件的观测过于有限，难以就极端事件分布模型的充分性得出明确的结论。因此，只能通过分布的其他属性检验相关模型的充分性。斯通和艾伦指出："唯一的选择是观测更加可靠的物理量，例如平均值和方差，假设验证我们对于测量相关的物理属性和数量的理解也适用于极端情况。"问题是，模型输出和非极端观测值之间的拟合优度并不一定表明模型适用于解释极端情况，特别是破纪录和前所未有的情况，极端情况往往位于分布的尾部。虽然模型能完美获取现存观测结果，但其预测极端事件的能力仍然值得怀疑。因此，我们有理由怀疑上述模型能否获取带有预期可靠性的极端事件。

第二个挑战是展示模型能够出于正确的原因满足验证标准，即它们能捕捉到负责所讨论的事件类型的机制。如能正确解读上述机制，就可以证明在自然环境中收集到的概率事件是真实的，由此证明可归因风险分数估计是可靠的。出于正确的理由追寻正确的答案，需要正确描述模型结构中各种机制之间的关系。科学家们意识到，相关模型包含了由非表达的相关特征或不同特征之间关系的错误表达导致的所谓结构模型误差。对于结构模型误差的认知也导致了所谓的"结构模型不确定性"。结构模型不确定性包含什么内容？至今尚未有定论。有人将其理解为我们对于构建（能完全准确地预测或者描述现象的）“完美模型”的不确定性。另外一些人则将其理解为我们对于构建（能完成特定目标或任务的）“适当模型”的不确定性。

事件归因研究通常只使用一种模型结构，因此在与结果相关的（一阶）不确定性中，未考虑不同模型结构的潜在影响。或许充分再现观测事件的两种模型在自然环境下对事件的预测会有所不同。这种可能性引起了人们对自然环境中模型预测准确性的质疑，也就是所谓“二阶不确定性”（即不确定性的不确定性）的来源之一。由于这些二阶不确定性可能很大，它们会削弱我们对于在这种情况下，我们有一个足够的模型结构的信心。因此，这些不确定性可能会造成恶劣的影响，并可能削弱对于用于归因的模型的可靠性的主张。

它们的破坏性究竟有多大？这是一个重要的哲学和数学思辨问题。最新研究结果表明，任何结构模型误差都可能对归因结果产生显著影响。弗里格等人指出一些具有结构模型误差的非线性动态模型是不稳定的：模型结构的微小差异可能导致不同的系统轨迹，这被命名为“天蛾效应”，以此向著名的蝴蝶效应致敬[4]。蝴蝶效应指的是对初始条件敏感性的一种依赖现象，即从两种接近但不相同的初始条件开始的系统可能有显著不同的轨迹。天蛾效应与之类似，但其为结构性的，即两个非常相似但不同的模型结构，从相同的初始条件开始，可能会产生非常不同的路径。因此，模型结构中的紧密性并不意味着准确或有用的结果。天蛾效应可能出现在非线性动态气候模型中，有可能危及气候状态概率预测的准确性。通常用于事件归因的计算机模拟模型容易受到天蛾效应的影响，因此如果弗里格及其合作者的观点正确，那么这些模型和决策则无相关性。

然而，天蛾效应的实际影响并非争论的焦点。哲学家温斯伯格（Winsberg）和古德温（Goodwin）将举证的责任重新推给了弗里格及其合作者，让后者证明他们的结论对在气候科学等领域广为应用的非线性动态模型的影响。他们声称天蛾效应的影响是由模型中存在的结构模型误差和不稳定性导致，但是也受到大量其他因素的影响。这些因素包括预期的时间尺度、研究方法和研究问题等。这个话题值得更多哲学和科学领域的关注。但是，显然上述辩论的结果可能会对理解极端事件归因的方式产生重大影响。

通过检验某种事件归因的准确性，我们可以看到，且有充分的理由认为，至少该事件归因仍未能像第二个目标与第三个目标所要求的那样可靠。关于上述论点，事件归因可能导致适应不良的决策。因此我们有理由认为，事件归因对于第二个目标与第三个目标的支持力度有限。此外，人们普遍认为，概率事件归因可能拥有的有限可靠性仅适用于有限地域的少数事件类型，例如，极端的高温和寒冷。极端天气归因能否与它的社会目标一致，一直是个悬而未决的问题。但目前我们有理由相信，这种一致性尚未实现。

到目前为止，我们已经考虑了事件归因主导形式在认知层面如何与事件归因的某些支持者所提出的社会目标相一致。但我们也可以问，科学家们在发展概率事件归因方法时所使用的价值观是否与事件归因可能达到的社会目标相一致或进一步推进两者的一致性。[5]

正如洛伊德和奥雷斯克斯（Lloyd and Oreskes）在关于极端事件的讨论中指出的，对避免某种类型错误的偏好已经导致关于极端归因方法的激烈辩论，这对于社会应用事件归因研究具有重大影响。演示事件发生机会如何因人为影响而变化，并非将极端事件归因于气候变化的唯一方式。

特伦伯什（Trenberth）等人提出的所谓故事线方法，试图阐明在非人为影响的环境中，特定事件会有什么不同。故事线方法看的不是特定事件发生的频率，而是先假设某个特定事件发生了，然后评估促成该事件发生的大气条件在“自然”气候中会有什么不同。这些评估特别依赖理论知识，特别是如克劳修斯—克拉珀龙（Clausius - Clapeyron）关系之类的热力学关系知识。该关系明确了每升温一度大气层能多容纳多少水分。因此，这种方法试图分析和理解特定极端气候事件的发生原因和影响，考察为什么某个事件会以特定的方式发生，以及在这个事件变得如此极端的过程中，哪些气候因素起了关键作用。而这些分析和理解都是建立在特定的极端气候事件已经发生的假设上。

特伦伯什等人分析了2013年9月在科罗拉多州历时五天的强降雨。该极端天气在该地区引发了严重的洪灾。特伦伯什等人推断该事件的发生受到了异常高温的影响，是气候变化的结果。气温很有可能是影响暴风雨形成地点、方式和水分含量的因素之一。这些水分随后都释放到了科罗拉多州。

以风险为本的概率事件归因的支持者强烈反对故事线方法，这些支持者声称，故事线方法倾向于以牺牲动力学特征为代价来研究风暴的热力学特征，将导致科学家为服务社会的使命失败，因为几乎每个极端事件都可能与气候变化有关。正如艾伦（Allen）指出，“将所有天气事件归咎于气候变化无济于事”。如此一来，这种做法将危及这些支持者们所鼓吹的诸多社会目标，对极端事件的错误归因也可能损害科学家的声誉。

洛伊德和奥雷斯克斯证明，故事线方法的倡导者和风险为本法的倡导者之间的分歧都基于非认知价值观，这些价值观影响了归因科学。两个阵营似乎在给公众提供什么信息方面存在分歧。风险为本法的支持者们声称："归因分析旨在回答利益相关者最关切的问题，应该遵循整体可归因风险分数法，优先了解总体风险的变化，而非不同因素的贡献。"故事线方法未能提供必要的信息，导致产生了这么一种论调，有些人认为如果允许故事线的方式存在将是科学的失责。当然，故事线方法的支持者们并不同意此观点。

社会价值观与风险为本的方法支持者们的主张一致，即故事线方法在科学层面不适用于社会决策。在执行假设检验时，科学家们遵循风险为本的范式，力图将假阳性错误率降至最低，即便可能因此导致低估影响的风险（错误类型Ⅱ）。遵循故事线方法范式的科学家对于错误有不同的定义。他们更加倾向于夸大人类行为的影响（错误类型Ⅰ），更加重视人为影响检测工具，即使可能因此导致假阳性误差。需要注意的是上述两种极端天气量化方法基于不同类型的价值承诺。至于应该采用哪些目标指导社会决策，政策制定者们应该首先确定社会目标。

如果科学家们的价值观对其量化结果产生影响，那么在社会决策中使用这些结果时可能存在一个潜在的风险，这种影响很容易被人们忽视。正如波特所指出，在许多情况下，数字仿佛自带某种魅力，一旦某种事物或现象被量化了，人们往往会倾向于以数字为基础进行判断和决策，而非依赖主观判断。因为数字能轻而易举地取代主观判断，因此耦合的社会认知分析显得尤为重要。

以第三个目标为例，该目标是用风险为本的极端事件归因法来识别气候变化的受害者，以达到识别和补偿受害者的伦理目的。如果基于风险的方法准确，那么它就可以量化特定类型天气事件发生频率的变化。极端事件的受害者如果希望获得相应的补偿，则需要证明该事件发生的概率在特定的时间内因为人为的因素发生了足够大的变化。

我们很容易将这个责任放在希望得到救济的人身上，要求受到极端气候事件伤害的人提供确凿数据，以证明这种灾害事件发生的概率（由于气候变化）确实上升了。这对于大多数个体而言非常困难，甚至是不可能的，因为这需要专业的气候科学知识和大量的数据分析能力。当然，由于气候变化相关原因，还有其他方式可能导致人们成为极端天气的受害者。为气候变化提供动力的化石燃料及其所支撑的经济体系对土地利用、基础设施和文化产生了深远影响，可以显著改变人们的脆弱程度。导致气候变化的人为因素可能会导致人的脆弱性增加，从而在极端天气事件中受到损害，无论这些事件的发生概率是否发生变化。导致气候变化的人为因素，比如大规模的碳排放，也可能会加重对环境变化反应比较强烈的地区或人群的敏感性，脆弱性的提升可能导致这些地区或人群更容易受到极端天气事件的影响和伤害。即便某个极端天气事件的发生概率并未改变，但由于人类行为导致的气候变化使得某些地区或人群更为脆弱，因此他们在面对这些极端天气时可能会受更大的伤害。正如休姆等人所指出的，应对气候变化的行动和政策应该更加关注那些对气候变化最为敏感或最脆弱的地区和人群，而不是仅仅关注那些气候变化可能直接导致极端天气事件的地方。依赖风险分析的建议可能会忽视一些气候变化的受害者，因为风险分析通常需要可靠的数据支持，但许多受气候变化影响的地区和人群可能无法提供这样的数据。尽管他们在极端天气事件后应当得到补偿，但由于不能提供可靠的数据，这些地区和人群很有可能被忽视。在确定应该采取哪种类型的气候行动之前，我们无法确定事件归因是否足以将受害者与非受害者区分开来。这意味着仅凭事件归因可能无法完全确定哪些人是受害者、哪些人不是受害者。因为气候变化所导致的极端事件可能会对许多人造成伤害，而他们可能无法提供符合要求的数字证据来证明是受害者。

第五节 结论

本章的主要观点是，虽然我们试图通过量化的过程实现机械客观性，但是量化过程本身会赋予量化结果一定的视角或者偏见。这种视角或偏见是我们评估在决策中使用数字的规范性意义时必须考虑的重要因素。笔者认为在进行量化分析时所采取的视角必须与我们所追求的社会目标保持一致，换言之，在进行量化分析时，需要充分考虑我们所秉持的价值观和目标，确保所采取的量化方法及其结果能真正促进和支持这些社会目标的实现。为了展示这种一致性，本章对极端天气归因进行了耦合的伦理认知分析。结果显示，鉴于目前的科学发展状况，以风险为本范式的支持者们鼓吹的许多社会目标似乎都难以实现。这种评估的优势在于展示哪些目标可以通过特定的量化方法实现，以及什么样的量化方法可以用于实现特定的社会目标。

当然，本章所采用的分析方法也有一定的局限性，即忽略了量化决策制定过程中的某些动态因素。因为笔者所假设的目标是静态的，量化方法的发展并不会影响这些静态的目标，换言之，本章假设目标不会因为某个可以简单得到的数字而发生变化。原始批判的观点则恰恰相反，认为数字确实具备足以影响某种进程的力量。从这个角度上看，原始批判无疑是正确的。但是把目标视为相对静态至少有一个优势，即我们在有意识地抵制数字的诱惑。在采用某些数字视角推进或者进一步明确社会目标时，我们更加应该以批判性的目光审视这些数字。

注释

1. 此处引用的和测量相关的哲学文献和基于数据的科学推断（Bogen and Woodward e.g., 1988）都体现了这一观点。

2. 此处的灵感来自科学建模的“目的充分性（Adequacy for purpose）”释义（Parker, 2009）。简而言之，这种观点认为科学模型评估的标准应该适用于特定用途，而非现实世界的真实映像。

3. 值得注意的是，在此证明建模充分性的难度是这种方法所特有的，而且这种难度来源于其对极端事件的关注。气候建模的许多其他应用并未遇到这个问题，因为它们处理的是更稳健的数量，比如每年的全球平均温度。

4. 艾丽卡・汤普森（Erica Thompson）是罗曼・弗里格（Roman Frigg）及其合著者伦纳德・史密斯（Leonard Smith）的同事，最早创造了“天蛾效应”这个词。

5. 社会价值观（例如人生价值、宗教价值观、个人偏好）在产生社会相关的定量结果时，是否应该或不可避免地影响科学，是科学哲学领域激烈争论的话题（参见Douglas 2009），尤其是在气候科学方面（参见 Betz 2013；John 2015；Steel 2016；Winsberg 2012）。最近似乎出现了这么一种共识，社会价值观在这种情况下是不可避免的，可以通过某些处理社会价值观的方法，使它们在科学推理中发挥合理作用。

第十章 高等教育的目标与机会：经济学与人文学视角能否和解？

阿什什·梅塔，克里斯托弗·纽菲尔德

我不知道你刚上大学的时候有没有听说过这样的话，类似于上这个课方便找某一类工作，且工作机会很多……如果你是英语专业的学生，你最好的选择是去读研究生，然后再去找工作。

米特·罗姆尼（Mitt Romney）

我可以保证，熟练掌握一门手艺或者做生意的人，要比拿艺术史学位的人赚得更多。

奥巴马

第一节 引言

一直以来人文学者和经济学家们对读大学的意义，以及社会应该如何资助大学生等话题很少有交流，这并不稀奇，缺乏跨学科讨论在其他公共政策领域也很是常见。经济学家喜欢对人类行为进行简洁的定义，对规范性问题给出公理化的答案和基于定量证据进行决策；人文学者则对于个体多样性及其心理深度更感兴趣，坚持规范性的问题需要在历史和文化的背景下解读，偏好定性的论点和论据，经济学家和人文学家心智模式和视角的差异可见一斑。

本章主要展示两位来自公立大学的教授——一位人文学者和一位经济学者为了弥合两个学科的鸿沟所做的努力。我们就高等教育的状态进行了一些非正式的对话，为后期的合作研究奠定了基础，本书就是这些对话的成果之一。我们在高等教育的公共收益及对其价值量化评估局限等方面基本达成了共识。我们一致认为，高等教育的目标似乎正在进一步偏离人文学科认同的目标。我们也认同现行的私人资助模式将导致大学资金不足，从而剥夺那些本应从高等教育中获益较多的人的入学机会。然而经济学和人文学学科在上述问题上尚未达成共识，这是大家公认的事实。

传统学科之间缺乏交流的问题变得越来越严重，公共政策领域对于学科之间达成共识似乎也没有特别急切的需求。高等教育机构日益遵守反映经济运行逻辑的方式进行管理，个人需要承担的教育成本急剧增加。这对于个体的入学机会、学校选择与专业选择都有着深远的影响。联邦对公立大学的资助持续下降。种族和收入鸿沟对于学生能否入读资金更为雄厚的高校也有着非常大的影响。某些高校因尚未能展示人文教育的经济价值，相关院系的入学率下降。

由此可见，唯一被公众所接受的高等教育目标似乎在进一步偏离人文学科所认同的目标。经济学科和人文学科却甚少交流讨论应该如何定义和应对这种转变。本章将展示我们为解决以上问题所做的努力，包括对上述两个学科文献进行广泛的阅读和讨论，对数十本经济学教科书和期刊文章的内容进行了详细的分析。通过种种努力，我们在几个关键问题上达成了重要共识。

我们发现经济学家对教育收益的理解，在人力资本的理论[1]中有所体现，与大多数人文学派的观点一致。然而，我们认为，经济学研究的几个特点导致人文学者们认为人文学派所关注的几种高等教育效益没有得到经济学研究的重视。经济学家们也认为自己关注的高等教育效益未能进入公共话语体系，即公众对于高等教育的认知和理解中。人文学科指出了长期以来被忽视的重要事实，这很可能就是人文学科教育的相对优势。

导致以上结果的原因有很多，量化可能是其中最重要的原因之一。对于人文主义而言，教育的收益体现在受教育者的内在变化上，高等教育改变了个体的思考方式、价值观和理解能力。这些变化本身就很难定义，更不用说衡量了。因此，经济学家们往往容易在他们认为反映个人成长的可测因素中作茧自缚。他们通常会选择那些可以量化和观测的指标，将这些指标作为受教育者个人成长的证据，却忽视了那些难以量化或者直接观察的收益，而这些好处都是人文主义学派所强调重视的。我们认为这正是导致相关政策未能充分推动教育实现其目标的重要原因。

这些论证细致入微，涵盖了两百多年的人文学科和六十多年的经济学科思想史，以及大量的概念性思想。为了提高可读性，我们精简了一些观点，继续提出其他主张，我们这么做的部分动机源于一个问题：如果就高等教育的目的而言，人文学者和经济学家的对立并非哲学层面的，而是因为他们和数字的关系各不相同，从而产生了隔阂？

在第二节中，我们将会从所谓的“人文观点”着手，因为篇幅有限，笔者在此对这些观点进行了概括。人文学者并未像经济学家那样关注高等教育融资的具体细节，而是投入更多精力去探索高等教育的目标。人文学者认为高等教育可以影响人的认知和心理，这种影响虽然难以用金钱衡量，却能为整个社会赋能，而不仅是惠泽受教育的人。这些效益包括清晰的自我认知、知识的积淀和广泛的社会批判能力。人文学科的学者们还详细描述了如何通过教育实现以上效益，这必定涉及高校应如何组织和融资。人文学者根据他们对教育目的的理解，拒绝了新古典经济学家的一种观点，即将机会均等看作是一种可以与经济效率分开考虑的理想状态。新古典经济学通常强调市场的效率，而机会均等可能被视为一种独立的目标或理想。然而，人文学者认为，如果高等教育的一部分目的是建设社会，那么在考虑教育的总体好处和成本时，就不能忽视当前社会的状态，包括教育机会的分布情况。换句话说，我们不能只考虑教育对个人的直接效益，如提高其收入或就业机会，还要考虑教育对社会整体的影响，包括如何改善教育机会的分配，实现更公平的社会机制。

第三节列举了大多数教育经济学家对高等教育价值的理解及其不同融资方式的利弊。经济学家使用标准的2×2分类法对教育的可观测收益进行了分类，如表10.1所示。所有可观测的教育收益既可以是个人（受教育者）收益，也可以是外部（他人）收益，还有金钱的（如经济回报）或非金钱的（非经济回报）。一个关键结果是，如果高等教育的可见收益都是个人和经济收益且信贷市场运行良好，个人资助的高等教育系统则是高效的，反之亦然。如果像人文学者所坚持的那样，高等教育很大一部分可观测的收益是外部和非金钱的，则个人资助的高等教育系统将会显著低效。我们认为它还有可能与大学教育公平理念发生分歧，而公平是大学合法性的重要基础。

在第四节中，我们展示了经济学家们如何长期运用人力资本理论阐明自己确实已经意识到并且知道如何实现表10.1中的四类收益。这意味着人文学科中所阐述的大多数收益，至少在理论上，和设计高校融资相关安排的经济学方法是兼容的。我们通过对经济学相关的教科书和期刊文章的研究发现，（人文学科一贯强调的）教育的非经济和外部收益在经济学著作中得到的关注远不如个人的经济收益。我们还发现，导致这种现象有两个原因。一是数据不足。教育的非经济收益和外部收益通常难以量化，因此经济学家很难对其开展有效的研究。我们认为，这有助于理解当前由政策制定者主导的社会叙事方式。二是在这种社会叙事中，教育的主要作用是培训工人和营造某种社会公平。这种叙事把高等教育的目标视同为社会经济发展培养技能熟练的劳动力，通过获得大学文凭，所有人都能得到更好的就业机会，从而获得社会的公平。在第五节我们反思并承认了以上论点的局限性，讨论关于高等教育融资的共识，并且展示了相关的结论。

表10.1　经济学家对高等教育收益的分类

分类	个人收益	外部收益
经济收益	更高的个人生产力 更高的预期薪资 更高收入的伴侣	被聘用者生产力提升 聘请者收入增加
非经济收益	更加享受文化 更好的情感关系	更活跃的民主制度 更高的环保意识

第二节　高等教育收益：人文学科观点

在本节，我们将会展示一个简洁的列表，以便突出高等教育阶段学习人文学科的好处。在此，我们选择聚焦于一个特定的学术传统，准确来说是一个美国的学术传统，但是它的前身的一部分是来自德国和英国的学术传统。我们这样做主要出于以下两个原因：一是这一传统形成了美国研究型大学。这些大学在“二战”后美国霸权时代建立了学术经济学。所谓的学术经济学，指的是在大学或者研究机构中进行的经济学研究。这种研究通常更加理论化，更加关注理论和模型的准确性和严谨性。二是这一传统通过独特而有效的方式将高等教育的个人与外部收益结合起来。例如，它强调个人发展、公民身份以及后来的种族平等。这些都不是经济收益，个人发展属于个人收益，公民身份属于外部收益，种族平等是两者的结合。因为本章篇幅有限，我们无法详细分析太多有代表性的观点，只能选择其中一些观点作为例子。这也是本节用批判理论和种族研究来代表人文领域研究的主要原因。

在过去的250年间，关于大学效益的人文主义观点主要具有以下三个普遍特征。这些观点将大学的效益描述为绝大多数是非金钱性的；人文学者忽视或淡化了经济学向来重视的个人收益和外部收益之间的区别；他们通常赞成所有的学生都参与其中，无论他们的个人收入如何，只要他们符合特定环境（时间和地点）的种族和性别限制。然而，尽管人文学科非常重视非金钱的教育成果，却未能为这些成果找到能为这些教育成果提供资金的融资模式，因为在教育过程中需要投入的大量人力资源，例如教师的时间和努力，但是学生的进步和个人发展往往难以通过金钱来衡量，因此无法量化。

一、Bildung[①]：最核心的非经济收益

现代研究型大学的人文学科基础理论是18世纪90年代末和19世纪初在普鲁士发展起来的，该理论是对西方“无聊教授”的周期性危机的直接回

① “Bildung”是一个德语词汇。在德国的教育体系中“Bildung”是一个核心概念，指的是一个人通过接受教育、学习和自我修养，达到的精神、文化和道德上的全面发展和提升。它更多地强调的是个人内在的成长和完善，而非仅仅是知识或技能的获取。——译者注

应。当时，大学教授可能因为讲授方式乏味、过时或脱节，导致他们的教学对于学生而言不再有吸引力，进而使高等教育的价值受到质疑，最后政治势力和商业势力采取了相应的行动，试图解决这个问题。当时，普鲁士国王试图把精华连同糟粕一起丢弃，他们想摆脱教授、摆脱大学，用更加符合国家和经济发展需求的职业学校来取而代之。19世纪初的柏林正是如此境况。

教授们乏味得千篇一律：他们的教学方法过于落后，跟不上技术的发展。1800年，最新的学习技术是印刷的书籍。中世纪的大学建立了课堂制度。在课堂上，教授依据唯一的手写书籍讲学，学生们记录教授的口述，复制教授手中的书籍。在古腾堡发明了铅活版印刷术①之前，学生们不得不听教授们讲课，因为教授们拥有唯一的文本。那么，在活版印刷技术出现之后，为什么还要沿袭口授笔录的传统课堂模式？

还有一个问题，就是当时人们认为康德的“下级学问”，也就是以哲学为中心的人文学科在实际应用和就业方面不实用。德国的大学入学率低下，以就业为导向的专业课程比其他课程更受欢迎。[2] 当时，为了进行改革采取了两个行动：用新技术来替代传统课堂的口授笔录模式；用更加实用或者专业性更强的专业来取代我们现在称为自由艺术的学科。这种双管齐下的教育改革方式在当今仍然很常见。

这种发展态势促进了普鲁士大学相关研究的复兴，因而给我们带来了一个可以继续使用的研究型大学相关理论。我们将把这种多样化的复杂论证体系称为高校“人文学科”理论。接下来，笔者将提炼关键要素，以便比较本章和高校目标相关的经济学论点。本节罗列了1800年、1880年、

① 活字印刷在中国宋朝时由毕昇发明。——编者注

1930年、1960年和2010年的代表性观点并将其简化和抽象，有意忽略现实中的复杂性、困难和矛盾，假想了一个理想化的大学，通过这种方式探究两百多年来对于高等教育变革有广泛影响效应的人文主义理解。正是这种理解为大学的目标提供了不同于工具主义理念的视角。

为了避免大学被视为中世纪的遗物而遭到拆除，18世纪90年代和19世纪初的主要高等教育理论家，例如赫尔德（Herde）、费希特（Fichte）、洪堡（Humboldt）、谢林（Schelling）、席勒（Schiller）和施莱尔马赫（Schleiermacher）等人纷纷解释大学既不是被拔高的中学，也不是过于泛化、没有明确职业方向的专科学校。真正的大学最基本的特征是它只为一个目标服务，那就是知识的进步。大学不会服务于任何特定的利益，无论是个人的利益还是国家的利益。因为世俗的目标会扭曲对真理的追求。真正大学的显著特点是，把追求和传播新知识放在所有工具性的利益，包括高校自身的利益之上。在此过程中，教学和研究实为一体，只是参与的人不同而已。[3]虽然，大学许多院系都设置了以就业为导向的专业，帮助毕业生乃至整个社会追逐金钱目标。但是，大学的独特使命在于非经济收益。知识是大学压倒其他一切的首要目标，否则大学就难以成为真正的大学。

然而，高校师生如何学会把对于知识的追求置于自身和他人的利益之上呢？大学不仅传授学科知识（如同在高中时），还传授整个人类知识系统和不断更新该系统的方法。当一个人真正意识到，学习是一个过程，是一个永远不会以终极理解的形式出现的过程，以及与自我创造密不可分，且积极参与其中时，才能成为真正的大学生。

最后一点尤其重要。大学帮助学生拓展知识，促进其自我身份和自我认知的形成。学习就是自我形成，[4]学习知识与培养自我相辅相成。大学教学生如何度过一生，“将尽可能广泛的经验转化为有意识的思维”，通过掌握基于身份的经验对知识做出贡献。[5]

大学应当在不需要成员投入资金的情况下维持自身运转。缺乏家庭资助的优秀学生应当接受免费教育，教师们不需要做第二甚至第三份兼职，也不需要根据当地士绅的意志和兴趣转移自己的研究方向。

聘用者对那些似乎不需要通过工作谋生的人有种天然的厌恶。但是，普鲁士的理论家并未因此退缩，相反他们更加努力地证明积累知识和培养自我需要全然的学术自由。施莱尔马赫如此定义学术自由：

> 像古人一样浪荡街头，像来自地中海的人一样纵情欢歌，像富人一样享受盛宴，只要口袋里还有钱。然后像古代的愤世嫉俗者一样，鄙视一切舒适的生活，丝毫不重视仪容，不必打扮得精致时髦……这就是学术自由。

大学的知识实践应该自由自在，不受传统和金钱的约束。普鲁士的理论家们为了坚持知识的绝对自由，冒着背负不负责任骂名的风险。例如，洪堡向国王进言，请求国王给拟议的柏林大学捐赠一笔资金，使该大学在政治和经济层面独立于国家。他们认为，教学和研究都不应该受到我们现在所说金钱因素的限制。更根本的是，对于这些理论家而言，大学对人类发展的贡献在于其对社会经济观的否定。这就是他们的后来者没有发展关于如何在稀缺条件下，资助高等教育的经济学理论的主要原因。

社会应当为大学买单，以免除他们在金钱上的限制，如此一来，师生们就可以把注意力集中于非金钱的真理问题上，这反过来又和人类命运的历史发展息息相关。这是否意味着知识自由的条件应该留给小众精英？答案一般是否定的。因为大学寻求的并非个人收益，而是整个社会的集体进步。这并非意味着普鲁士理论家们幻想着全民高等教育。大学虽然没有那么的包容，但是其影响却惠及全社会。因此，普鲁士理论家们规避了个人收益和外部收益之间经济层面的区分。用费希特的话来说，“每个人都平等地培养自己所有的才能这一需求同时也蕴含着平等地培养所有理性人的需求”。不是每个人都必须上大学，但启蒙和解放需要社会上每一个成员都得到充分的培养，社会需要一种普遍的Bildung，而高校可以模拟这种Bildung并将其理论化。大学为社会Bildung所掌握的知识不仅是沉思性的知识，它并非某种可以持有的股票，而是指向某种行动的持续过程。它是非常活跃的，把“个人”和“外部”的收益联合起来，使之成为Bildung的一体两面。[6]

1810年前后，现代大学已经有了一套以人文学科为基础的理论。该理论认可个人的智力能力会反过来成为历史进步的必要条件。大学的深层价值基本上都是非金钱的，同时也是个人和外部的。虽然它最强大的部门是那些直接为国家提供诸如神学、法学和医学专业知识的“高级学科”，但是“较低级”的哲学和人文学科通过判断专业知识和行动的效度，从而守护着集体的命运。

这些观念通过到德国的大学访学的英美学者传播到英语世界。在大学相关的理论体系中，一位以英语为母语的学者约翰·亨利·纽曼（John Henry Newman）在其演讲中对大学教育的范畴和性质进行了论述。他将大学定义为整合所有难以简化为实用工具的知识的独特场所。纽曼根据亚里士多德对通识教育的定义，把自由知识定义为某种“享受”，知识自有其使命和实际用途，但是知识的价值并不取决于其效用，而是它作为（真正）知识的地位。自由知识和实用知识可以共存，却不能相互转化。“为知识而知识”并非不切实际，也不局限于“学术”知识，它指的是存在于自身的知识，并不需要通过后来的金钱价值来体现知识的价值。这是英美国家政策制定者至今难以掌握的一个要点。

至关重要的是，纽曼将知识的非金钱价值定义为专业知识和其他实用知识形式（即具有政治、经济和智力价值的知识）区别的先决条件。

> 大学“聚集了一群知识分子，他们热衷于自己的科学研究，同时也是彼此的竞争对手”，他们“学会尊重、协商和互助”，如此一来，他们每个人都可以“理解伟大的知识轮廓、它所依据的原则以及每个部分的规模”。这就是“通识教育”，它允许多个学科交叉互动。大学联通科学、艺术、人文和社会等领域，从而实现通过学科的相互关系探寻知识。它可以成为一种“思维习惯……持续一生”。大学必须“绑定”知识。通过财务计算的结果实现“解绑”（解构）将导致其丧失某些特征。

在纽曼看来，通识教育并未妨碍法律或医学等实用学科的教学，这些实用学科同样也在大学里教授，但是它们显然“不是大学课程的终点”。[7]自由知识会与它们同在，并且可能带来经济收益。纽曼反复强调的是，知识并不以经济收益为目标，也不会受到任何形式金钱逻辑的控制。大学的核心功能是“支持最重要的非市场公共产品，也就是知识”。

二、公平机会

美国南北战争期间（1862年），国会通过了《莫里尔土地授予法案》（*Morrill Land-Grant Act*），授予各州多达3万英亩（1英亩=公顷）的土地，用于为当地人建设公立大学。莫里尔法案是北美大陆民族主义扩张和殖民的组成部分，也反映了普鲁士研究型大学愿景中的双重性，即组织全国人口和构建知识解放的能力。在美国，全国人口的组织部分是通过杀戮甚至清除土著人口实现的，而公立大学是帮助殖民者进入当地的重要工具。该方案的作者贾斯汀·史密斯·莫里尔（Justin Smith Morrill）倡议土地授予机构在联邦恢复之后允许被解放的奴隶进入大学："他们也是美国大家庭的一员，他们的进步与我们所有人息息相关。他们作为奴隶时获得的认知将会被迅速淡忘。难道他们不应该得到作为自由人学习知识的机会吗？"然而允许被解放的奴隶上大学并未成为现实。第二个土地授予法案（1890）中涉及了非裔美国人的高等教育。该方案提出建立一个独立的、不平等的、以职业为导向的大学体系，从而强化了吉姆·克劳种族隔离制度。

在严格的种族划分范围内，1862年颁布的《莫里尔土地授予法案》通常被解读为当地人口建设实用主义的大学。它认同费希特对于思维和行为对比的拒绝以及纽曼对自由主义和实用主义两极分化的反对。这些土地授予学院在不排除其他科学和包括军事战术在内的经典研究的前提下，按照各州立法机关规定的方式教授农业和机械相关课程，促进工人阶级在职业和生活方面的自由和实用教育。人人享有高等教育原则体现在面向"工人阶级"的自由和实用教育的综合体中（重点补充）。

密歇根大学第三任校长詹姆斯·安吉尔（James Angell）在1879年6月底的毕业典礼演讲中，阐述了公共高等教育的含义。安吉尔的论点已经体现在其演讲的题目《一个让所有人都接受高等教育的倡议》（*The Higher Education: A Plea for Making It Accessible to All*）。他演讲中的最后一句话是：让大学同时对"富人和穷人开放"。他明确表示，这也意味着大学同时对白种人和黑种人开放。他在演讲的正文中给出了5个理由，说明将大多数人排除在"高等教育"之外的行为，用他的话来讲，是"极度不明智的"。在演讲的最后部分，他提出了第二个明确的主张：哈佛和耶鲁可以依靠个人捐赠继续运转，西部地区发展中的大学却不能这么做。西部大学必须通过公共资金，保障大多数人接受高等教育的权利。最后，安吉尔坚持认为，几乎免费的大学需要为每个能进入大学的学生提供“通识教育”，不能让通识教育只进入精英阶层，而穷人和黑种人则只接受职业培训。[8]

像安吉尔如此享有盛誉的大学校长，在正式场合提出的种族平等愿景，都没有得到足够的重视。杜波依斯（Du Bois）的文集《黑种人的灵魂》（*The Souls of Black Folk*）出版的年代，主流的范式充其量是为非洲裔美国人和美洲土著提供“普通学校和工业培训”教育。这是美国政客、教育家和作家布克·华盛顿必须为之奋斗的体系。即使是普通学校也需要依靠“在黑种人大学接受过培训或由黑种人大学毕业生培训过的教师”，但他们的存在总是受到大学的压迫或者边缘化的威胁。这个体系被杜波依斯斥为不健全和自相矛盾。

美国实行的是种族资本主义，或称种族民主主义，遵循严格的肤色等级制度。然而，一些大学的倡导者成功地将普遍包容的社会发展定义为基本的公共权益，在很大程度上这种权益无法通过个人资助实现，它需要公共资金的投入。

在这种背景下，经济学家将机会均等视为纯粹的规范性问题，从而确保成本效益分析的效度，这样做是毫无历史依据的，也和大学的创始原则不相一致。

三、智力民主化

在美国，20世纪40年代，联邦高等教育理论和实践发生了重大转变，导致大学入学率的大幅增长。其中，40年代增长了78%，50年代增长了31%，60年代增长了120%。1944年的《军人重新调整法案》（*The Servicemans Readjustment Act*）为退伍军人提供了一系列公共保障福利，用于支付大学学费和生活费用。这项立法帮助确立了最近被称为“免费大学”的一项原则，即公立的大学和学院，应该向所有希望从中获益的人开放，无须考虑他们的收入或者学习成绩。

20世纪40年代，两份报告宣告了高等教育民主时代的来临。《自由社会的通识教育》（*General Education in a Free Society*），又称“哈佛大学红皮书”，由詹姆斯·布莱恩特·科南特（James Bryant Conant）担任校长时期的12位著名教授组成的委员会于1945年编撰完成。红皮书呼吁“通识教育不能只面向小众精英，要面向大众”。杜鲁门总统下令成立的高等教育委员会于1947年发表了题为《为民主而高等教育》（*Higher Education for Democracy*）的报告。报告声称高等教育必须跳出传统精英主义的窠臼，“成为每位公民、青年人和成年人都被赋能和鼓励用于承载其正式和非正式教育的方式，只要他们天生的资质允许”。历史学家迈克尔·梅兰泽（Michael Meranze）指出，虽然这两份报告都是国防安全文件，但是两份文件都出于某个关键原因将人文学科置于通识教育的中心地位。社会和政治知识被认为与运作的民主社会一样重要。

“二战”后，人们逐渐理解了普及高等教育的非经济收益和外部公民收益。这一时期的公立大学和学院基本是免费的，但是学生仍以白种人为主。1940年白种人学生占97%，1995年仍占80%。黑种人民权运动、黑种人研究项目和相关部门将黑种人高等教育机会和知识自决权提上了日程。黑种人研究与女权主义研究以及其他种族研究倡议都对（白种人）民族主义视角的大学发展解读提出了质疑。

在此过程中，它要求大学真正支持受压迫群体成员自由发展。接受高等教育，对社会正义的制度支持，对新的多样化知识的追求，都意味着大学需要自愿并能够追求非金钱目标。

四、支持批判与身份分析

20世纪60年代后期，人文学科蓬勃发展，很大程度上是因为数十年来人们并未对该学科进行成本效益分析以及要求其展示直接带来的经济收益。所以，当人文学科面临这种质疑时（在20世纪五六十年代，以及在2008年金融危机后很长一段时间），很大程度上是措手不及的，毕竟它在过去两个世纪在知识创造方面向来不计成本与收益。

虽然，这种不计经济收益的模式存在脆弱性，却产生了重要的智力和社会影响。种族研究和民权运动相互交织，重塑了美国社会的种族期待，同时剥夺了欧洲中心主义知识的合法性。以下例子很好地说明了这一点。塔-内希西·科茨（Ta-Nehisi Coates）描述了其年轻时对索尔·贝娄（Saul Bellow）关于“谁是祖鲁人的托尔斯泰”式修辞问题的回应。这个问题实际上是挑战性的，暗指祖鲁人（或更广泛地说，非洲人）无法产生一个像托尔斯泰这样的伟大作家。（托尔斯泰是一位作家、政治思想家、哲学家，被广泛认为是世界文学的重要人物。）科茨的回应是拒绝贝洛的问题前提，即他拒绝接受这个假设——祖鲁人或任何其他非欧洲群体不能产生伟大的作家或思想家。他认为应对其进行研究，其社会各层面都应该被研究，高校更应该接受对其进行深度和结构化的研究。[9]

美国高校方兴未艾的批判理论与新兴的身份分析同时存在。称后者为“身份批判”更为贴切，用我们熟悉的术语“身份政治”反而有所不及。哲学家朱迪思·巴特勒（Judith Butler）的颠覆性著作《性别麻烦：女性主义与认同的颠覆》（*Gender Trouble: Feminism and the Subversion of*

Identity）讲述了性别是如何形成和被认知的，亦即“性别操演”理论。该著作是大量集体智慧和实践的结晶，促使人们改变了关于性别的观念，认识到性别的可变性与非二元性。

巴特勒在题为《批判、异见与学科性》（*Critique, Dissent, Disciplinarity*）一文中，阐明大学是批判的重要支撑，而批判反过来巩固并证明了异见。“福柯的批判概念有两个维度，”她在文章中写道：“两者相互联系，一方面是拒绝服从既定权威的方式，另一方面是产生或阐述自我的义务。”

第一个维度非常重要。当代人文学家追随前人步伐，坚持认为服从既定权威通常意味着损害或者阻碍对知识的追求。自治在自由的认同或拒绝的过程中发生。如果失去了自治，真正的教学或研究就无从谈起。用巴特勒的话说，“大学真正的价值在于批判。大学会追问，某种流行性观点凭什么，以及通过何种方式成为必然性观念；某个行政命令或政策凭什么，以及通过何种方式未经批判就成为大学的观念”。文学研究和批判理论特别关注的是那些声称自己在顺性别男性、异性恋和欧洲文化等领域具有自然地位和权威性的观点。

第二个维度源自赫尔德、康德、阿伦特和德里达等先贤的思想：创造充足而非压抑的知识总是与知识生产的类别和过程中的自我反思和自我创造相关。

上述两个维度导致人文学科，尤其是“研究”型学科，诸如女权研究、民族研究和文化研究等，遭受政治攻击长达半个世纪。[10] 当两个维度一起发挥作用时，批判理论会感到不满。批判通过交互和协作的智慧过程而非认知的基础建立其凌驾于既定政治和社会权力的权威。这一时期，人文学科这一分支的重要命题是拒绝基础主义认识论（这种哲学观点主张所有的知识和信念必须建立在坚固、可靠的基础之上。这些基础是无须证明的，因为它们是自我证明的，或者是直接从经验中得到的。在这种观点中，知识的基础被认为是客观的，即它们的真实性不依赖于任何个体的主观观点或感觉），取而代之的是由不断发展的专业实践所支配的非基础主义程序。而这些专业实践则在学术自由的庇护之下得以免受外部压迫。[11]真理千变万化，永无止境。正如文学评论家迈克尔·伍德（Michael Wood）所说："解构主义的美妙之处不在于难以抉择，而在于必须不停地抉择。"[12]

上述问题过于复杂，已经超出了本章的讨论范围。在此，我们只需要知道上述种种阐释和批判难以实现就足够了。学习如何保持抉择的状态是人文学科通过大学实现的一系列显著的非金钱影响之一。其他影响包括反对既定权威，培育自主性，在不需要人为认知基础的前提下运行，破坏主流文化所宣扬的自身优越性，批判宣扬自然权威的规范身份与关系，拥有促进制度民主化的合力等。

值得注意的是，自诩"人文底线"的思想家通常将教育视为促进"人类个体的发展，亦即某种生物繁荣发展所需的一系列有价值的认知、情感和交互能力"。哲学家丹妮尔·艾伦（Danielle Allen）强调了Bildung和全面、社会能动性之间的经典联系。这种社会能动性，一旦得以实现，意味着知识的力量凌驾于政治权力之上。

总而言之，人文学科的各个分支都致力于阐述和发展高等教育的非经济收益，包括个人收益和内部收益。随着时间的推移，这些非经济收益的范畴从个人发展的程序拓展到种族正义条件分析，再到性别的非固定性研究与合法化。以上多样化主题的共同点在于对经验不断展开的结构性反思中，知识和身份的协同作用以及它们作为无法用金钱衡量的影响。

同时，人文学科容易忽视金钱维度，包括其对个人和经济的影响以及支持各种智力进化所需的资金结构。而这正是现代经济学的切入点。

第三节 人力资本理论和高等教育的融资

人力资本是在20世纪五六十年代发展起来的理论，国家越富裕、生产力越高，民众的受教育程度就越高。聘请者发现受教育程度高的工人更有生产力，因此愿意高薪聘用他们。聘请者时常抱怨训练有素的工人短缺，人们努力争取教育资源。上述种种现象引发了一个疑问：是什么引发了对人力的投资？人力资本理论试图为上述问题提供透明可检验的答案。

以下是关于人力资本理论如何看待世界的讨论，笔者将重点解读该理论所引用的规范性假设，在介绍这些规范性假设的时候，会一一阐明其各自含义，最后介绍该理论的应用与误用。

贝克尔于1964年发表了一篇论文。在文中他将人力资本投资定义为“通过增加人力资源投资影响未来金钱与心理收益的活动”。该主题相关的理论和实证研究颇为丰富[13]，“人力资本理论”一词经常见诸包括本文在内的各种文献。[14]在本章中我们通过该术语来援引相关理论，包括新古典主义（边际）经济学理论，用以解释人力资本投资现象。

为了和传统理论保持一致，人力资本理论列举了推动个体对人力资本进行投资的市场力量和非市场力量，同时也列举了上述力量在何种情况下会导致低效投资。被建模的行为者包括学生、练习生和工人，他们作为承接资源者，以及他们的家庭承担了部分成本。他们的聘请者通常需要他们合作，人力资本投资才能实现。聘请者为人力资源投资支付费用的意愿，使得对于这些资源的投资更具有经济吸引力。人力资源还包括营利性培训师和教育工作者，他们的努力有助于知识的生产和传播。人力资本理论探讨了上述参与者投资教育（也投资健康，在本章不展开讲解）的动机，认为政府应该采取相关公共行动，通过补贴的方式降低个体参与者的人力资源投资风险，提升投资的有效性。

经济学家所关注的规范目标比人文学科学者要狭隘得多。因此他们得以对每个规范目标进行尖锐的公理化处理，同时将一些公众关切放在分析范围之外。效率是人力资本理论所考虑的核心规范目标，因此对其进行准确的定义是至关重要的。根据相关定义，当人力资源投资所带来的效益大于社会成本时，则说明人力资源投资是有效的。社会效益是个人效益与外部效益的总和，社会成本是个人成本与外部成本的总和。当人力资源投资所带来的效益小于社会成本时，则说明该投资效率低下。我们应该避免低效人力资源投资，实现资源的重新分配，以实现更有成效的目标。

针对以上关于效率的定义，需要做出三点澄清。第一点是，如前文中的表10.1和第一节所示，它涉及所有社会福利，而不仅仅是个人收益和经济收益。2 × 2分类法将所有社会福利分为个人/外部/金钱/非经济收益是人力资本理论的核心，这表明不同教育投资路径的效率取决于教育所带来的收益类型。

第二点是收益和成本必须以美元（或其他任何货币）来衡量，反映被投资人及其家庭状况。具体而言，经济学中的收益和成本是通过人们为某件事情付出多少代价的意愿来衡量，反过来又反映了他们的财富。当我们比较收入相似个体收益时，这种方法就能充分发挥出自身的优点。在这个语境下，可以打这么一个比方。例如诗歌研讨会，它保障了诗歌爱好者而非他们不好诗词的兄弟姐妹们在该研讨会上的席位。爱好者会因为参加研讨会得到更加丰富的体验，同时他们也更加愿意为这种体验花钱。但这个方法很难区分富人和纯粹的穷人。律师家的女儿比女仆的女儿能支配更多的资源，假如律师的女儿愿意花更多的钱参加诗歌研讨会，那么这一举动给她带来的收益将会比女仆女儿的收益更大，即使女仆家的女儿比律师家的女儿更喜欢诗歌。[15]因此经济学使用特定的定量价值概念，是为了确保不同人群教育投资的可通约性，含蓄地忽略了人们的支付能力差异。

第三点是在评估经济效率时，经济学家并未把教育的平等视为一种收益。虽然很多经济学家都研究过教育平等的问题，但是他们更倾向于把它视为独立的目标。事实上，效率不应该保障任何公平的概念。通过这种方式定义效率的目的就是为了把如何充分利用社会资源的技术性问题和谁更应该从中受益的政治性问题区分开来。一个完美复刻现有社会或种族等级制度的教育体系或许是高效的，只要该体系不损害生产力。如第二节至第四节所述，人文学者难以接受这种目标分离。显然让工人阶级或无产阶级的学生接受教育，不仅能够改善学生自身的生活，还能造福整个社会。再者，如果教育不同人的成本和收益取决于过去的不公平性，那么当前效率与公平的分离就近乎诡辩了。

在此需要强调的是，表10.1中的收益分类都是从外部能观察到的高等教育的收益，而非对于教育类型的分类。任何类型的教育活动都有可能产生多种收益，而这些收益可以分为多个层次。例如，土木工程培训可以提升工人的生产力（个人经济收益）、同事的生产力（外部经济收益），能够让工人拥有出色地解决某个问题带来的成就感（个人的非经济收益），以及其参与建设的生态友好基础设施（外部非经济收益）。虽然这个分类对于理论上阐明不同融资安排对个人教育投资可能产生的影响非常有帮助，但其实际应用的效用需要理解这种从教育到好处的一对多映射。即使我们能够进行实证研究来确定教育与好处之间的具体关联，但这种实证映射并不符合人文学者对教育作用的理解。正如第二节所述，自我发展和知识形成的相互联系是核心目的。为了实现该目的做出的努力产生的收益，可能同时是个人的和外部的，也可能是金钱的和非金钱的。

经济学家通过明确区分规范性和实证性分析来研究政策问题。效率是一种规范性标准（机会均等也是如此），是为了实现社会收益最大化的某种行为准则。对于实际可能发生事情的分析（积极分析）则是一项独立的活动，应与规范性问题分开。在人力资本理论中，教育的个人/外部/金钱/非经济收益的区别对于是否应当进行人力资本投资根本不重要，因为效率只说明应该进行社会收益大于社会成本的投资，而不应该进行社会成本大于社会效益的投资。至于这些投资的收益属性，对于决定投资是否有效这个层面而言无关紧要。

但是这些区别确实会影响到实际的行为，而人力资本理论对于行为是非常感兴趣的。让我们先从内部和外部收益的区别开始切入。人力资本理论认为，个人和家庭对于投资人力资本有强烈的动机，因为这样会给他们带来个人的收益，而他们对于给别人创造收益的人力资本投资不感兴趣。其直接的影响是，个人行为者对于没有补贴或者难以创造外部效益的教育形式投资不足。假设，个人行为者朱尼尔及其家庭的教育投资收益超过其个人和家庭的成本，他就会去（或被送去）上大学。在什么情况下，人们会花费稀缺的资源来支付利他的教育投资？这种对于个人选择和投资教育局限性的理解在政治经济学家群体中被广为接受。米尔顿·弗里德曼[①]（Milton Friedman）在1955年的一次演讲中，指出“公民通识教育”可以带来重要的外部效益，即他所谓的“社区效应”。因此，国家保障最低教育

① 美国经济学家1976年诺贝尔经济学奖得主。——编者注

水平并为之提供政府资助是非常有意义的。

缺乏政府补贴的教育项目可能会面临个人投资不足的窘境，虽然这些项目可以带来巨大的外部效益。同时，具有政府补贴且能够带来个人收益的教育项目也有可能面临个人投资过剩的困境。因为补贴导致家庭支付的教育成本低于社会教育总成本，这种情况下，学生获得能够创造个人效益的教育机会，这些教育的收益不超过教育的社会成本。因此，政府补贴利好带来个人收益的教育，反而增加了“过度教育”的风险。弗里德曼也指出了这一点。他强烈反对补贴“职业”教育，即“提高学生的经济生产力，却不培训其公民素养或领导能力”。理论认为国家在教育投资中发挥的作用主要取决于人们认为教育的收益属于个人还是外部收益。如果人们和本文作者以及大多数人文学者一样，相信大学的课程都可以通过改变人们的思想从而产生外部效益，国家无疑在此过程中发挥着重要的作用。另外，我们认为会计课程仅仅为了让学生能够更好地从事会计专业，那么则不需要对开展会计课程的学校进行补贴。当然，如前所述，人文学者往往坚信高校应该开展面向会计师的哲学课程。

接下来，我们要关注的是教育带来的个人收益，考虑金钱与非经济收益的区别。探讨这个问题具有非常积极的意义。如果某种教育可以产生一系列的经济收益（通常是更高的薪酬），那么对于这种教育进行私人投资是可行的。经济拮据的学生甚至会因此举债，通过透支未来的现金流来接受教育。然而，如果这种教育的收益是非金钱性的，那么私人债权人可能不太情愿为学生提供贷款。在这种情况下，通过私人投资和举债融资而非依靠奖学金接受教育的方式，可能导致经济状况稍差的家庭完全跳过高等教育转而投资更加廉价的教育形式，而这些教育方式往往会带来更大的经济收益。此外，和能带来巨大经济收益的专业相比，人们对于带来经济收益有限的专业总体而言缺乏兴趣。来自不大富裕的家庭和负债读书的学生会尽量规避这些专业。如第一节和本章引言所述，人文学科的招生趋势和相关舆论，恰恰反映了我们的社会沉迷于追逐经济收益，从而丧失了对人文学科的兴趣。[16]

非经济收益也对于把效率当作规范性标准提出了特殊的挑战。非经济收益的货币价值随着受益人财富的变化而变化（回想前面所说的诗歌研讨会案例，富有的俗人可能比贫穷的雅人会赋予诗歌研讨更高的货币价值）。公平的概念要求我们公平地获得某些收益，因此一些有效率的事情往往是不公平的。经济收益往往不大容易受到这种主观性的影响，因为市场赋予这些收益的货币价值，在某种程度上独立于学生的社会经济背景。例如，聘请者支付给工人的薪资很大程度上取决于工人对于生产的贡献。而这种贡献和工人父母的富裕程度是无关的，这种相关性比他们支付诗歌研讨会费用的意愿还要低。因此，如果教育主要带来金钱上的收益，那么人们就更倾向于认为学生贷款和市场带来的机会均等。当教育主要带来非经济收益时，市场往往会带来代际的教育不平等。

上述人力资本理论基本结论清楚地揭示了私人投资高等教育的局限性。只有当高等教育仅能带来个人的经济收益，且学生贷款能资助每一项收益大于成本的教育投资时，才能真正产生有效的教育成果。只要教育能够带来大量的非经济收益，那么这些有效的教育成果就不大符合任何公平的概念。因此，如果得不到公众的支持，那么可以产生外部或者非经济收益的教育将无从谈起，而能带来大量非经济收益的教育将成为上层阶级专享的奢侈品。正如人文学者所提出的那样，高校会产生许多非经济收益，全然的私人投资预计会带来一个相对独立且不平等的高等教育体系。

本章的引言显示这些观点在公共话语中已经完全消失了。如果人们认为良好的教育可以创造巨大的外部收益，那么相对于STEM（科学、技术、工程和数学的英语首字母缩写）而言，人文教育更应该得到公共支持和补贴。人文学科培训往往比STEM培训便宜，收取的学费也相应更低。然而，来自美国最高的政策制定者及其竞争对手对学生们的建议似乎证实了该理论预测的市场成果首先就是低效的，因为大学教育确实带来了巨大的外部收益。

出现在公共话语中的人力资本理论往往是过度简化的版本，这已经是显而易见的现实，因为外部和非经济收益已被束之高阁，效率成为唯一适用的规范标准。这些简化促进了新古典人力资本理论向新自由主义实践的转变。

第四节　经济学专业学生的迷失

人文学者和经济学家一致认为，教育政策必须促进教育的实现，以获得非金钱收益和外部收益。第三节已经阐明了一个观点，为了确保人力资本理论模型的成立，同时兼顾效率和公平，我们必须了解教育的效益当中个人的/外部的和金钱的/非金钱的收益比例。研究教育的经济学家更应该努力弄清楚这一点。在本节中，我们认为这些经济学家们未能做到这一点，因为这涉及大量数据收集和推理的问题。我们还提出了一些观点，虽然无法在本章中对其进行论证。这些观点表明，对定量证据的过度依赖使得经济学家减少了对那些难以量化的结果的关注。我们认为这种现状导致决策者做出了前文所提到的简化，正是因为其中许多人只接受了足够的经济学培训，形成了关于教育金融的经济学视角，导致他们未能认识到这些视角只是事实的冰山一角。因此，我们提出了另外一个观点，即许多（可能是大多数，当然也包括最好的）理论型经济学家一直非常重视教育的外部收益和非经济收益，即使他们对无法量化这些收益感到遗憾。

一、经济学家认可教育的全部好处，却难以衡量其非金钱和外部收益

早期的人力资本理论家显然兼顾了两者。贝克尔强调其理论的主要目的在于解释和学校教育相关的行为，强调这些行为主要取决于“金钱”和“心理”（即个人的非金钱）收益。他认为心理收益虽然难以衡量，却是真实的，而且可以适用于任何概念框架。他还强调，规范性工作不能忽视学校教育的外部收益，同时指出在某种意义上，学校教育的外部收益几乎和个人收益一样大。然而他坦言自己也无法确切地衡量外部收益或者非经济收益。这些在当时都是标准的观点。[17]

在20世纪七八十年代，西方国家经历了重大经济变化和滞胀，更加宽泛的人力资本投资问题，在某种程度上被搁置了。战后公立大学大规模扩张，劳动力需求下降，人们对高等教育未来薪资回报下降的担忧，比如理查德·弗里曼（Richard Freeman）《过度教育的美国人》（*The Overeducated American*）一书引发了公众关注。这种对于年轻大学毕业生在就业市场上暂时性失利的担忧甚至影响了“过度教育”的相关文献。

过度教育或许是一个误导性的术语，因为它表明减少对于教育的投入是奏效的。过度教育研究仅仅衡量教育部分的收益，也就是个人的经济收益。该领域当中的一些开创性文章旗帜鲜明地讨论了这个不着边际的问题而那些信口开河的论文反而对减少教育投入保持谨慎的态度。

20世纪末，教育的外部收益重新回到人们的视野。20世纪80年代末和

90年代初的“新增长理论”假设人力资本可为技术知识的发展带来巨大的外部收益。它在此假设的基础上设计了模型，彻底改变了宏观经济理论家对教育在经济增长中所发挥作用的看法。上述专家都声称他们的模型可以解释以往无法解释的历史增长纪录特征。

20世纪90年代后期，人们的注意力主要集中于对新增长理论的检验，寻找直接证据来验证这些理论所假设的外部效益的存在，类似于物理学中对暗物质的搜索。虽然有理论上的假设认为教育的外部效益对经济增长具有积极影响，但在实证研究中尚无充分的证据来证明这一点。因此，人们仍在努力寻找更多的定量证据来证明这些收益是否真的存在、它们的存在能否得到证实。

这些文献当中特别令人苦恼的发现是通过对比不同国家和不同时间段的数据，没有找到明确的证据表明人力资本积累对生产产生了显著的外部性效应。如果这些外部性效应足够大，那么为什么在20世纪80年代和90年代，发展中国家教育的快速发展没有显著促进它们的国内生产总值大幅增长呢？对此学界有两种解释。研究人员无法准确测量国家教育水平的变化，因此无法确定教育扩张与经济增长之间的关系。由于测量误差的存在，教育扩张对经济增长的影响可能被掩盖或混淆，从而导致无法观察到明确的关联性。第二个解释是指在测量教育或其他因素对经济增长的影响时，普遍存在一个问题，即国家经济增长经验的可能解释非常多。由于国家的数量相对较少，而可能的解释很多，因此要确定每个可能解释的相关性在统计上是具有挑战性的。这两种解释都意味着教育可以在适当的条件下带来巨大的外部收益，但是这些收益很难通过量化的方式体现。

在21世纪初，经济学领域经历了一次实证转向。这是由几个因素共同推动的，其中两个与经济学家对教育的理解非常相关。计量经济学实践的重大进展导致人们对解释因果关系的旧方法产生了怀疑。此外，经济学家开始从心理学、社会学和政治学等学科借用和检验诸多探索人类理性极限的方法。这种新的知识开放性重新引起了人们对教育非经济收益的兴趣。假如我们并非全然理性的，意味着我们的思维方式就具有可塑性，改变思维方式就变得很有意思。经济学家发现了大量教育确实能改变人们思维方式与价值观的证据。[18]

其中一些变化或许是负面的，阻碍了和平与民主的发展，因此上述专家们探讨的主要是教育的非金钱“效应”，只是偶尔把这些效应描述为“收益”。然而，或许有人会将这些非金钱效应进一步细分为政治社会效应与个人效应，其中政治社会效应大多是负面的，而个人效应往往是积极的。

奥利奥普洛斯（Oreopoulos）和萨尔瓦内斯（Salvanes）称教育可以降低人们吸烟和支持体罚儿童的倾向。两位作者还列举了教育的其他个人非经济收益：更幸福稳定的家庭、工作满意度高、职业声望好、更健康和拥有延迟满足的能力等。他们还指出，实际上大多数学生都喜欢上大学。尽管这些效用不像经典的人文理论所设想的那么具有变革性，而且与政治制度相关。但是，上述效用的规模印证了人文学者的主张，即非金钱效应和外部效应非常重要，而且和教育的过程密切相关。

上述非经济收益的经济学文献有三个值得注意的特征。

第一，它往往关注中小学教育而非高等教育。这并不足为奇，因为教育的社会政治影响不仅取决于教学内容，还取决于教学方式。高等教育体验更为丰富，其非经济收益因人而异，因此更难以衡量。

第二，在我们所知道的学者中，只有一个例外。我们暂未发现有其他试图赋予高等教育非经济收益货币价值的学者，这是一个值得注意的现象。因为从人力资本的角度来看，这种做法是回答高等教育资金筹措效率基本问题的关键。[19]奥利奥普洛斯和萨尔瓦内斯的论文是被经济学家们广泛引用的关于教育的金钱与非经济收益进行比较的文献。但是，他们并未试图将非经济收益转化为经济收益。相反，他们将幸福感，一种非经济收益，视为真正的目标，认为增加收入只是实现该目标的手段之一。他们发现，教育对于幸福感的影响大约仅有四分之一可以归因于受教育工人薪酬的提升。

第三，只要经济学家们能够衡量教育的社会政治效应，他们的研究成果就会被受众最广的权威刊物所接受。这证明整个学界对教育的个人经济收益之外的影响产生了浓厚的兴趣，但获取教育非金钱收益和外部收益非常困难，因此这个领域的讨论度不算高。

二、栏英寸扭曲①导致沟通断层

为什么那么多经济分析的消费者不像经济学家一样重视教育的非金钱效益和外部效益呢？我们认为，其中最直接的原因是，经济学专业的本科生和研究生以及那些为了创造就业岗位以及影响政策制定而研读经济学的人往往被大量关注个人经济收益的文献所淹没。

其中最重要的文献莫过于经济学的入门教材。这些教材明确指出，它们的目的是教会学生像经济学家一样思考。对于大多数非技术专业的学生而言，这些教材留给他们第一印象和最后印象就是经济学家们对教育收益

① “Distortions in column inches”（栏英寸扭曲）指的是在书面出版物中，对于某些话题或内容的分配或关注不均衡或有偏见，导致某些话题或内容相对于其他话题或内容获得不成比例的报道。这意味着由于栏英寸的不均匀分配，信息的传播出现了扭曲，从而可能导致信息传递上的误导。——译者注

的批判性思考。因此，我们研究了五本综述性的经济学教科书。它们给人一种明确的印象，即教育的好处主要是私人的和金钱的。[20]

计量经济学教材及其包含的练习问题，是大多数经济学专业学生第一次接触到的如何衡量教育影响的材料。对于研究生来说，它们是教学大纲的重要组成部分，展示了他们在专业中要有所进步必须得学会的内容。我们再次从书架上翻出了所有通用的计量经济学教材（共计十三本），在这些教材中地毯式搜索与教育经济学相关的案例或习题，发现其中没有一个案例或问题涉及教育的非金钱或外部影响。[21]

在掌握了经济学的基础知识后，经济学专业的学生在学校的教室里磨炼自己的技能，听研究生和讲师们展示自己的学术成果。许多学生在研讨会上接触到的关于教育经济学的论文（当然还有绝大多数学生自己的文章）都不是开创性的，只是在测量和解释方面做了少许改良。一般认为此类论文不适合在具有广泛影响力的期刊上发表，因而许多文章发表在专门研究教育经济学的主要期刊《教育经济学评论》上。

我们首先假设教育经济学家们都会花时间研究《教育经济学评论》，通过系统采样，挑选了从1982年该期刊创刊以来到2017年发表的62篇论文，考察了它们对教育的非金钱收益和外部收益的关注程度。研究结果如专栏10.1所示，教育经济学家们虽然意识到了这些收益的重要性，但实际上对它们的研究并不多。

专栏10.1 《教育经济学评论》论文内容分析

方法论

我们分析了每个五年期（1982、1987、1992……2017）发表在该刊物上的文章，平均每个年份7到12篇不等，共计62篇，书评除外。我们对2名研究助理进行了培训，让他们认真阅读文献后，根据文章作者对大学的20种具体收益的重视程度对文章进行编码。收益包括：更高的薪资（个人经济收益），更幸福（个人非经济收益）和更高的区域平均工资（外部经济收益）。上述每种收益都被映射到3×3的单元格中（个人/外部/待定和金钱/非金钱/待定）。工作人员还需要考虑这20种收益之外其他收益的编码，要给每篇论文打分（根据论文对上述收益的重视程度）。编码员间的信度很高，两位研究助理根据文章作者的反馈，就编码问题达成了共识。

我们还会判断这些文章是否将不同社会群体（种族/民族/性别/收入）的教育或教育收益分布作为规范层面非常重要的结果进行编码。如果答案是肯定的，我们就会根据该分类行为的显性或隐性来进行编码。

我们通过以下方式对每种收益进行编码：0——未被提及；1——被提及且被视为不重要；2——认为具有潜在重要意义，但不是该研究的重点；3——是该研究的重点，表现为被通过某种方式被明确地理论化、衡量或研究。

调查结果

在上述62篇教育经济学论文中有40篇文章认为教育的经济效益具有潜在重要性（打分为2到3分），仅有25篇真正地研究了这种效益，22篇认为教育的经济效益没有重要意义的文章重点关注的是，高等教育成本和师生群体组成等问题。

在40篇认可大学的一项或多项收益重要性的文章中，36篇认可个人经济收益的重要性，9篇认可外部经济收益的重要性，9篇认可个人非金钱福利的重要性，只有1篇论文明确认可外部非经济收益的重要性。40篇论文中共有21篇认可至少一项非个人经济收益的重要性。因此，只要不要求研究人员真正地研究高等教育的某种收益，《教育经济学评论》的许多文章都承认教育非金钱收益和外部收益的重要性。只是，认可个人经济收益重要性的文章数量更多（36篇），认可非个人经济收益重要性的文章数量较少（21篇）。

我们从25篇真正研究了教育至少一种收益（打分为3分）的文章中发现，其中22篇研究了个人的经济收益，只有7篇研究了非个人经济收益，3篇研究了外部收益。由此可见，外部收益和非经济收益经常被提及，但很少被研究。

我们对《教育经济学评论》文章的分析结果也证实，许多经济学家将高等教育在人口中的收益分布视为一个重要的规范结果。在这62篇论文中，有18篇明确地认为它非常重要，另外4篇则含蓄地表达了这种观点。

我们对《教育经济学评论》文章的分析也证实，许多经济学家将高等教育在人口中的收益分布视为重要的规范性结果之一。上述62篇论文中，其中有18篇文章明确认可其在规范层面的重要性，另外4篇则较为含蓄地认可了这种重要性。

教育经济学家普遍意识到大学能够带来各种各样的收益，并且关心谁能享受这些收益。然而他们发表的学术论文认为个人资助的大学往往会产生个人的经济收益，和人文学者所重视的外部收益和非经济收益渐行渐远。更为随意的经验主义表明，类似的结果在另外一份教育经济学期刊中也有所体现。

三、栏英寸差距很大程度上由证据标准驱动

如何解释教材和专业期刊中对教育非金钱收益和外部收益关注有限的问题？导致上述两种收益关注有限的原因似乎并不相同，但在以下两种情况下，都可以归结为人们坚持使用具体形式的定量证据。

对于外部收益而言，问题在于自由度。首先来看一个概念："生产力溢出"。这个概念的意思是，当工人和受过高等教育的人在一起工作和生活时，工作效率更高，因此可以获得更高的薪酬。分析的样本量（例如以国家或地区为单位）越大，溢出效应就越明显。大多数国家都有数百万名工人、数十个行政区域。当我们对较小的样本进行分析时，必须排除学校水平、法律法规、经济结构、地理特征、行业历史地位等差异所导致的因素对工人薪资和受教育程度之间因果关系的干扰。另一个问题是，各地区的教育水平并非随机形成。工人们通过增加对教育的投资应对经济飞速的发展和变化。因此，区域教育水平和工人生产力之间的相关性很难用因果关系来解释。如今，核心经济学期刊不接受那些无法可靠地识别因果关系或者提供站得住脚的结论的论文。教材致力于展示学科中的定论，一般不会展示有争议性的观点。我们认为由于自由度的问题，导致许多教育的外部收益被忽视。首先，在第四节中我们回顾了几篇发表在著名期刊上的论文。论文确实记录了教育的潜在外部非经济收益，诸如更高的信任、投票和参加志愿工作的倾向。但是这些倾向在个体的行为和态度中都可以观察到，并不能直接证明这些倾向在受教育程度更高的地区或者社会环境中表现得更好。实际上能证明这一点的文献数量也相当有限。[22] 在个体层面上有强有力的间接证据，但在总体层面上的直接证据较弱，这正是我们在聚合推断时预期到的自由度限制的结果。

其次，我们有直接的证据。普里切特在关于教育的外部收益文献的回顾中提出了三大困难，认为三者叠加起来就导致了严重的统计效能问题：第一，不清楚地区教育水平的确切含义是什么以及如何对其进行测量。第二，在比较不同地区时不清楚应该对哪些变量进行校正（或不进行校正）以及如何测量这些变量。第三，没有足够的可比较地区来精确估计关系。其他学者指出，推断因果关系的方向也很困难，因为本地教育水平可能是生产力的结果，而不是原因。[23]

在此，也涉及量化分析，尤其是大样本的分析需求。政治学家的工作往往是解释集体结果而非个体结果，因而比经济学家更经常面临自由度的问题。在历史上，科学家们通常采用创造性的手段处理自由度的问题，如今已转向精心挑选的案例研究和过程追踪，以揭示统计学无法揭示的因果关系。这些方法甚少出现在经济学期刊上，案例研究证据在该领域常被认为是提示性信息，因而受到忽视。我们并不是说大样本分析毫无帮助。相反，无处不在的外部生产力收益的有限大样本证据不能证明这些外部效应不存在或不重要。当假阴性结果异常显著时，其他形式的证据（通常是定性证据）都必须认真对待。

对于非经济收益而言，问题可能是知识数据稀缺。薪资的数据非常丰富，但是公民参与的数据却不充分，这也就解释了为什么《教育经济学评论》并未收录太多非经济收益相关的文章。有一些确切可靠的新证据的论文一般会发表在影响力更加广泛的期刊上。[24] 数据约束也可以解释计量经济学教材很少提及非经济收益的原因。正如《纽约时报》上的食谱甚少介绍鲍鱼的烹饪方式，因为鲍鱼并非常见的普通食材。公民参与数据的局限性决定了其对计量经济学研究者而言不具备特别大的价值，这是其中一个原因，但经济学教材中不讨论非经济收益的原因仍未全然清晰。毕竟，业内对于它们的存在并无争议，而且与幸福相关的数据集已经大幅增长，虽然证明其重要性的最佳定量证据是最近发现的。如果我们判断得没错，下一代教材将会解决这个问题。如果下一代教材没有解决这些问题，那将意味着我们指责政策制定者的盲点在经济学专业内部也存在。

第五节　注意事项

我们认为，人文学者和经济学家提出的有关高等教育的方法大多在理论上是兼容的。然而，因提供许多教育收益相关定量证据相当困难，导致政界对高等教育的理解过于狭隘和扭曲。该论点的几个局限性值得我们注意。

第一，量化并非决策者忽略教育非金钱收益和外部收益的唯一原因。还有一个原因是意识形态。所谓的新自由主义在美国和英国的政治文化中基本上使政府管理服务的方式受到了怀疑，将高等教育视为市场商品成为一种普遍的常识。接受教育外部性收益的存在意味着公共支出的增加，在反政府时代增加税收的难度可想而知。高校里的日益增加的种族多样性一定程度上打击了白种人群体的热情，精英阶层和工薪阶层纳税人都不大可能去上公立大学，因而也不情愿通过税金供养这些公立大学。因此，政策圈子中的职业激励反对将高等教育的非市场功能纳入讨论。此外，随着财富和收入不平等的增加，人们开始关注能够降低公共资金减少对低收入学生大学入学机会影响的融资安排的可行性，而这些安排的可行性取决于对投资的经济回报的计算。简而言之，意识形态、政治和社会变化也促使忽视非经济效益。正如人们广泛讨论的那样，经济学在这些变化中发挥了一定的作用。

第二，人力资本理论并非唯一有影响力的教育经济学理论。信号和筛选理论认为，大学教育可以产生回报，即使教育本身并没有让个体的能力有实质性的提升，但大学教育可以让个体展示出原本隐藏的能力。这意味着大学教育的主要作用在于对个体进行筛选，将其分类为拥有更好就业和社会机会的群体，以及相反的群体。根据这个理论，如果存在更便宜的筛选机制可供选择，那么社会对高等教育的需求就会减少。换句话说，如果有其他更经济有效的方式可以评估个体的能力和潜力，那么就不需要依赖高等教育。例如，卡普兰（Caplan）提出，教育的主要功能是用于向他人传递身份和地位的信号。另外，还有些人认为通过公共资助大学教育（而不是通过提供学生财政援助）可能会增加社会阶层分化，使更富裕的家庭的学生垄断这些机会。

第三，这些理论确实削弱了社会对高等教育的关注和资助。这些理论不足以反映经济学作为一门学科的哲学方向。受到最严格同行评议的实证研究确实发现了教育带着某种信号传递的收益，却没有得出教育能带来其他收益的结论。卡普兰发现，教育带来的工资收入中仅有20%是由于学生思维方式的实际改善，但是这并未反映出定量文献中达成的共识。

第四，我们认为经济学家对金钱收益和个人收益的关注反映了数量证据的相对可获得性，而不是知识偏见，但这种观点可能过于乐观。当然，或许本章所分析的经济学家样本过于宽泛，因而不够典型。解决这个问题需要对该领域进行一次代表性调查。据我们所知，目前还没有这样的研究。[25]

第六节　结论

在本研究中，我们比较了经济学和人文主义对高等教育收益的理解。总体而言，人文学者重视高等教育，因为高等教育能创造非经济收益，这些收益主要体现在人们思维能力和思考能力的提升上。一般来说，人文学科将金钱效应视为高等教育的溢出效应，而不是其直接目标。更加严谨和发散的思维能力或许更有助于毕业生找到高薪工作，但是这不是高等教育的直接目的。

相比之下，经济学家更关注高等教育的经济影响。我们认为，这样做的关键原因在于经济学过于偏爱定量证据而非定性证据。而教育中的许多非金钱影响是无法直接观测的，即使是通过社会学家、历史学家、文化批评家和其他学科的视角，也是无法衡量的。因此，对教育收益的定量评估有可能是不完整的，因此经济学家倾向于低估人文主义者所重视的教育收益。

上述两种对高等教育收益的分析属于背靠背关系。经济学家们几乎只关注教育四大收益中的一种，也就是个人的经济收益，同时也承认其他收益的存在与重要性，如果有恰当的时机，也不排除研究其他收益的可能性。人文学者几乎只关注两种非经济收益，亦即个人收益和外部收益。这两个群体谈论高等教育收益的时候，与其说他们相互否定，还不如说他们的关注点不一样。

我们发现，当我们谈论同一件事情的时候，往往能在几个点上达成一致。首先，仅仅基于个人经济收益来理解高等教育收益是完全错误的。因此可以做一个普遍性的断言：世界上没有任何一种经济学分析能断言教育的非金钱收益和外部收益为零，更不用说人文学科了。此外，要求大学生们承担过高的教育成本将导致高等教育的社会投资严重不足。我们或许很难在多少算是“过高”上达成共识，但在以下这个观点上却很容易达成共识，即高等教育成本向学生转移在经济自由主义盛行的欧美国家已经司空见惯，这种做法亟待改变。我们在第四节中列举了种种原因，我们也不确定这种争议能否通过经验得到解决。

最后，我们在高等教育资助模式的辩论中发现了两个有待改进的地方。其一，与其讨论学费、书本费、杂费等直接成本，我们更应该考虑上大学的机会成本，这包括学生额外的食物和住宿支出以及他们因为上大学放弃的其他收入。人力资本理论和跨学科大学研究文献证实，上述所有成本都会影响家庭和学生的决定。考虑到这些成本对个人和家庭现金流的影响，应该加大对高等教育渐进式的财政扶持。这一改进和主流经济学完全一致。

另外一个需要改进的是，承认、适当地概念化和试图用可比较的方式解释不同类型教育的非金钱收益和外部收益。这是一项非常艰巨的工作。当代人文学者在这方面做出的贡献更加大，但是经济学家们也需要对教育非金钱效益理论有所贡献。如果上述两项改进都能实现，将会带来两项明显的收益。因为支付能力较低而被大学拒之门外的学生数量将会大幅减少，学习了能为社会带来非经济收益专业的学生的教育成本将会降低，其社会地位将有所提升。

注释

1. 不同的作者对人力资本理论有不同的定义。在本章节，主要关注的是贝克尔（Becker）关于该主题的原始微观经济学文章中的思想。在《人力资本之死》（*The Death of Human Capital*）一书中，布朗（Brown）等人更广泛地使用了该术语来批评一系列我们人力资本唯利主义的观点。其中一种观点是，教育的主要目的在于提升劳动生产率和收入。另一种观点是，教育资源供应的增加也产生了相应的需求。我们赞同布朗等人的主张，即上述两种错误观点无处不在。我们将第一个观点解读为人力资本理论实际内容的简化解释，而第二个观点则是在所谓人力资本微观经济框架中进行的一厢情愿的宏观经济推断。这些仅仅是定义上的差异，而非实质性的认知分歧。

2. 正如三位学者所指出的那样：在法律、医学和神学等高等大学院系难以维持入学率的时候，哲学和艺术等冷门专业的招生更是难上加难。哲学院甘做跳板，帮助学生们进入热门院系。哲学院的教师们也希望在这些院系中谋一份更高的薪水和体面的职位。在18世纪，学生们完全不考虑哲学院，直接进入被广泛地认为更加实用和职业导向的院系（Menand et al., 2016, 84）。

3. 我们习惯了美国关于大学双重功能的说法。正如约翰霍普金斯大学创始成员丹尼尔·科特·吉尔曼（Daniel Coit Gilman）教授的断言，大学“既有对个人的指引功能，又有对知识的推广功能，具有双重功能”。对于德国的理论家而言，大学并不具备双重功能。具体参见丹尼尔·科伊特·吉尔曼《大学的效用》（*The Utility of the University*）（1885）一书和梅南德（Menand）等人的文章。洪堡（Humboldt）明确指出，知识是在教学过程中创造出来的。未能抵制限制性的俗套和模棱两可的观点的课堂算不上真正的教学。

4. 詹姆斯·古德（James A. Good）在他的《教化》（*Bildung*）（2014）一书中清楚地概述了Herder的“新人文主义”根源，拒绝了洛克式的认识论和标准英语语言哲学区分：

在近半个世纪的时间里，赫尔德在一系列作品中发展和捍卫了德国Bildung传统的哲学观念。其中一些作品内容从标题中即可见端倪：《哲学如何变得更为普遍且有益于人民》（*How Philosophy Can Become More Universal and Useful for the Benefit of the People*）（1765）、《这也是一种构思人性的历史哲学》（*This Too a Philosophy of History for the Formation of Humanity*）（1774）、《人类历史哲学的理念》（*Ideas for the Philosophy of History of Humanity*）（1784–1791）和《促进人类发展的书信》（*Letters for the Advancement of Humanity*）（1793–1997）。正如这些标题所示，赫尔德认为哲学必须有一个实际的结果，这个结果可以归结为人类的成长。哲学思想必须在其社会和历史背景下被理解。与文艺复兴时期的人文主义者相似，赫尔德认为对于人最恰当的研究就是人本身因此试图用哲学人类学取代纯哲学理论。对赫尔德来说，哲学简而言之，就是关于Bildung的理论。更准确来说，哲学是关于个人如何发展成持续充分发挥自身才华和能力，并推动社会进步或社会Bildung发展的有机统一体的理论。对赫尔德而言，哲学必须在改变个人的同时产生广泛的社会影响。

5. 这句话是安德烈·马尔罗（André Malraux）笔下人物对以下问题的回答：人们应该如何让自己的生命发挥到极致？该问题引用自霍夫施塔特（Hofstadter）的研究。霍夫施塔特对智力（intelligence）和才智（intellect）的区分反映了普鲁士大学理论中对高级和低级院系产出以及应用和自主思想区分的持续影响。霍夫施塔特将“才智”定义为“无私的智慧、概括的能力、自由的猜测、新鲜的观察、新奇的创意、激进的批评”。他还将其与“打折抛售的智力技能”一样的专业活动区分开来。

6. 此处再次引用了费希特的观点：

毕竟学习的目标并不是让一个人躺在几年前为了准备一场考试而学习的知识上度过余生，而是确保个体能够用自己所学的知识应对生活中出现的各种情况和困境，从而将知识转化为行动。学习不仅仅重复所学的知识，而是要从中创造其他的东西。换言之，无论是在这里，还是在其他地方，其最终的目标不是知识本身，而是运用知识的艺术（Menand et al., 2016, 72）。

7. 感谢扬–梅丽莎·施拉姆（Jan–Melissa Schramm）在2018年6月20日在剑桥大学的一次演讲中提到这些段落。

8. 安吉尔（Angell）的演讲摘录如下：那么，为了正义，为了真正的学习精神，为了社会利益的最大化，为了国家的历史生活，现在让我们向所有的公民，无论男女，无论贫富，敞开学校的大门。他们带着天赐的才智，遵循着仁慈的天意，寻求通识教育（1879, 19）。

安吉尔引用了乔治·范·内斯·洛斯洛普（George Van Ness Lothrop）曾在毕业典礼上发表的《关于将教育纳入公共义务的呼吁》（1878）演讲，并提及以下要点：①教育是自由州的责任所在，因为教育关乎其安全。②高等教育只是任何合格的教育体系必要的组成部分。③从历史上看，密歇根大学承诺供给和维持完整的教育体系。④他在战争与和平年代都增强了联邦的权利和福祉。⑤只有通过这种方法，我们才有希望驾驭保障社会安全所必需的自然力量。⑥这所大学不仅仅为过去的工作画上了圆满的句号，更是密歇根大学的承诺，承诺给孩子们带来最自由的教育（Angell 1879, 19）。

9. 必须指出的是，科茨（Coates）将其在霍华德大学的学习经历描述为在父母家、朋友家、书店、唱片店和杂志摊学习的某种延续：

和贝洛（Bellow）的理论恰好相反，我有马尔科姆（Malcolm），有爸爸妈妈。我阅读了每一期的《音乐源》和《氛围》杂志，阅读这些杂志不仅仅是因为我喜欢黑种人音乐（我确实很喜欢黑种人音乐），而是为了写作本身。作家格雷格·泰特（Greg Tate）、德雷姆·汉普顿 （Dream Hampton）（几乎都比我年长）就在那里，创造了一种全新的语言，一种凭直觉理解的语言，来分析我们的艺术和世界。

10. 对人文学科的针对性攻击和整个大学的攻击采取了“文化战争”（culture wars）的形式。详见纽菲尔德（Newfield）的研究。

11. 反基础主义的主要倡导者包括文学批评家斯坦利·菲什（Stanley Fish）、理查德·罗蒂（Richard Rorty）、巴特勒（Butler），另一个阵营的唐娜·哈拉韦（Donna Haraway）和桑德拉·哈丁（Sandra Harding）等。

12. 伍德（Wood）对德曼的解构进行了很好的总结：

德曼批判的是我们“不加批判地屈从于权威参考”的习惯。即我们总是假设语言经常背离自身且指代明确。致力于实现“符号与指称之间语义对应的神话”，从而陷入“参涉谬误”。上述种种，有夸大其词的嫌疑。正如德曼本人所说，“完全没有指称约束的语言是完全难以想象的”。但是以上的说法也自有其用处，因为它们让我们明白德曼所说“文学远非阿尔都塞所说的那样对被政治形成压制，而是注定要成为真正的政治话语模式”。持有类似观点的文献引发了我们的思考，同时也证实了布莱希特的观点，即所有思想都站在被压迫者这边。或者这些文献至少启发了我们去质疑当局希望我们信以为真的迷思和谬误。“批判中不应该有原教旨主义者。”德曼说。

13. 粗略而言，在谷歌学术上检索到大约5万篇带有“人力资本理论”词条的文章，与该理论相关的文章数量可能会更多。

14. 注释1中对该术语更加广泛的应用范畴进行了探讨。在狭义上，该术语相关的理论认为，受过教育的工人得到更高的报酬，因为教育直接提高了他们的生产力 。

15. 人们可能会反驳说，在确定公共支出做成本效益分析时，并未做出这种区分，而这往往是正确的。但是如果相关的理论试图说明运用市场机制可以有效地协调教育投资时，所隐含的意义是毋庸置疑的。在市场机制下，女佣的女儿可以通过表达支付学费的意愿，而摆脱家庭经济的限制，获得学费贷款。

16. 这些不同专业需求成本上升的阶级差异化缺陷，可能无法转化为因学习不同专业而导致的可观测差异。因为可能创造更多经济收益的院系会限制录取人数，人文学科的学生在转专业时，中产阶级学生往往比工人阶级学生更有优势。

17. 例如，威特默（Witmer）在其对该领域状况的总结中引用了几位他认为在当时极具影响力的作者，他们的作品引发了人们对高校外部和非金钱利益的关注。像贝克尔（Becker）一样，威特默也认为这些收益很难衡量。事实上，它们是否能够被衡量仍是一个有争议的话题。尽管如此，他得出以下结论：所有审慎的决策者都应该考虑教育带来的以下外部收益：更高水平的政治参与、更高的税收、更高的流动性，大学毕业生子女在家接受非正式教育获得的代际收益，在维护民主政治和自由市场体系方面发挥的领导作用。不久后，伍德霍尔和沃德（Woodhall and Ward）在一本向英国的教育家们传达人力资本理论思想的小书中，详细分析了教育的个人经济收益。他指出："即使我们能够衡量教育的所有经济收益，且都能得到令人满意的结果……而这远远不够……我们仍然需要考虑教育非经济利益的问题，以及和教育投资相比，我们对教育消费的重视程度。"

18. 例如，洛特（1999）认为极权主义政府重视的思想灌输并非真正的教育，它们比民主政府更倾向于投资公共教育。几位经济学家对以下先验性假设进行检验，即教育确实可以影响政治思想。专家们发现，教育可以创造民族认同感（Clots-Figueras and Masella, 2013），教育有可能会降低女性忍受家庭暴力与政治威权的意愿，同时提升其将政治暴力合法化的意愿（Friedman et al., 2016），并接受关于国家治理、政治制度和经济制度的党派路线（Cantoni et al., 2017）。

更积极的结果是，迪（Dee）指出，在邻近社区大学就读的美国学生更有可能投票或者登记投票。洛克纳（Lochner）指出受教育公民的犯罪率更低。格莱泽（Glaeser）与合著者指出教育是对民主的补充。他们对相关文献进行了回顾，结果显示，学校教育对公民参与度有显著影响。而且随着时间的推移，初始受教育程度较高的国家倾向于走向民主。学历更高的美国人不仅在政治上更加活跃，而且更加积极地参与社会活动，例如参加教会活动、课程或研讨会。他们更有可能参加社区项目，而且不大可能惹怒其他人。因此，作者们提出，在民主社会中，教育是社会化的，而非灌输型的。这种观点是对过往研究的一种补充，表明当（且仅当）教育涉及群体活动和社会参与时，往往会促进信任和社会资本的建立（Algan et al., 2013）。

19. 当然很难解释清楚为什么会发生这种情况，因为我们并未发现确凿的证据。或许文献中反映的这种特殊的差距恰好反映了衡量任何一种收益货币价值在操作层面的难度。或许它反映了给教育的非经济收益赋予货币价值是一件颇为尴尬的事情，因为教育的非经济收益因学生不同社会经济地位而有所差异。这也可能反映了一些经济学家的先验假设，即教育的非经济收益不值得量化。

20. 萨缪尔森和诺德豪斯（Samueleson and Nordhaus）的经典（2005）教材中提到教育的唯一收益是其对个人生产力的影响。他们几乎找到了一种外部收益，在书中间接提到政府成功地资助了一些发明家。克鲁格曼（Krugman）和威尔斯（Wells）除了提及教育对经济增长和个人收入的贡献，也没有提到教育的任何收益。鲍莫尔（Baumol）和布林德（Blinder）解释说，人们对于教育的投资主要是为了获得非工资的个人收益，如声望。但是两位作者仍然只关注教育对收入的影响。就连强调其教科书普遍性、历史性和制式主义的科兰德（Colander），也仅仅从教育对生产和收入的影响来评估教育。

21. 安格里斯特（Angrist）、皮什克（Pischke）、卡梅隆（Cameron）、特里维迪（Trivedi）、戴维森（David- son）、麦金农（MacKinnon）、格林（Greene）、古吉拉特邦（Gujarati ）、肖（Hsiao）、肯尼迪（Kennedy）、马达拉（Maddala ）、伍尔德里奇（Wooldridge）等的研究都涵盖了估量教育对个人薪酬福利影响的案例和练习。在其余的3本书中，只有戈德伯格（Goldberger）没有讨论这个话题，另外约翰斯顿（Johnston）和贾奇（Judge）等人的2本书中没有包含任何案例。

22. 确实有少数文献试图在区域层面上衡量溢出效应（Glaeser and Saiz 2003; Moretti 2004; Shapiro 2006; Valero and Van Reenen 2019），但这些例外都证实了我们的观点。

23. 两个引文指出，迄今为止，相关经验证据很少为教育收益的外部性提供支持，这……部分原因是低功耗，因为来自综合数据回报估计的置信区间通常包括零输出影响、大负估计值、（约等于）明瑟回归（外部收益为零）和与较大的外部性相一致的估计（Machin and Vignoles 2018, 638）。“规定合适的结构用于解读（使用综合数据的回归）结果，将结果解读为教育的‘回报率’，该做法导致一系列本质上无法克服的问题，需要主动中止怀疑”。

24. 迪克森（Dickson）和哈蒙（Harmon）阐释了这个问题。该文章介绍了《教育经济学评论》特刊，指出该刊物的论文都来自一个会议，会议主要研究的是教育经济学中包括教育非经济收益在内的三个研究较为不足的领域。作者们指出：“或许经济学作为一种行业，已允许对教育非金钱回报的主体部分……为其他社会科学所主导。”（1119）

25. 感谢希瑟·斯蒂芬对书稿的精彩点评与行政支持，克莱尔·亨特（Claire Hunt）和斯瓦罗奥帕·拉希里（Swaroopa Lahiri）不辞辛苦的研究援助，加布里埃尔·巴达诺、扎卡里·布里默（Zachary Bleemer）、伊丽莎白·查特吉、特伦霍姆·荣汉斯、穆库尔·库马尔（Mukul Kumar）、格雷格·卢斯克、劳拉·曼德尔和克里斯·穆勒莱尔（Chris Muellerleile）的中肯建议。感谢剑桥大学独立社会研究基金会、芝加哥大学梅隆基金会和圣巴巴拉大学国家人文基金会的支持。

致谢

本书的作者们来自不同的学科、机构和地域，有幸因为同一个主题相聚。在此，希望对2015年把我们聚集在一起的个人和组织表达感谢。他们分别是剑桥大学的西蒙·戈德希尔（Simon Goldhill）、独立社会研究基金会（ISRF）的路易丝·布拉多克（Louise Braddock）和芝加哥大学的詹姆斯·钱德勒（James Chandler）。他们最早勾勒了这场智力盛宴的蓝图，不辞辛苦地协商两所大学的资金和组织支持。同样重要的是在剑桥大学和加利福尼亚大学一次又一次激烈的讨论中培养的情谊和对彼此的钦佩。加州大学圣巴巴拉分校人文与美术学院院长约翰·马耶夫斯基（John Majewski）长期支持本项目的高等教育研究组，直到该研究组获得外部的资助。美国国家人文基金会（NEH）合作研究计划（编号RZ-255780-17）提供了为期两年的初步研究支持。人文学科中的小组研究出于纯粹的自愿基础，因此美国国家人文学术基金会对本项目资助是罕见的例外，对此我们深表感激。另一个必须要感谢的是，加州大学人文研究所（HRI）为多名学者们提供了住宿津贴，使得这一场持续十一个星期的跨学科思辨得以实现。感谢加州大学人文研究所所长大卫·西奥·戈德堡（David Theo Goldberg）和相关工作人员，尤其是中野苏丁（Suedine Nakano）和阿里尔·里德（Arielle Reed）的支持。感谢剑桥大学艺术、社会科学与人文研究中心（CRASSSH）的米歇尔·马切耶夫斯卡（Michelle Maciejewska）、国际学生研究论坛（ISRF）的斯图尔特·威尔逊（Stuart Wilson）和加州大学圣塔芭芭拉分校奇卡诺研究所的特蕾西·高斯（Tracey Goss）和马塞丽娜·奥尔蒂斯（Marcelina Ortiz）充满耐心的行政支持。许多杰出的量化专家参与了我们的工作坊和研讨会并贡献了不少启发和灵感。在此特别感谢参与研讨会的研究同事泰德·波特、迈克·凯利（Mike Kelly）、哈维·卡瑞尔（Havi Carel）、利亚·麦克利曼斯（Leah McClimans）、伊莎贝尔·布鲁诺（Isabelle Bruno）、伊曼纽尔·迪迪埃（Emmanuel Didier）和已故著名人类学家莎莉·安格尔·梅里。芝加哥大学出版社编辑主任艾伦·托马斯（Alan Thomas）对我们的书籍出版策划发表了慷慨而深刻的评论。乌尔丽卡·卡尔森（Ulrika Carlsson）以惊人的严谨和速度审校了全书，对本书的一致性和清晰性做出了重大贡献。

贡献者

安娜·亚历山德罗娃是剑桥大学历史和科学哲学系的科学哲学高级讲师。她研究科学家如何在用合乎道德的方式穿越紧张复杂的现象，也探索了模型和指标等形式工具在学术和公共事务的作用。在《英国科学哲学杂志》《道德哲学杂志》和《行为公共政策》等期刊上发表论文，曾出版专著《幸福的科学》。

加布里埃尔·巴达诺是约克大学政治系的讲师，研究兴趣为政治哲学领域，主要关注公共理性和自由民主自卫理论。曾在《政治哲学》《国际政治研究》和《社会理论与实践》等出版物上发表文章。

伊丽莎白·查特吉是芝加哥大学环境史。研究兴趣在于能源历史、政治生态学和（环境）政策病理学。曾在《亚洲研究》《世界发展》《发展与变化》等刊物上发表文章。

斯蒂芬·约翰是剑桥大学历史与科学哲学系公共卫生哲学的哈顿信托高级讲师和彭布罗克学院的研究员。他的最新研究是关于机会、分类和因果关系的伦理学和认识论，特别关注癌症的早期筛查。曾在《合成》《哲学季刊》和《公共卫生伦理学》等刊物上发表文章。

特伦霍姆·荣汉斯是爱丁堡大学社会文化人类学家和访问学者。她的研究兴趣包括对认知、表达和沟通的定性和定量模式的批判性分析，特别关注药品、医疗保健和药品监管。获得圣安德鲁斯大学的博士学位，曾在《医疗保健分析》和《人类学评论》等刊物上发表文章。

格雷格·卢斯克是密歇根州立大学哲学系和莱曼·布里格斯学院的历

史学、哲学和科学社会学的助理教授。他的研究通过跨越哲学和气候科学分析如何负责任地生产和使用气候信息。曾在《科学哲学》《英国科学哲学杂志》《美国气象学会公报》和《气候变化》等刊物上发表。

劳拉·曼德尔是得克萨斯州农工大学数字人文研究中心的主任和英语教授，也是高级研究联盟的负责人。她出版了《打破书本：数字时代的印刷人文》和《厌女经济：18世纪英国的文学生意》等专著，发表了许多以18世纪女性作家为研究主题的文章。

阿什什·梅塔在威斯康星大学麦迪逊分校获得农业和应用经济学博士学位，也是加州大学圣巴巴拉分校全球研究副教授。在担任加利福尼亚大学圣塔芭芭拉分校教员之前，曾供职于亚洲开发银行。他的研究兴趣主要在全球化、经济转型、就业、教育和社会分层之间的关系。曾在《国际经济与金融评论》《经济快报》和《剑桥经济杂志》等刊物上发表文章。

克里斯托弗·纽菲尔德是独立社会研究基金会的研究主任，曾是加州大学圣巴巴拉分校的荣誉英语教授。他的研究兴趣主要在美国内战前和“二战”后的美国文学、批判性大学研究和批判性理论、定量研究和人文学科的知识和社会影响。他最近出版的专著（三部曲中的第三部）是《大错特错：我们如何破坏和修复公立大学》，还在博客上写了一系列关于重建大学的高等教育政策的文章。

拉曼迪普·辛格是剑桥大学土地经济系博士生，也是国王学院和三一学院的成员。他以前也曾在剑桥大学学习经济学，并为布鲁金斯学会进行过研究。目前，他的研究兴趣主要在住房和福祉的空间效应以及相应的政策影响，曾出版相关专著，也曾在《泰晤士报文学增刊》和《行为公共政策》等刊物上发表文章。

希瑟·斯蒂芬是罗格斯大学当代文化批判分析中心的合作学者。她曾在加州大学圣巴巴拉分校教授写作，并作为该校奇卡诺研究所的博士后研究指标与高等教育。曾在《新文学史》《激进教师》《文化逻辑》《学术》和《高等教育纪事史报》等刊物上发表教师、研究生学历受聘者和本科学历受聘者相关的文章。